Nuovi modelli di business e creazione di valore: la Scienza dei Servizi

Sxi – Springer per l'Innovazione

Sxi – Springer for Innovation

Lino Cinquini • Alberto Di Minin • Riccardo Varaldo
a cura di

Nuovi modelli di business e creazione di valore: la Scienza dei Servizi

Lino Cinquini
Istituto di Management
Scuola Superiore Sant'Anna
Pisa

Alberto Di Minin
Istituto di Management
Scuola Superiore Sant'Anna
Pisa

Riccardo Varaldo
Istituto di Management
Scuola Superiore Sant'Anna
Pisa

Sxi – Springer per l'Innovazione / Sxi – Springer for Innovation
ISSN versione cartacea: 2239-2688   ISSN elettronico: 2239-2696

ISBN 978-88-470-1844-0   ISBN 978-88-470-1845-7 (eBook)
DOI 10.1007/978-88-470-1845-7

Springer Milan Dordrecht Heidelberg London New York

© Springer-Verlag Italia 2011

Quest'opera è protetta dalla legge sul diritto d'autore e la sua riproduzione è ammessa solo ed esclusivamente nei limiti stabiliti dalla stessa. Le fotocopie per uso personale possono essere effettuate nei limiti del 15% di ciascun volume dietro pagamento alla SIAE del compenso previsto dall'art. 68. Le riproduzioni per uso non personale e/o oltre il limite del 15% potranno avvenire solo a seguito di specifica autorizzazione rilasciata da AIDRO, Corso di Porta Romana n. 108, Milano 20122, e-mail segreteria@aidro.org e sito web www.aidro.org.
Tutti i diritti, in particolare quelli relativi alla traduzione, alla ristampa, all'utilizzo di illustrazioni e tabelle, alla citazione orale, alla trasmissione radiofonica o televisiva, alla registrazione su microfilm o in database, o alla riproduzione in qualsiasi altra forma (stampata o elettronica) rimangono riservati anche nel caso di utilizzo parziale. La violazione delle norme comporta le sanzioni previste dalla legge.

L'utilizzo in questa pubblicazione di denominazioni generiche, nomi commerciali, marchi registrati, ecc. anche se non specificatamente identificati, non implica che tali denominazioni o marchi non siano protetti dalle relative leggi e regolamenti.

Layout copertina: Beatrice ₵., Milano

Impaginazione: PTP-Berlin, Protago TEX-Production GmbH, Germany (www.ptp-berlin.eu)
Stampa: Grafiche Porpora, Segrate (MI)

Springer-Verlag Italia S.r.l., Via Decembrio 28, I-20137 Milano
Springer-Verlag fa parte di Springer Science+Business Media (www.springer.com)

Prefazione

Un'economia guidata dai servizi

La cultura dell'innovazione nei servizi è ancora minoritaria in Italia e questo incide sulla ritardata modernizzazione del complesso settore (che pesa per circa l'80% sul PIL). Si tratta di un grave handicap considerato che lo sviluppo delle economie avanzate si basa oggi più che mai sui servizi per la loro natura di "fattore produttivo intrusivo e pervasivo" che interviene in modo diffusivo nel fare crescere la produttività e la competitività complessiva del sistema e della stessa industria.

Nelle economie avanzate la modernizzazione e la qualificazione dei servizi si sono rivelati fattori determinanti per contribuire ad aumentare il valore d'uso delle infrastrutture e dei prodotti, ampliare e migliorare l'offerta complessiva di beni e acquisire uno stabile vantaggio competitivo mediante l'integrazione di manufatti con servizi innovativi. La sfida che abbiamo davanti è dunque quella di potenziare e diffondere l'impiego dei servizi innovativi con una reale industrializzazione del settore e delle forme di utilizzazione e di integrazione dei servizi nelle diverse realtà.

A fronte delle profonde trasformazioni tecnologiche e organizzative intervenute a livello dei sistemi produttivi, logistici e commerciali, negli ultimi anni si sono sviluppate attività di ricerca industriale e accademica che sono servite a potenziare sempre più le tecnologie e gli strumenti di ausilio all'ottimizzazione dei servizi e della loro diffusione in business diversi. L'innovazione è così servita ad accrescere l'effetto leva dei servizi nella modernizzazione dell'economia ed in specie dell'industria e dei sistemi logistici. Il loro inserimento organico nelle filiere produttive comporta di frequente di intervenire e cambiare l'architettura delle imprese, la governance e l'engineenring dei processi ed obbliga ad una innovazione che combini tecnologia, organizzazione, risorse umane, modelli di business e management. In questo senso l'innovazione nei servizi è una potente leva di rinnovamento culturale, tecnologico e imprenditoriale.

Nuovi modelli di creazione del valore

Il tema del valore e delle strategie per la sua creazione e sostenibilità è centrale nell'economia dell'impresa e va declinato nelle sue diverse dimensioni: tecnico-manageriali, sistemi di misurazione e modelli di business. Creare valore è l'obiettivo vero dell'economia: valore per l'impresa, per l'azionista, per il cliente, per la comunità. Senza capacità di creare valore nessun Paese può funzionare e crescere perché l'incremento di valore è funzionale alla produzione della ricchezza da reinvestire e ridistribuire.

La creazione di valore con i servizi è un tema di grande portata. Per creare e catturare valore con i servizi contano le risorse interne delle imprese e le risorse esterne al *core-business* e di sistema Paese, da integrare e funzionalizzare in modo sinergico. È un campo questo dove occorre essere capaci di adottare modelli avanzati di integrazione sinergica tra imprese e fra pubblico e privato non solo nella finanza ma altresì per la governance e la gestione.

Il modello di impiego dei servizi in Italia è ancora nella maggior parte dei casi di tipo puntuale e incrementale, poco aperto alla visione di rete e all'internazionalizzazione. Questo comporta modeste ricadute generali sul sistema economico e industriale visto nel suo insieme. In sostanza abbiamo tanti servizi ma non un sistema organico di terziarizzazione avanzata dell'economia e dell'industria. E questo è uno dei fattori che maggiormente ostacola e frena la crescita dell'economia italiana. Per superare questi limiti occorre investire in due principali direzioni: le reti infrastrutturali e dei servizi di interesse generale; le nuove modalità di combinazione evolutiva dei rapporti intersettoriali e interaziendali, facendo leva sui servizi come leva di integrazione e di efficientamento. Solo così sarà possibile diffondere modelli di innovazione più aperti e collaborativi fra le istituzioni e le imprese, e tra le imprese tra di loro, per poter creare valore in senso ampio, attraverso nuovi modelli di business centrati sui servizi innovativi.

Sotto la spinta della globalizzazione le imprese sono chiamate a rivedere i loro assetti organizzativi, i modelli di business e le catene del valore sperimentando modalità più avanzate di impiego dei servizi. Le nuove catene di creazione di valore nascono infatti dalla integrazione di manifattura e servizi, per consentire alle imprese di essere più efficienti e più competitive. Sono catene che si aprono internazionalmente secondo un modello di "industria diffusa" su base globale, dove i Paesi emergenti sono destinati a giocare un ruolo sempre più pregnante.

Questa nuova strategia economica e industriale transnazionale non può che essere una strategia di medio/lungo periodo perché il modello di generazione del valore su cui si fonda è un progetto che richiede tempo per ottenere un utilizzo ottimale di risorse, attraverso accordi strategici e investimenti specifici in Paesi diversi.

È questo il nuovo modo di vivere e di operare nel mondo globalizzato: ci sono già segnali e casi significativi in questa direzione; le imprese più lungimiranti di grandi e medie dimensioni hanno avviato un ampio e pervasivo riposizionamento competitivo; stanno operando aggregazioni, integrazioni e fusioni per raggiungere le nuove soglie dimensionali del core-business imposte dalla globalizzazione; fanno evolvere il modello tradizionale di crescita e innovazione proprietaria aprendosi verso l'esterno; fanno sempre più ricorso all'open innovation che sta progressivamente diventando una parte integrante del business model delle imprese all'avanguardia.

L'innovazione anche nei servizi sta diventando sempre più aperta, collaborativa, multi-disciplinare, globale: la trasformazione del modello di business diventa la chiave di svolta di questo cambiamento, ciò che fa la differenza per la creazione di valore. Questa è la sfida più importante per sfruttare le opportunità della globalizzazione e dei mercati internazionali compiendo salti in avanti nell'innovazione dei processi, dei prodotti e dei servizi, con effetti sulla natura e sulla sostenibilità dei vantaggi competitivi.

Nel quadro delineato diventa un passaggio obbligato la collaborazione sistemica fra industria, università e ricerca, per rendere disponibile e integrare esternalità di nuova conoscenza e tecnologia, e per formare le nuove competenze specialistiche e manageriali di eccellenza, di cui l'industria e il terziario avanzato hanno bisogno. L'obiettivo primario è preparare persone capaci di collaborare e di interagire con un sistema di innovazione ampio e internazionalizzato, dove occorre saper valorizzare e dare spazio e voce a giovani talenti, considerandoli come driver di creazione del valore nell'economia globale. In questo nuovo contesto le imprese devono essere capaci di adottare sistemi di management evoluti, non finalizzati ad obiettivi solo di breve periodo, da rendere funzionali e adeguati alla strategia che si vuole implementare. L'innovazione manageriale si configura pertanto come una componente chiave per l'evoluzione delle organizzazioni e la valorizzazione del capitale umano della *digital generation* nel contesto di un mondo globalizzato.

È compito dell'università fornire alle imprese risorse umane preparate e pronte a vivere e operare in contesti multiculturali e ad assumere un ruolo di leadership nel cambiamento organizzativo e nello sviluppo di nuove strategie di innovazione e crescita.

Il Master in Management, Innovazione e Ingegneria dei Servizi che la Scuola Superiore Sant'Anna ha avviato con successo dal 2007 – mettendo a frutto una ventennale esperienza nell'innovation management – si pone come una risorsa di alta formazione ed applicativa (mediante gli Innovation-LAB) nelle competenze e capacità per operare con successo nei business orientati ai servizi.

La Scienza dei Servizi

La Scienza dei Servizi è la disciplina emergente a livello internazionale con cui si mira ad adattare ed applicare al settore dei servizi principi scientifici consolidati di management e di ingegneria industriale, valorizzando le sue specificità come fattore distintivo; in breve, è l'interazione di diverse discipline per formare professionalità nuove capaci di ideare, progettare, organizzare e gestire i servizi in armonia con le esigenze di una economia avanzata e fortemente internazionalizzata.

La Scienza dei Servizi fornisce un approccio integrato e multidisciplinare alla amalgama di economia, scienze manageriali, ingegneria, computer science, per gestire i sistemi complessi, fortemente impregnati di servizi, in continuo adattamento e trasformazione, in cui le imprese si trovano sempre più spesso a competere nell'economia globale. Per questo un gruppo di grandi imprese all'avanguardia stanno collaborando nel Master della Scuola Superiore Sant'Anna, con l'obiettivo di sviluppare un approccio sistemico e originale alla scienza dei servizi, che tenga conto, si rapporti e si integri con la realtà vivente.

I contenuti dei capitoli ed i casi sviluppati negli Innovation Lab del MAINS riportati nel testo confermano pienamente come sia possibile sviluppare un approccio sistemico alla innovazione dei servizi per sviluppare e implementare nuove applicazioni affinché le organizzazioni possano migliorare i loro processi ed accettare la sfida dell'innovazione, creando quella discontinuità culturale, professionale e operativa necessaria a creare nuovi business ed a fare partire un nuovo ciclo di sviluppo.

R. Varaldo e A. Sghedoni

Lista degli autori

Roberto Barontini (r.barontini@sssup.it) è Professore Ordinario di Finanza Aziendale alla Scuola Superiore Sant'Anna. Svolge attività di ricerca nell'Istituto di Management su temi di Corporate Governance e Risk Management, sui quali ha pubblicato su riviste nazionali ed internazionali. È Direttore del Master MAINS della Scuola Superiore Sant'Anna.

Henry Chesbrough (chesbrou@haas.berkeley.edu) ha coniato il termine open innovation ed ha scritto il principale libro sul tema: "Open Innovation: The New Imperative for Creating and Profiting from Technology" (HBS Press, 2003). È anche autore di "Open: Modelli di Business per l'innovazione", recentemente tradotto in Italiano (Egea, 2008). Chesbrough insegna presso la Haas School of Business dell'Università della California, Berkeley, dove dirige anche il Center for Open Innovation.

Lino Cinquini (l.cinquini@sssup.it) è Professore Ordinario di Economia Aziendale alla Scuola Superiore Sant'Anna e svolge attività di ricerca nell'Istituto di Management sul Cost and Management Accounting nelle imprese e nelle organizzazioni pubbliche, con pubblicazioni su riviste nazionali ed internazionali. È Co-editor della rivista *Journal of Management and Governance* e Co-direttore della Laurea Magistrale Internazionale MAIN congiunta tra Scuola Superiore Sant'Anna ed Università di Trento.

Daniele Dalli (dalli@ec.unipi.it) insegna Marketing alla Facoltà di Economia dell'Università di Pisa e fa ricerca nell'ambito del comportamento del consumatore e della cultura di consumo. Pubblica su riviste nazionali e internazionali e fa parte di un network europeo (Coberen) dedicato allo studio dei consumatori.

Alberto Di Minin (a.diminin@sssup.it) è Ricercatore di Economia e Gestione delle Imprese della Scuola Superiore Sant'Anna e Research Fellow presso la Berkeley Roundtable on the International Economy (BRIE, University of California Berkeley). Alberto lavora presso l'Istituto di Management della Scuola ed i suoi lavori di ricerca sono pubblicati su riviste nazionali ed internazionali.

Marco Frey (m.frey@sssup.it) è Professore Ordinario di Economia e Gestione delle Imprese alla Scuola Superiore Sant'Anna e svolge attività di ricerca su temi del Management della sostenibilità sui quali ha pubblicato su riviste nazionali ed internazionali. Dirige il master in Gestione e Controllo dell'ambiente ed è direttore dell'Istituto di Management.

Elie Geisler (geisler@stuart.iit.edu) è Distinguished Professor of Management alla Stuart School of Business dell'Illinois Institute of Technology (Chicago, USA), dove è direttore del Center for Management of Medical Technology. È autore di 12 libri e di oltre 100 articoli su riviste internazionali in tema di Management dell'innovazione tecnologica, Valutazione della R&S, Scienza e tecnologia, Knowledge management e Management delle tecnologie biomedicali.

Riccardo Giannetti (rgiannet@ec.unipi.it) è Professore Associato Confermato di Economia Aziendale alla Facoltà di Economia dell'Università di Pisa e svolge attività di ricerca su temi di Cost and Management Accounting sui quali ha pubblicato alcuni articoli e volumi.

Stephen K. Kwan (stephen.kwan@sjsu.edu) è Professore di Information Systems presso la San José State University (USA), dove è anche direttore di dipartimento di Management Information Systems. Nelle sue attività di ricerca si occupa di e-commerce, impatto dell'IT sulle organizzazioni, Data Base management, system design e linguaggi, data mining, applicazioni XML. Ha ricevuto un Ph.D. in management da UCLA nel 1982.

Riccardo Lanzara (rlanzara@ec.unipi.it) insegna Economia e Gestione delle Imprese alla Facoltà di Economia di Pisa e Marketing Industriale alla Facoltà di Economia della Libera Universitaria di Scienze Sociali di Roma. Fa ricerca nel campo dell'evoluzione dei sistemi produttivi e del rapporto fra Marketing e R&D oltre che ricoprire ruoli di responsabilità in enti territoriali di trasferimento tecnologico.

Giorgio Merli (g.merli@yahoo.it) è attualmente docente di Sociologia d'Impresa all'Università Bicocca di Milano e Senior Advisor di KPMG. Già Managing Partner di IBM BCS e di PriceWaterHouseCoopers Consulting, è autore di numerosi libri con editori nazionali ed esteri sui temi del Management.

Sabina Nuti (s.nuti@sssup.it) è Professore Associato di economia e Gestione delle Imprese. Fa parte dell'Istituto di Management ed è direttore del Laboratorio di ricerca Management e Sanità (MeS) presso la Scuola Superiore Sant'Anna di Pisa. Svolge attività di ricerca sui temi di management sanitario e valutazione della performance. È autrice di numerose pubblicazioni su riviste italiane e internazionali.

Cinzia Panero (c.panero@sssup.it) è ricercatrice di management presso l'Università di Genova e collabora stabilmente in progetti di ricerca del Laboratorio MeS della Scuola Superiore Sant'Anna relativi a tematiche di management sanitario.

Andrea Piccaluga (a.piccaluga@sssup.it) è Professore Ordinario di Economia e Gestione delle Imprese presso la Scuola Superiore Sant'Anna di Pisa dove coordina il programma di dottorato in Management, Competitiveness and Development. Piccaluga è il Direttore Scientifico della Scuola Internazionale di Alta Formazione di Volterra (SIAF), fa parte dell'Istituto di Management ed è uno dei membri del Consiglio Direttivo del Network Italiano per la Valorizzazione della Ricerca Universitaria (NetVal).

Guido M. Rey (g.rey@sssup.it) è Professore Ordinario di Economia Politica alla Scuola Superiore Sant'Anna di Pisa. Ha insegnato nelle università di Urbino-Ancona, Firenze, Roma La Sapienza, Roma Tre. È stato presidente dell'ISTAT dal 1980 al 1993 e presidente dell'Autorità per l'informatica nella PA (AIPA) dal 1993 al 2001.

Francesco Rizzi (f.rizzi@sssup.it) è assegnista di ricerca alla Scuola Superiore Sant'Anna e svolge attività di ricerca su temi del Management dell'energia e dell'ambiente sui quali ha pubblicato su riviste nazionali ed internazionali.

Francesco Sandulli (sandulli@ccee.ucm.es) è professore ordinario di Management all'Università Complutense di Madrid. Svolge attività di ricerca sull'impatto della tecnologia nella performance e struttura delle organizzazioni ed il rapporto tra innovazione e strategia, temi su cui ha pubblicato su riviste internazionali. È stato Visiting Scholar alla Haas School of Business e alla Harvard Business School.

Agostino Sghedoni (a.sghedoni@sssup.it) è attualmente Assistente al Presidente della Scuola Superiore Sant'Anna e membro del Comitato Direttivo del Master MAINS. Già dirigente di IBM Italia ha assunto diverse responsabilità nel marketing e nella consulenza direzionale e strategica. È autore di diverse pubblicazioni e interviste sui temi della trasformazione d'impresa, della competitività e internazionalizzazione.

Jim Spohrer (spohrer@almaden.ibm.com) è Direttore del centro Services Research presso il Research Center dell'IBM di Almaden a San José, CA. Il centro è orientato all'innovazione per IBM Global Services (IGS), un business che coinvolge più di 170.000 professionisti e metà del fatturato di IBM. I collaboratori di Jim si occupano di human sciences, On-Demand Innovation Services (ODIS), trend futuri per i settori industriali e tecnologie per le operations.

Andrea Tenucci (a.tenucci@sssup.it) è assegnista di ricerca alla Scuola Superiore Sant'Anna e svolge attività di ricerca nell'Istituto di Management su temi di Cost and Management Accounting sui quali ha pubblicato su riviste nazionali ed internazionali.

Giuseppe Turchetti (g.turchetti@sssup.it) è Professore Associato di Economia e Gestione delle Imprese presso la Scuola Superiore Sant'Anna nell'Istituto di Management, dove insegna Economia e management delle imprese dei settori sanitario e assicurativo, Management dell'innovazione nel settore biomedicale e Marketing avanzato. Gli interessi scientifici sono di Economia e management delle imprese di servizi, dell'innovazione nel settore biomedicale e di valutazione dei servizi e delle tecnologie sanitarie, sui quali ha pubblicato in riviste nazionali ed internazionali.

Riccardo Varaldo (varaldo@sssup.it) è Professore Ordinario di Economia e Gestione delle Imprese alla Scuola Superiore Sant'Anna di Pisa, dove ricopre la carica di Presidente. Gli interessi scientifici prevalenti sono nell'ambito dell'Economia e Management delle imprese industriali, delle Strategie aziendali, delle Politiche di internazionalizzazione, dell'Economia e Management dell'Innovazione, delle PMI e Distretti Industriali. Su questi argomenti ha pubblicato volumi e articoli in riviste, nonché presentato relazioni e interventi in convegni. È membro dell'Istituto di Management, presidente della Società Italiana di Marketing e fa parte del Comitato Scientifico di importanti riviste nazionali ed internazionali.

Indice

Introduzione
L. Cinquini e A. Di Minin 1

Parte I: I fondamenti della *Service Science*

1 *Service Science, Management, Engineering, and Design* (SSMED): una disciplina emergente – Profilo e riferimenti
J.C. Spohrer e S.K. Kwan 7
   1.1 Fondamenti pratici e teorici 7
   1.2 Concetti e domande 8
   1.3 Strumenti e metodi 16
   1.4 Le discipline e l'*expert thinking* 17
      1.4.1 Storia: economia e diritto in evoluzione 18
      1.4.2 Marketing: clienti e la misura della qualità 20
      1.4.3 Operations: fornitori e la misura di produttività 22
      1.4.4 Governance: autorità e misure di conformità 24
      1.4.5 Design: concorrenti e la misura dell'innovazione sostenibile ... 25
      1.4.6 Antropologia: accesso privilegiato e risorse umane 27
      1.4.7 Ingegneria: risorsa di proprietà a titolo definitivo e risorse tecnologiche/ambientali 28
      1.4.8 Informatica: accesso condiviso e risorse informative 28
      1.4.9 Sourcing: locazione/contratti e risorse organizzative ... 30
      1.4.10 Futures: gestione ed investimenti strategici 31
   1.5 Professioni e comunicazioni complesse 32
      1.5.1 Imprenditori, consulenti e atteggiamento mentale 33
      1.5.2 Scienziati, ingegneri e leadership 34
   1.6 Conclusioni 36

Esperienza Innolab: Nuovi metodi di pagamento (M-Payments) 48

2 La *servitization* dei prodotti
D. Dalli e R. Lanzara 51
   2.1 Cosa si intende per *servitization* 51
   2.2 La componente di servizio nel marketing di prodotto 54

2.3 Il primato del servizio sul prodotto 58
2.4 La reazione del prodotto alla sfida della SD-logic:
    la servitizzazione 64

Esperienza Innolab: Servitizzazione dei prodotti 68

3 Percorsi di innovazione nei modelli di business
H. Chesbrough, A. Di Minin, A. Piccaluga 73

3.1 Introduzione 73
3.2 Il punto di arrivo: un nuovo modello di business 77
3.3 Problem Setting 79
3.4 Scenario Planning 79
3.5 Enabling Technologies 81
3.6 Complementary assets e alleanze 83
3.7 La nuova soluzione: combinare prodotto e servizio............... 86
3.8 Value Proposition 88
3.9 Conclusioni 89

Esperienza Innolab: Info mobilità/Open Innovation 91

4 La trasformazione del modello di business: il *Business Modelling*
G. Merli 95

4.1 La necessità di trasformare il modello di business dell'impresa 95
4.2 La focalizzazione sulle attività core 98
4.3 La capacità di riconfigurazione continua 99
4.4 Il modello delle attività di business 100
4.5 La struttura del Component Business Model (CBM) 101
4.6 Pianificare e gestire la trasformazione del modello di business 104
4.7 Integrazione negli ecosistemi di business 108

5 Innovazione *User-Led*. Il coinvolgimento degli utilizzatori finali nella co-creazione di valore nel settore dei servizi
F. D. Sandulli 117

5.1 *User Innovation* nelle imprese di servizio 117
5.2 Disponibilità dell'utilizzatore a cooperare: viscosità delle
    informazioni... 119
5.3 Disponibilità dell'utilizzatore a cooperare: benefici attesi 122
5.4 Caso aziendale: ridurre la viscosità delle informazioni e rafforzare
    l'identificazione organizzativa nel settore dei servizi finanziari 124
5.5 Conclusioni 127

Esperienza Innolab: Marketing & Strategy: impatto economico dello
    sviluppo di un NGN sul sistema Paese. Scenari di convergenza tra
    Telco e Broadcast TV 131

6 Modelli di misurazione della performance e del valore nel sistema dei servizi
R. Barontini, L. Cinquini, R. Giannetti, A. Tenucci 135

- 6.1 Il "servizio" come oggetto di misurazione 135
  - 6.1.1 Le principali "4 caratteristiche" (IHIP) come fattori di differenziazione tra i beni e servizi 136
  - 6.1.2 Il servizio come processo o attività 137
  - 6.1.3 Il servizio come logica di business: Service-Dominant Logic 138
  - 6.1.4 Il sistema dei servizi nella prospettiva della Service Science 139
- 6.2 Il *management accounting* e la misurazione della performance nei servizi 140
- 6.3 Il ruolo delle tecnologie e dei processi di analisi dei dati nel management accounting dei servizi 145
- 6.4 Misurazione del valore e incentivazione nel sistema dei servizi 148

Esperienza Innolab: Fatturazione elettronica 157

Parte II: Esperienze innovative nei modelli di gestione dei servizi

7 L'Information and Communication Technology come condizione di sviluppo e driver abilitante della Service Science
G. M. Rey 165

- 7.1 L'evoluzione dei servizi e il ritardo italiano 165
- 7.2 Il ritardo italiano nella diffusione dei servizi di rete forniti dalle ICT 169
- 7.3 I servizi della rete per l'impresa in rete 173
- 7.4 I servizi in rete per le PMI e il ruolo delle grandi imprese, delle banche e delle amministrazioni pubbliche 175
- 7.5 Suggerimenti per strategie alternative di innovazione 179
- 7.6 Quali politiche per sviluppare i servizi in rete 182
- 7.7 Conclusioni 184

Esperienza Innolab: Studio di ipotesi di organizzazione del lavoro basate su modelli web 3.0 e web 4.0 187

8 La sfida dei servizi in sanità tra personalizzazione e standardizzazione dei processi
S. Nuti e C. Panero 193

- 8.1 La sfida dei servizi sanitari tra qualità e sostenibilità finanziaria 193
- 8.2 Caratteristiche dei servizi sanitari e ruolo dell'utente 196
- 8.3 Caratteristiche dell'offerta e variabilità delle prestazioni 200
- 8.4 Standardizzazione dei processi e personalizzazione del servizio: i percorsi assistenziali 202
- 8.5 Il confronto tra i bisogni del paziente e l'offerta dei servizi sanitari: il caso del percorso oncologico in Toscana 204

8.6 Conclusioni 207

Esperienza Innolab: Ingegnerizzazione dei nuovi prodotti per reti di telecomunicazioni sicure e multimediali 211

9 *Home Healthcare Services*: un caso istruttivo per lo sviluppo di un approccio "Service-Dominant-Logic" nel marketing dei servizi ad alta tecnologia
G. Turchetti e E. Geisler 215

9.1 Contesto e obiettivi del capitolo 215
9.2 Disegno e metodologia dello studio 217
    9.2.1 Barriere per un marketing efficace 218
    9.2.2 Il marketing ai pazienti e agli erogatori delle prestazioni sanitarie 219
9.3 Risultati 220
    9.3.1 "If you build it, they will not necessarily come" 220
    9.3.2 Service-Dominant Logic 221
9.4 Implicazioni manageriali 223
    9.4.1 "One size doesn't fit all" 223
    9.4.2 "Technology is not enough" 224
    9.4.3 "If at first you don't succeed try, try, try again" 224
    9.4.4 "From propaganda to Conversation" 224
9.5 Originalità e valore dello studio 225

Esperienza Innolab: Dal contactless alle carte multiservizi 227

10 Gestione e governance dei nuovi modelli di servizi nel settore ambientale ed energetico
M. Frey e F. Rizzi 231

10.1 Servizi ambientali ed energetici, green economy e innovazione di sistema 231
10.2 Il modello dei cicli integrati a livello macro, meso e micro 237
10.3 Cicli integrati nei servizi ambientali (rifiuti, acqua) e life cycle management 241
10.4 Ciclo integrato e management dell'energia 244
10.5 Implicazioni di policy e conclusioni 246

Esperienza Innolab: Smart cities: le città del futuro 249

Indice analitico 253

Introduzione

L. Cinquini e A. Di Minin

Questo testo costituisce l'approfondimento sul tema della Scienza dei Servizi che l'area di Management della Scuola Superiore Sant'Anna – oggi organizzata nel neonato Istituto di Management – ha iniziato a partire dalla riconfigurazione dello storico Master dell'Innovazione lanciato nel 1991 nell'attuale Master in Management, Innovazione e Ingegneria dei Servizi (MAINS).

L'interesse verso questa prospettiva di ricerca trova le sue fondamenta negli elementi tratteggiati nella Prefazione: prevalenza del settore dei servizi nei sistemi economici, *servitization* pervasiva delle attività economiche, anche manifatturiere, innovazione dei modelli di business tradizionali e sviluppo di nuovi modelli di business e di creazione di valore alla luce delle nuove possibilità di riconfigurazione rese possibili dalla rete, dall'ITC e da molte altre tecnologie abilitanti.

L'approccio metodologico ed il contenuto della Service Science[1] sono coerenti con l'attenzione al tema dell'innovazione nella ricerca e nella formazione manageriali: l'innovazione è già oggi – e sarà sempre più in futuro – un problema di contenuto di servizio e di modalità della sua fruizione [1]. Sempre più aziende cercano nei servizi nuove opportunità per differenziarsi ed evitare di cadere nella trappola della *commodization*.

In questa prospettiva, uno degli aspetti che rende sfidante l'approccio della Service Science alla complessità delle organizzazioni sociali ed economiche ed al loro cambiamento è la multidisciplinarietà: in effetti la sfida della complessità nel governo delle organizzazioni sia nell'aspetto strutturale-tecnologico che dinamico-relazionale è affrontabile se si sviluppano capacità di integrazione di competenze specialistiche e di approcci metodologici differenziati, in cui la dimensione tecnologica e quantitativa sappia fondersi con la capacità di comprensione dei fenomeni micro e macro sul piano qualitativo e con la capacità di orientarne le dinamiche. Da questo punto di vista lo sviluppo delle nuove economie dei servizi indica ancora una volta come centrale il tema del capitale umano e della sua qualità: la Scienza dei Servizi contribuisce a comprendere e delineare quale può essere il profilo di competenze richieste dai manager del futuro e come sia importante investire in una formazione innovativa.

---

[1] Nel prosieguo i termini "Service Science" e "Scienza dei Servizi" verranno impiegati indifferentemente.

Una breve analisi della struttura e del contenuto del testo ci consentiranno di chiarire questo percorso concettuale.

Il lavoro si divide in due parti: una prima in cui si definiscono alcuni degli assi concettuali portanti della Service Science che ne costituiscono le fondamenta nella prospettiva manageriale che ci interessa, una seconda in cui si riportano alcune significative esperienze di innovazioni nei modelli di gestione dei servizi riconducibili a tale nuovo approccio.

Prima di passare in rassegna i vari contributi, è importante indicare al lettore che tra un capitolo e l'altro sono inseriti dei box, che riportano le esperienze su casi concreti oggetto di approfondimento degli Innovation Lab del Master MAINS in questi ultimi quattro anni. I Laboratori MAINS sono uno degli aspetti più innovativi nella organizzazione del percorso formativo del Master, il cui output va al di là del contributo didattico al progetto formativo: organizzano un lavoro sperimentale nell'ambito dell'economia e ingegneria dei servizi, attraverso il quale gli studenti imparano la ricerca di soluzioni creatrici di valore in team multisciplinari a cui partecipano anche manager e docenti. I risultati attesi vanno oltre la "soluzione ad un problema" e costituiscono altresì un "contributo di idee" allo sviluppo di *business model* innovativi basati su alleanze spesso complesse e sfidanti. I box disseminati lungo il testo costituiscono pertanto un originale patrimonio di esperienze ed idee che ne arricchisce i contenuti, fornendo spunti di riflessione sulla poliedricità degli ambiti applicativi di approcci manageriali *service-oriented*: dal *mobile-payment* alla "servitizzazione", dalle carte multi-servizi alla fatturazione elettronica, dall'organizzazione basata sul web 3.0 all'ingegnerizzazione dei nuovi prodotti, dalla info-mobilità alle *smart-cities*.

Passando ai contenuti, il primo capitolo di Spohrer e Kwan "Service Science, Management, Engineering, and Design (SSMED): una disciplina emergente - Profilo e riferimenti" fornisce in apertura del testo il quadro più recente ed aggiornato dei contenuti, dei riferimenti bibliografici e dei concetti chiave che dovrebbero guidare la riflessione e costituire la definizione di questa disciplina, con un primo tentativo di integrare le diverse aree scientifiche che la compongono. La sua articolazione, presentata in questo volume da due dei massimi esperti a livello mondiale sul tema, dà al lettore il senso della complessità della Service Science e dell'ambizione di questo approccio multidisciplinare: diritto, economia, informatica, management, antropologia che convergono nello sforzo di comprendere e governare i sempre più complessi "sistemi di servizi" in cui si articolano le attività economiche e sociali.

I fondamenti concettuali della Service Science affrontati dai successivi capitoli nella prima parte riguardano: la servitization come processo caratterizzante i processi produttivo, l'innovazione aperta applicata ai modelli di business, il ruolo chiave degli utenti nel processo di co-creazione di nuovo valore ed il problema della misurazione nei contesti che vengono a determinarsi.

Il contributo di Dalli e Lanzara su "La servitization dei prodotti" fornisce un quadro di riferimento aggiornato rispetto alle pratiche aziendali sul fenomeno della servitizzazione, ovvero il graduale, ma significativo incremento della dimensione di servizio nelle relazioni cliente-fornitore, con particolare riferimento alle aziende manifatturiere e le implicazioni di posizionamento strategico.

Chesbrough, Di Minin e Piccaluga nel loro contributo "Creare valore tramite nuovi modelli di business" affrontano il tema dell'innovazione applicata ai modelli di business, oggi tanto importante quanto quella tecnologica, e propongono uno schema logico che faciliti il percorso aziendale in questa direzione. Anche il capitolo di Merli "La trasformazione del modello di business: il *Business Modelling*" si inserisce nella logica dell'innovazione e riconfigurazione dei modelli di business mediante la presentazione di un modello modulare per l'analisi delle componenti strategiche in grado di supportare le decisioni d'innovazione mediante *outsourcing* e/o integrazione reticolare. Il capitolo di Sandulli "La *User-Led Innovation*. Il coinvolgimento degli utenti finali nella co-creazione di valore" affronta invece il tema dell'innovazione aperta a partire dalla capacità dell'impresa di attivare i propri clienti, aspetto di estrema rilevanza strategica nelle imprese di servizi. Si evidenzia qui il tema della co-creazione di valore, che caratterizza i modelli di business più evoluti.

Infine, Barontini, Cinquini, Giannetti e Tenucci nel capitolo "Modelli di misurazione della performance e del valore nel sistema dei servizi" indicano le principali innovazioni che i cambiamenti richiamati comportano per i modelli di misurazione dei costi e delle performance, così come per le metriche che possono meglio orientare il management verso gli obiettivi di creazione di valore.

La seconda parte del libro è dedicata all'approfondimento di alcune esperienze innovative nei modelli di gestione dei servizi particolarmente sensibili a queste nuove prospettive strategiche e manageriali. Questa parte si apre con un contributo di Guido Rey su "L'*Information and Communication Technology* come condizione di sviluppo e driver abilitante della Service Science": si tratta di una riflessione preliminare sul ruolo dell'ICT a livello di sistema economico nello sviluppo delle condizioni per modelli innovativi quali quelli successivamente proposti.

Il settore della sanità è l'ambito in cui si collocano i successivi contributi di Nuti e Panero: "La sfida della sanità tra standardizzazione dei processi e personalizzazione dei servizi", e Turchetti e Gleiser: "*Home healthcare services*: un caso di '*service-dominant-logic*' nel marketing dei servizi ad alta tecnologia". Il primo approfondisce il tema del *trade-off* tra standardizzazione dei processi e personalizzazione dei servizi, tema particolarmente sfidante in ambito sanitario dove infatti, il successo dipende dalla capacità di integrare queste due strategie, normalmente alternative negli altri settori, mediante una loro esplicitazione nel concetto di "appropriatezza". Il secondo contributo evidenzia l'importanza di opportuni approcci di marketing che riescano a cogliere e superare i problemi, anche derivanti dalla stessa tecnologia, che possono ostacolare lo sviluppo della domanda di un servizio; questo tema è studiato con riferimento ad un servizio di assistenza domiciliare, ma assume una valenza più ampia per il marketing dei servizi.

Infine, Frey e Rizzi presentano le problematiche di innovazione nei modelli di gestione dei servizi nel settore ambientale ed energetico, dove si stanno rafforzando modelli di business fondati sull'innovazione dei processi e dei servizi in un'ottica di filiera ed in cui sempre più centrale è il ruolo esercitato dagli utilizzatori (es. nel risparmio energetico o idrico e nella raccolta differenziata). Al tempo stesso nelle imprese si stanno consolidando approcci basati sul *Life Cycle Assessment*, su sistemi di gestione integrati, sull'eco ed *energy efficiency*.

Data questa strutturazione dei contenuti, sorge spontanea la domanda: a chi queste riflessioni così articolate possono essere rivolte? Pensiamo che i lettori interessati a questi temi possano essere molteplici.

I manager d'impresa possono trovare spunti interessanti, anche sul piano operativo, sia per le esperienze riportate nei capitoli, che per i casi degli *Innovation Lab*. Chi si occupa di *business development*, di controllo, di marketing può trovare riferimenti ed indicazioni interessanti per la propria attività ed una sua evoluzione.

Anche per i *policy maker*, alcuni contributi nel testo evidenziano efficacemente le caratteristiche che stanno cambiando profondamente le organizzazioni ed i loro sistemi e come una specifica attenzione ai servizi risulti indispensabile nelle politiche infrastrutturali, economiche ed industriali dei sistemi-Paese.

Per quanto riguarda studiosi e ricercatori, auspichiamo che questo lavoro possa contribuire alla migliore comprensione di fenomeni e tendenze che sempre più caratterizzeranno il mondo delle organizzazioni, sia per quanto riguarda le modalità di funzionamento che le modalità più efficaci per governarle ed innovarle. Sul piano della ricerca, gli spunti per lo sviluppo di ricerche in campo manageriale su questi temi sono altrettanto numerosi ed importanti: ad esempio, le possibili logiche di servitization e le loro implicazioni, l'*Open Innovation* e il tema connesso dell'appropriabilità dell'innovazione, il *Business Development* nei servizi, il controllo manageriale nei contesti aperti, le multidimensionalità della performance. In questo senso il testo costituisce, se vogliamo, anche una *research agenda* rispetto a problemi significativi che impegneranno le organizzazioni umane sempre di più nel prossimo futuro.

Come accennato all'inizio, questo libro rappresenta lo sforzo congiunto di afferenti e collaboratori a vario titolo dell'Istituto di Management della Scuola Superiore Sant'Anna di Pisa, coinvolti nelle edizioni del Master MAINS di questi anni e/o in ricerche congiunte su temi di Service Science. L'entusiasmo e l'impegno da tutti profuso per la realizzazione di questo progetto editoriale, che come curatori abbiamo constatato, testimoniano la forte condivisione nel sentire questa area emergente come estremamente rilevante (oltre che per gli allievi del Master, futuri manager) anche per il nostro lavoro di ricerca.

[1] Gallouj F., 2002, *Innovation in the service economy: the new wealth of nations*, Edward Elgard Publishing, Inc.

Parte I
I fondamenti della *Service Science*

Service Science, Management, Engineering, and Design (SSMED): una disciplina emergente Profilo e riferimenti

J.C. Spohrer e S.K. Kwan

La crescita dell'economia globale dei servizi ha portato ad un drastico aumento delle nostre interazioni quotidiane con sistemi di servizi altamente specializzati. Le interazioni di servizio (oppure di co-creazione di valore) sono frequenti e diverse e possono dar luogo ad interazioni specializzate a livello governativo, legale, educativo, sanitario, finanziario, professionale, di retail & ospitalità, con media & entertainment, di tipo turistico e sportivo, edile, per servizi on-line & communications, per servizi elettrici, di supporto tecnico, acqua & utilities, per trasporti e molti altri. E sorprendentemente sono ancora pochi gli studenti uscenti dalle università che hanno studiato qualcosa sui servizi o sui sistemi di servizi. La Service Science, Management, Engineering, and Design (SSMED), o brevemente Scienza dei Servizi, è una disciplina emergente che si propone di comprendere il Servizio e di innovare i Sistemi di Servizi. Questo capitolo ne traccia un profilo e fornisce un'ampia, seppur ancora preliminare, letteratura di riferimento con l'obiettivo di stimolare un dibattito circa la natura interdisciplinare della SSMED. Integrare diverse discipline per creare una nuova ed unica Scienza dei Servizi rimane una sfida difficile.

1.1
Fondamenti pratici e teorici

In questo capitolo, che rappresenta l'aggiornamento e sviluppo di un articolo scritto nel 2009, viene descritta la disciplina emergente della Service Science, Management, Engineering, and Design (SSMED) o, più brevemente, Scienza dei Servizi.

La letteratura a riguardo è in continua evoluzione (America Competes 2004; IBM Research 2004; Chesbrough 2005; Horn 2005; Chesbrough, Spohrer 2006; Maglio et al. 2006; Hidaka 2006; Monahan et al. 2006; Spohrer et al. 2007; Glushko 2008; Stauss et al. 2008; Katzan 2008; Lusch et al. 2008; IfM, IBM 2008; Hefley,

Cinquini L., Di Minin A., Varaldo R.: Nuovi modelli di business e creazione di valore: la Scienza dei Servizi   DOI 10.1007/978-88-470-1845-7_1
© Springer-Verlag Italia 2011

Murphy 2008; Yoshikawa 2008; Maglio et al. 2009; Vargo, Akaka 2009; Hsu 2009; Ostrom et al. 2010; Daskin 2010; Maglio et al. 2010; Demirkan et al. 2011). Inoltre, la letteratura sulla Scienza dei Servizi fa riferimento e tenta di sintetizzare decenni di lavoro a partire dai pionieri della ricerca in questo campo (Spohrer, Maglio 2010b). Moltissimi articoli hanno già introdotto la Scienza dei Servizi rivolgendosi a audience differenti, spaziando dalle *operations* (Spohrer, Maglio 2008), al marketing (Maglio, Spohrer 2008), ai sistemi informativi (Spohrer, Kwan 2009), all'ingegneria (Spohrer, Maglio 2010a), alle scienze sociali e alla politica governativa (Spohrer 2011), per arrivare alla ricerca operativa (Spohrer, Murphy 2011). Oltre a fornire un quadro di questa disciplina emergente, questo lavoro fornisce un'ampia revisione bibliografica che attraversa diverse aree disciplinari.

Il resto di questa sezione fornisce alcuni dei fondamenti teorici e pratici della Scienza dei Servizi. Cosa c'è di veramente nuovo e unico nella Scienza dei Servizi? Non ci sono già persone che da oltre 30 anni conducono ricerche sul tema? Cosa è cambiato? La sezione che segue fornisce i collegamenti principali alle discipline esistenti. Come si collega la Scienza dei Servizi alle discipline accademiche esistenti? C'è veramente bisogno che gli studiosi di servizi abbiano una conoscenza completa di queste discipline? Come sta cambiando la Scienza dei Servizi e come questa scienza viene modificata da queste discipline?

L'ultima sezione fornisce i collegamenti principali alle professioni esistenti. Che relazione c'è tra Scienza dei Servizi e le professioni esistenti? Quali professioni è probabile beneficino maggiormente dallo sviluppo della Scienza dei Servizi?

1.2
Concetti e domande

Perché ora? A gennaio 2007 l'Organizzazione Internazionale del Lavoro (The International Labor Organization) ha pubblicato un rapporto in cui si afferma che, per la prima volta nella storia dell'umanità, i posti di lavoro nel settore dei servizi (40%) eccedono quelli nel settore agricolo (39,6%) e rappresentano quasi il doppio di quelli nel settore manifatturiero (20,4%). Oggi la maggior parte delle persone sopravvive (e alcune persone prosperano) anche se nel loro lavoro non danno vita a nuovi beni fisici, quali cibo o prodotti tangibili. Negli ultimi 30 anni un numero sempre crescente di accademici e professionisti ha cominciato a studiare il "servizio" come fenomeno distinto, con un proprio corpo di conoscenza e con proprie regole pratiche. La crescita del valore del servizio nella società è indiscutibile.

Ad ogni modo, c'è veramente qualcosa di nuovo in questo fenomeno di "crescita del servizio" al di là delle statistiche, e c'è qualcosa che sia degno di una nuova scienza? E cos'è il servizio?

A partire da Ludwig Von Mises (1998), il servizio fa riferimento al valore crescente che scaturisce da forme di cooperazione sempre più sofisticate o da quelli che noi definiamo *meccanismi di co-creazione del valore*. Molti hanno cominciato ad osservare che, nel tempo, gli scambi servizio-per-servizio non solo dominano l'economia, ma diventano più specializzati e *knowledge-intensive* ed incrementano ulteriormente la densità della creazione di valore delle società (Normann 2001). Crescita del servizio significa anche maggior interazione con soggetti stranieri (Seabright 2005); anche se conosciamo il ruolo che ognuno sta giocando in un sistema di servizio, non sempre conosciamo la persona. Allora, cosa sta succedendo? Cosa c'è dietro la crescita del servizio? Intorno alla metà del secolo scorso Ludwig von Mises (1998) scriveva circa la fondamentale comprensione del valore della cooperazione: "All'interno della società, la cooperazione sostituisce allo scambio autistico[1] lo scambio interpersonale o sociale. Un uomo dà ad altri uomini al fine di ricevere da essi. Emerge la reciprocità. L'uomo serve per essere servito" (p. 194).

Più recentemente, nel loro "Service Dominant Logic", Vargo e Lusch (2004, 2006 e 2008) definiscono il servizio come *l'applicazione di competenza (es. conoscenza, risorse, ecc.) a beneficio di un'altra entità*. Gli autori osservano che oggi la maggior parte delle persone usa una Product-Dominant Logic, emersa da due secoli di misurazione del valore come incremento di output materiali. Per esempio, grandi quantità di grano o panieri di beni di consumo sono output fisici. Questo focus sui prodotti fisici è, almeno in parte, abbastanza comprensibile, dato che le efficienze dei sistemi di produzione manifatturieri hanno condotto ad enormi miglioramenti nel benessere materiale (Beinhocker 2006). Tuttavia ora, con l'avvento di internet e delle comunicazioni globali a basso costo, il contributo dell'informazione e della conoscenza alla co-creazione di valore sta diventando più importante. Foray (2004) osserva che l'informazione è facile da copiare (la codifica digitale nelle macchine è nota), mentre la conoscenza è difficile da copiare (la codifica neurale nelle persone è sconosciuta). La crescita del servizio è fortemente legata alla crescita di informazione e conoscenza.

Cosa c'è di nuovo? Mentre la divisione del lavoro e la cooperazione non sono nuove idee, la crescita del servizio ci fornisce una nuova lente attraverso cui osservare il mondo. La crescita del servizio, vista come l'evoluzione di meccanismi di co-creazione del valore tra entità di sistemi di servizi, diventa un modo per osservare la storia dell'umanità e comprendere il cambiamento futuro. Probabilmente è anche vero, come alcuni autori suggeriscono, che nelle società moderne le persone stanno migliorando nel giocare partite di tipo *win-win* (Wright 2000). La gente cioè comincia a capire che la co-creazione di valore è il gioco migliore.

Il servizio infatti sta diventando la lente attraverso cui differenti aree di studio possono essere viste all'interno di un *framework* comune. Per esempio, l'accresciuta attenzione al servizio negli ultimi anni è in larga parte dovuta al crescente predominio delle attività di servizio come generatori di posti di lavoro, PIL, esportazioni e produttività (Triplett, Bosworth 2004; Lewis 2004; Herzenberg, Alic, Wial 2000). Nel business e nelle attività governative di ogni giorno il servizio è sempre più fortemente associato alla crescita di interazioni ad alto valore *knowledge-intensive* di tipo cliente-fornitore, tra entità quali persone, organizzazioni, agenzie, macchine o infrastrutture, in cui tasse, costi pubblicitari, commissioni di sottoscrizione, dirit-

---

[1] "Se l'azione è realizzata da un individuo senza alcuna cooperazione con altri soggetti, possiamo definirla scambio autistico. Un esempio: il cacciatore isolato che uccide un animale per proprio sostentamento scambia il proprio tempo libero ed una cartuccia per cibo." (Von Mises 1998: p. 194).

ti d'utilizzo, tasse d'iscrizione annuale o la risorsa scarsa costituita dall'attenzione umana sono tipicamente scambiati per le azioni, le esperienze, le assicurazioni o i privilegi di accesso da parte di fornitori di servizio. Nell'informatica, il servizio si riferisce alle risorse computazionali (come nel servizio web o nel servizio di rete) che possono essere scoperte, rese accessibili e applicate usando protocolli standard (Spohrer, Anderson, Pass, Ager, Gruhl 2008). Nel settore pubblico e nelle scienze sociali, il servizio è spesso associato con un valore intangibile generato da atti altruistici di lealtà, coraggio o convinzioni etiche/religiose su ciò che è buono e giusto nella società umana. Per esempio, l'eliminazione di *unfreedoms* (cioè la non accessibilità alla sanità, all'istruzione, alla protezione, all'informazione, ecc.) per i miliardi di persone svantaggiate in tutto il mondo è solo una delle possibili visioni sull'importanza delle attività di servizio che accomunano pensatori economici, politici e sociali (Sen 1998; Lewis 2004).

Inoltre, i servizi che scaturiscono da incontri *una tantum* sono molto differenti dalle relazioni di servizio di lungo termine o *life-time* (Gutek 1995), e l'applicazione di risorse *knowledge-based* è molto differente dall'applicazione di risorse fisiche (Boisot 2002). Le imprese manifatturiere sono sempre più spinte a comprendere l'innovazione di servizio, in quanto cercano di tendere esse stesse verso più alti livelli di co-creazione di valore con i loro clienti e gli altri *stakeholders* (IfM, IBM 2008). Tutti questi punti di vista contribuiscono ad un crescente bisogno di capire il fenomeno del servizio come evoluzione e design di meccanismi di co-creazione del valore tra entità: il business della società è diventare co-creatori di valore.

Concetti di base. Se dovessimo interpretare la storia dell'umanità come evoluzione e design di meccanismi di co-creazione del valore tra entità, allora da dove dovremmo cominciare? Partiamo dalla comprensione dei seguenti dieci concetti di base: *risorse, entità di sistemi di servizi, diritti di accesso, interazioni basate su proposizione di valore* (un nome più tradizionale e *business-oriented* per indicare un meccanismo di co-creazione di valore), *meccanismi di governance, reti di sistemi di servizi, ecologia di sistemi di servizi, stakeholders, misure* e *risultati*.

Risorse. "Le cose vanno e vengono, e noi diamo loro un nome al fine di poterne dibattere e comunicare." Ogni cosa nominabile fisica e non fisica è una risorsa. Per esempio, una mela è una risorsa fisica, il concetto di triangolo retto è una risorsa non fisica. Come osservò von Mises (1998): "L'uomo pensante vede l'utilità delle cose, cioè, la loro abilità di rispondere ai propri fini; e l'uomo che agisce li rende mezzi" (p. 92); l'uomo di legge attribuisce diritti per determinate tipologie di risorse fisiche e non. Per esempio, gli adulti sono risorse fisiche con diritti; le imprese, regolarmente costituite che hanno pagato le tasse puntualmente e soddisfatto gli altri obblighi, sono risorse non fisiche con diritti. Le imprese potrebbero possedere risorse fisiche o contratti per le risorse fisiche, ma sotto forma di risorsa essa stessa non fisica, sotto forma cioè di costrutto concettuale-legale.

Così, alla fine, tutte le risorse cadono in uno dei seguenti quattro tipi:
a) *fisiche con diritti;*
b) *non fisiche con diritti;*
c) *fisiche senza diritti;*
d) *non fisiche senza diritti.*

Nella società moderna, gli scienziati fisici sono autorità professionali che ci dicono quali risorse sono fisiche e quali non lo sono. I giudici sono autorità professionali che ci dicono quali risorse hanno o quali non hanno diritti all'interno della loro giurisdizione. I fisici ed i giudici sono tipologie di *stakeholders* autoritari (concetto introdotto sotto). Come vedremo in seguito, le comunità di authority *stakeholders* stabiliscono e rispettano le regole del gioco. Perciò, il concetto di risorsa e le sue quattro tipologie logiche sono socialmente determinati (Berger, Luckmann 1967).

Diverse tipologie di risorse sono governate da diverse tipologie di leggi (Maglio, Kreulen, Srinivasan, Spohrer 2006). Le risorse fisiche sono governate dalle leggi della natura. Concetti ed informazioni sono governati dalle leggi della logica e della matematica. Entrambe quelle fisiche e concettuali, nella cultura moderna, sono governate dalle leggi umane (es. diritti di proprietà). Questa nozione dei quattro tipi di risorse è una delle prime intuizioni fondamentali della Scienza dei Servizi, ed è parte della visione del mondo dei sistemi di servizi.

Latour (2007) nel suo "Reassembling the Social: An Introduction to Actor Network Theory" fornisce il termine 'agente' per descrivere quelle che abbiamo chiamato risorse in questo articolo. Vargo e Lusch (2004) fanno la distinzione tra "risorsa operante" (attore) e "risorsa operata" (oggetto), e osservano che tutte le risorse, a seconda del contesto e dell'evento, possono appartenere ad una delle categorie (es. se consideriamo le persone in un contesto sanitario, il chirurgo può essere operante e il paziente l'operato).

Entità di sistemi di servizi. "Insieme possiamo cambiare il mondo per il nostro beneficio reciproco." Le entità di sistemi di servizi *sono configurazioni dinamiche di risorse*, di cui almeno una avente diritti (e responsabilità, visto che queste vanno a coppia per gli uomini di legge), che includono alcuni tipi di diritti di accesso a tutte le risorse nella configurazione, sia direttamente che indirettamente attraverso relazioni con altre entità di sistemi di servizi. Si ricordi che, all'interno del sistema normativo, ad una delle parti interessate è richiesto di determinare quali risorse hanno diritti e la natura di tali diritti. Alcune configurazioni dinamiche di risorse sono entità di sistemi di servizi (un'impresa o una città, compreso la gente che ne fa parte), e altre configurazioni di risorse non sono entità di sistemi di servizi (un'automobile, senza una risorsa con diritti, quali il proprietario o l'autista incluso). La tipologia più comune di entità di sistemi di servizi sono le persone e le organizzazioni. Nuove tipologie di entità di sistemi di servizi costantemente compaiono e spariscono. Recentemente, comunità *open-source* e comunità on-line sono emerse come entità di sistemi di servizi. Il concetto di entità di sistemi di servizi sta evolvendo molto rapidamente (Spohrer, Maglio, Bailey, Gruhl 2007; Spohrer, Vargo, Maglio, Caswell 2008).

Diritti di accesso. "Con quale autorità usi questa risorsa?" Le entità di sistemi di servizi hanno quattro principali tipologie di diritti di accesso alle risorse all'interno della loro configurazione: *proprietà a titolo definitivo, in locazione/contratto, accesso condiviso, accesso privilegiato.* Le risorse ad accesso condiviso includono risorse quali l'aria, le strade, il linguaggio naturale, i siti internet. Le risorse ad accesso privilegiato includono risorse quali pensieri, storie individuali, relazioni familiari.

Interazioni basate sulla proposta di valore. "Farò questo se tu farai quello." Le entità di sistemi di servizi interagiscono (normativamente) mediante proposizioni di valore. Il comportamento normativo è un comportamento che "dovrebbe verificarsi secondo un modello ideale di uno o più stakeholders," ma in effetti potrebbe non verificarsi sempre. Entrambe le entità che interagiscono devono accordarsi, esplicitamente o tacitamente, sulla proposizione di valore. Una proposizione di valore comunica un piano mutualmente condiviso e accettato a collaborare e co-creare valore, molto spesso riconfigurando risorse o diritti di accesso ad esse. Una proposizione di valore è un meccanismo di co-creazione di valore (Anderson, Narus, Rossu 2006; Lovelock, Gummesson 2004; Kim, Mauborgne 2005; Slywotzky, Wise, Weber 2003; Afuah 2004; Gummesson 2007; Normann 2001). Per esempio, un piano di pagamento rateale consente ai clienti di pagare nel tempo beni che acquistano e utilizzano prima che il pagamento sia completato, mentre aumentano le vendite di breve termine per il fornitore. La proposizione di valore crea relazioni di tipo win-win.

Meccanismi di governance. "Ecco che cosa accadrà se le cose vanno male." Le entità di sistemi di servizi potrebbero non realizzare il valore che ci si aspettava dalla proposizione di valore mutuamente condivisa. Se il valore realizzato non è in linea con le attese, ciò può tradursi in una controversia tra le entità. I meccanismi di governance riducono l'incertezza in queste situazioni prescrivendo accordi condivisi per risolvere le controversie. I meccanismi di governance sono anche conosciuti come meccanismi di risoluzione di controversie o come meccanismi di risoluzione dei conflitti (Williamson 1999; Adams 2000; March 1991; Omerod 2005; Bernstein 1998).

Reti di sistemi di servizi. "Ecco come siamo in grado di collegare tutti." Le entità di sistemi di servizi interagiscono con altre entità di sistemi di servizi (normativamente) attraverso la proposizione di valore. Nel tempo, per una popolazione di una entità, i modelli di interazione possono essere visti come reti con punti di forza di connettività diretta ed indiretta. Una rete di sistemi di servizi è una astrazione che emerge solamente quando si assume una particolare analisi della storia delle interazioni tra le entità dei sistemi di servizi.

Ecologia di sistemi di servizi. "Popolazioni di entità cambiano i modi in cui interagiscono." Esistono diversi tipi di entità di sistemi di servizi nelle popolazioni e l'universo di tutte le entità di sistemi di servizi forma l'ecologia dei sistemi di servizi o il mondo dei servizi (Bryson, Daniels, Warf 2004). L'ecologia è caratterizzata sia dalla diversità delle tipologie di entità di sistemi di servizi che dal loro numero relativo, così come dalle dinamiche risultanti dai meccanismi di co-creazione del valore e da quelli di governance.

Stakeholders. "Quando si tratta di valore, la prospettiva conta." Le quattro tipologie principali di stakeholder sono *cliente, fornitore, autorità, competitor*. Ragionare sui molteplici attori e sulle loro prospettive in materia di accesso alle risorse è necessario per progettare nuovi e migliori meccanismi di co-creazione del valore e di governance, così come per progettare nuove e migliori entità di sistemi di servizi. In aggiunta alle quattro prospettive fondamentali di stakeholder (cliente, fornitore, autorità, concorrente), si possono includere altre prospettive come gli impiegati, i partner, gli imprenditori, i criminali, le vittime, i meno abbienti, i cittadini, i manager, i bambini, gli anziani, e molti altri. Progettare imprese e sistemi di società che tengano conto anche di queste prospettive oltre che delle quattro principali è a volte quello che fa la differenza tra l'avere una società che è meramente 'prospera' e averne una che è davvero 'grande' (Collins 2005).

Misure. "Senza misure standardizzate, è molto difficile essere d'accordo; ancor più fidarsi." I quattro tipi principali di misure sono *qualità, produttività, conformità, innovazione sostenibile*. Ognuna di queste corrisponde ad una prospettiva di stakeholders: i clienti valutano la qualità, i fornitori valutano la produttività, le autorità valutano la conformità e, in senso stretto, i concorrenti valutano l'innovazione sostenibile. Per quanto riguarda l'innovazione sostenibile, von Mises (1998) afferma: "I concorrenti puntano all'eccellenza ed alla superiorità dei risultati all'interno di un sistema di cooperazione reciproca" (pp. 116–117). La sfida in corso che le entità di sistemi di servizi (es. le persone) percepiscono è l''auto-competizione' atta a mantenere un equilibrio tra una sfida troppo grande (paura e rischio di fallire, se mancano le capacità) ed una troppo piccola (monotonia e rischio di successo insignificante). Un equilibrio dinamico tra preoccupazione e monotonia contribuisce a garantire il senso che il cambiamento ha significato e valore (Csiksezntmihalyi 1990).

Risultati. "Come abbiamo fatto? Tutto questo può dar luogo ad una nuova routine o ad una relazione di lungo termine?" In una partita a due giocatori, ci sono quattro possibili risultati: vinci-vinci, perdi-perdi, vinci-perdi e perdi-vinci. Vinci-vinci corrisponde alla co-creazione di valore, e le altre tre sono suscettibili di generare controversie. Tuttavia, solo quattro risultati, rispetto alla complessità del mondo, sono troppo poco per essere di qualche utilità. Per creare un modello molto più realistico abbiamo sviluppato ISPAR con dieci possibili risultati (Spohrer, Vargo, Maglio, Caswell 2008). ISPAR (Interact-Service-Propose-Agree-Realize) include risultati in cui: a) è realizzato valore, b) la proposta (di valore) non è compresa, c) la proposta non è accettata, d) il valore non si realizza e non sorgono controversie, e) le controversie di co-creazione di valore sono risolte in un modo che vada bene per tutte le parti in causa, f) le controversie di co-creazione di valore sono risolte in un modo che non vada bene per tutte le parti, g) un'interazione non è una interazione di servizio e viene accolta, h) una interazione di non-servizio sgradita non è criminale, i) una interazione di non-servizio sgradita è criminale e ha conseguenze giuridiche,

j) una interazione di non-servizio è criminale ma non ha conseguenze giuridiche. Oltre la partita standard a due giocatori, con un cliente e un fornitore, ISPAR assume che esisono autorità e concorrenti-criminali che giocano. Ammettendo le nozioni di interazioni di non-servizio e di concorrenti-criminali come portatori di interesse, ISPAR va oltre la visione normativa delle interazioni di entità di sistemi di servizi. I sistemi di entità di servizio hanno la competenza di prendere decisioni circa le *relazioni* in un tempo di vita di interazione, non solo tenendo conto della storia delle interazioni passate ma anche ragionando sul possibile *valore del tempo di vita del cliente* futuro in termini di interazioni di servizio (Rust 2000).

La visione globale dei sistemi di servizi. Questi dieci concetti di base sottostanno alla *visione globale dei sistemi di servizi*: una visione del mondo come aggregato di popolazioni di entità di sistemi di servizi che interagiscono (normativamente) attraverso le proposizioni di valore per co-creare valore, ma spesso emergono controversie e quindi sono invocati meccanismi di governance per risolverle. Nella visione globale dei sistemi di servizi, le persone, le imprese, le agenzie governative, le nazioni, le città, gli ospedali, le università e molte altre entità sono esempi di sistemi di servizi formali.

Le *entità di sistemi di servizi formali* sono tipi di soggetti giuridici con diritti e responsabilità che possono possedere una proprietà, e con identità nominali che possono creare contratti con altri soggetti giuridici. Le entità di sistemi di servizi formali sono soggetti giuridici (Williamson 1999; Roberts 2004). I sistemi di servizi formali esistono all'interno di un quadro economico e giuridico di contratti e attese.

Le *entità di sistemi di servizi informali* includono famiglie (anche se le famiglie sono formali dal punto di vista del diritto fiscale), comunità open source (che non hanno creato un'entità formale non-profit a fini di lucro o di solidarietà) e molti altri sistemi sociali o della società che sono governati tipicamente da norme comportamentali e culturali non scritte (sistemi sociali con sistemi politici rudimentali). Uno scienziato dei servizi cerca di capire le proposte di valore che stanno alla base delle norme e routine informali. I sistemi di servizi informali esistono all'interno di un quadro politico e sociale di promesse e attese.

Storia naturale delle entità di sistemi di servizi. La Scienza dei Servizi cerca di creare una comprensione della natura formale ed informale del servizio in termini di entità, interazioni e risultati, e come queste evolvono (o sono progettate) nel tempo. Una premessa iniziale è che le entità, che sono abbastanza sofisticate da essere forzate in interazioni di servizio razionalmente progettate che possono coerentemente portare a risultati di co-creazione del valore di tipo vinci-vinci, devono essere in grado di costruire modelli di passati (reputazione, fiducia), presenti e futuri (opzioni, rischio-rendimento, opportunità, speranze e aspirazioni) mondi possibili, compresi modelli di se stessi e altri, e ragionare sul valore della conoscenza (Fagin et al. 2003). Le fondamenta della storia naturale dei sistemi di servizi possono essere trovate nella letteratura antropologica, e le fondamenta della storia naturale dei meccanismi di proposizione del valore e di governance possono essere ricercate nella letteratura economica e giuridica. La sfida della Scienza dei Servizi, come vedremo più avanti, sta nell'integrazione di queste e altre discipline, centrate sulla letteratura della ricerca nei servizi.

Domande di base. Una teoria generale delle entità di sistemi di servizi e delle reti costituite attraverso le interazioni basate sulla proposizione di valore ha quattro parti, che conducono direttamente ai quattro quesiti di base a cui la SSMED cerca di rispondere.

Scienza (migliorare la comprensione, mappare la storia naturale, validare i meccanismi, fare previsioni). Quali sono le entità di sistemi di servizi, come si sono evoluti fino ad oggi, e come potrebbero evolversi in futuro? Cosa possiamo conoscere circa le loro interazioni, come le interazioni sono modellate (proposizioni di valore, meccanismi di governance), e quali possibili risultati di queste interazioni possono scaturire sia nel breve che nel lungo termine?

Management (migliorare le capacità, definire le misure di miglioramento, ottimizzare la strategia di investimento). Come si dovrebbe investire per creare, migliorare e rendere scalabili le reti di sistemi di servizi? Come le quattro misure di qualità, produttività, conformità e innovazione sostenibile si pongono in relazione ai numerosi indicatori di performance (KPIs) delle imprese e dei sistemi sociali? C'è una "Legge di Moore" degli investimenti nei sistemi di servizi? Un raddoppio dell'informazione può condurre ad un raddoppio delle capacità (prestazione) su basi prevedibili?

Ingegneria (migliorare il controllo, ottimizzare le risorse). Come possono essere migliorate le performance delle entità di sistemi di servizi e la scalabilità delle reti di sistemi di servizi grazie all'invenzione delle nuove tecnologie (e infrastrutture ambientali) o alla riconfigurazione di quelle esistenti? Che cosa si richiede per sviluppare uno strumento CAD (*Computer-Aided Design*) per la progettazione di entità e reti di sistemi di servizi?

Design (migliorare l'esperienza, esplorare le possibilità). Come si può migliorare l'esperienza di persone in entità e reti di sistemi di servizi? Come possono essere valorizzate e potenziate l'esperienza di creazione, miglioramento e scalabilità dei sistemi di servizi attraverso una migliore progettazione? Lo spazio delle possibili proposizioni di valore e dei meccanismi di governance può essere esplorato sistematicamente?

La scienza dell'artificiale. Le scienze dell'artificiale sono diverse dalle scienze naturali, e quindi diventa importante considerare queste quattro parti – scienza, management, ingegneria, e design – come componenti importanti della conoscenza. Ne "The Sciences of the Artificial" (Simon 1996), Simon svolge una riflessione su questo punto:

"Il mondo in cui viviamo oggi è molto più fatto dall'uomo, o artificiale, di quello naturale [...] dobbiamo stare attenti a bilanciare il 'biologico' con il 'naturale'. Una foresta potrebbe essere un fenomeno della natura; una fattoria certamente no. [...] Un campo arato non fa più parte della natura tanto quanto una strada asfaltata – e non meno. Questi esempi servono a stabilire i termini del nostro problema, poiché ciò che chiamiamo artefatti non sono separati dalla natura. Non sono dispensati dall'ignorare o violare la legge naturale. Allo stesso tempo si adattano agli obiettivi e agli scopi umani. [...] La scienza naturale è conoscenza circa gli oggetti ed i fenomeni naturali. Ci domandiamo se non ci può anche essere scienza 'artificiale' – conoscenza riguardo oggetti e fenomeni artificiali. Sfortunatamente il termine 'artificiale' ha un'aura peggiorativa che dovremmo dissipare prima di procedere" (pp. 2–3).

Prendiamo atto che alcuni parlano di 'servizio' con tono peggiorativo.

Scienza del Service Science, Management, Engineering, and Design (SSMED) sta emergendo come una delle scienze dell'artificiale. La Scienza del Servizio è conoscenza riguardo entità di sistemi di servizi, interazioni basate su proposizione di valore (o meccanismi di co-creazione di valore), meccanismi di governance, e gli altre sette concetti di base. Spingendo oltre le argomentazioni di Simon, si potrebbe sostenere che le entità di sistemi di servizi sono sistemi di simboli fisici, riguardanti simboli denominati "risorse" e basati su routine fisiche per la realizzazione delle manipolazioni simboliche connesse alle risorse. "Un sistema di simboli fisici è una macchina che, muovendosi nel tempo, produce un insieme di strutture simboliche in continua evoluzione" (*ibi*, p. 22). Nel nostro linguaggio, le entità di sistemi di servizi si muovono nel tempo e producono configurazioni di risorse che sono modellate dalle interazioni con altre entità di sistemi di servizi. In una società ben funzionante, le interazioni sono basate principalmente su proposizioni di valore mutuamente condivise. La Scienza dei Servizi cerca di migliorare la nostra comprensione mappando la storia naturale (crescita di servizi), scoprendo i meccanismi di cambiamento e prevedendo future tipologie di entità di sistemi di servizi, meccanismi di co-creazione del valore e meccanismi di governance.

1.3
Strumenti e metodi

Servizi B2C. "Quando il cliente è una persona." James Teboul (2006) fornisce un'introduzione semplice e accessibile ad alcuni degli strumenti e dei metodi di base che ricercatori e professionisti hanno creato sia per comprendere il servizio che per progettare nuove offerte di servizio. La progettazione delle offerte di servizio del *business-to-consumer* (B2C) ha particolarmente beneficiato da due strumenti di base, la *matrice d'intensità di servizio* e il *piano di servizio*.

La matrice d'intensità di servizio può essere utilizzata per mostrare come differenti imprese creano meccanismi di co-creazione del valore che popolano tutte le nicchie di progettazione, spaziando da offerte di servizio con un alto livello di customizzazione ed interazione ad offerte di servizio altamente standardizzate e con basso livello di interazione.

Il piano di servizio (*service blueprint*) (vedi esempi da Fitzsimmons 2008 e Bitner et al. 2007) è utilizzato per descrivere e migliorare le interazioni cliente-fornitore nei processi di servizio. Il piano di servizio è particolarmente utile nel supportare il management nel testare i *concept*, identificare potenziali criticità e/o opportunità d'innovazione. Esistono molte variazioni di strumenti e metodi di piano di servizio, tra cui quello recentemente sviluppato da Womack e Jones (2005) nel loro libro "Lean Solutions". Heskett, Sasser e Schlesinger (1997, p. 40) hanno fornito un metodo per calcolare il valore dalla prospettiva del cliente. Una semplice formula fornisce una buona base per formulare una proposizione di valore di tipo win-win tra il cliente ed il fornitore del servizio. Gutek e Welsh (2000) hanno proposto un modello COP di incontri e relazioni. Il modello descrive i collegamenti tra *C*lienti, *O*rganizzazioni e Fornitori (*Provider*) in un "Triangolo del Servizio". La forza/debolezza del collegamento tra i componenti rappresenta il tipo e la sostenibilità del servizio, dell'incontro e della relazione. ServeLab all'Istituto Fraunhofer in Germania fornisce un approccio disciplinato alla progettazione del nuovo servizio/prodotto (Ganz 2006). Sempre più offerte di servizio sono progettate per essere accessibili via web, cellulari, o chioschi self-service. La progettazione di questi sistemi di servizi ha beneficiato dell'esplosione di strumenti e metodi di sviluppo.

Servizio B2B. "Quando il cliente è un'organizzazione complessa." La progettazione delle offerte di servizio business-to-business (B2B) ha un numero crescente di strumenti e metodi quali il Component Business Model (CBM) dell'IBM. Il CBM fornisce una visualizzazione dell'architettura delle componenti di business del cliente, gli indicatori chiave di performance (KPIs) alla base delle performance di business in quel settore, e gli approcci all'*outsourcing* o altri modi di trasformare le performance dei componenti[2]. Glushko e McGrath (2005) in "Document Engineering" descrivono un approccio metodico alla progettazione del processo di business. Alter (2006) ha sviluppato il metodo del sistema di lavoro customizzandolo per la progettazione dei sistemi di servizi. Alter (2008) ha anche sviluppato il Service Responsibility Table (SRT) come strumento per far partecipare il cliente nelle fasi preliminari di analisi e trasformazione di un sistema di lavoro/servizio. Il vantaggio di utilizzare l'SRT è che è intuitivo e potrebbe essere utilizzato da un cliente che non è addestrato all'utilizzo di pesanti sistemi di analisi e progettazione.

1.4
Le discipline e l'*expert thinking*

In questa sezione saranno descritte le dieci discipline accademiche, pilastri della Scienza dei Servizi. Gli scienziati dei servizi potrebbero specializzarsi in una di

---

[2] Più ampiamente sviluppato nel Capitolo 3.

queste dieci aree (abilità nell'*expert thinking*, anche conosciuta come *contributory expertise*), ma devono anche essere, in qualche misura, esperti in tutte le dieci aree per lavorare con efficienza in team di professionisti multidisciplinari (abilità di comunicazione complessa, anche conosciuta come *interactional expertise*) (Collins, Evans, Gorman 2007; Collins, Kusch 1999; Levy 2005). Gli scienziati del servizio dovrebbero essere "professionisti a forma di T", dove il tratto verticale della T indica la profondità nella loro area d'interesse, mentre il tratto orizzontale della T le competenze trasversali che devono essere adeguatamente ampie per lavorare bene in team. Suggeriamo anche che i "professionisti a forma di T" possono apprendere e adattarsi molto rapidamente ai bisogni di cambiamento del business. Per questa ragione, ci riferiamo ai "professionisti a forma di T" anche come *innovatori adattivi* (IfM, IBM 2008). Nella parte seguente del capitolo sarà descritta la logica di selezione di queste dieci discipline portanti, così come saranno presentati alcuni concetti chiave in ciascuna di esse. Dato che oggi gli studenti cominciano con grande consapevolezza e conoscenza culturale relativamente alla visione globale dei sistemi di servizi, anche se non hanno un vocabolario formale, ci sono buone ragioni per ritenere che il materiale descritto di seguito non richieda una eccessiva conoscenza agli studenti ai fini della sua comprensione (Richardson, Boyd 2005).

Nelle seguenti sotto sezioni, introdurremo brevemente le dieci discipline che possono fornire una comprensione di passato (1.4.1) presente (1.4.2–1.4.9), e futuro (1.4.10) dei sistemi di servizi, evidenziando le tipologie chiave di risorse/stakeholder (1.4.2–1.4.5) e misure/diritti di accesso (1.4.6–1.4.9) necessari per comprendere i sistemi di servizi, i meccanismi di co-creazione del valore e quelli di governance. Il lettore dovrebbe notare che la conoscenza di ognuna delle aree disciplinari (*cluster*) è vasta ed in continua crescita. Il nostro obiettivo è di mostrare come tutte e dieci possono essere integrate in un unico quadro della Scienza dei Servizi.

1.4.1
Storia: economia e diritto in evoluzione

L'evoluzione della fiducia. La Scienza dei Servizi, come la biologia, deve in definitiva spiegare le origini ed i percorsi evolutivi che portano all'attuale ecologia dei sistemi di servizi. Wright (2001) in "Non-Zero" fornisce una versione accessibile della storia dell'evoluzione della cooperazione umana e della costituzione di relazioni di tipo win-win. Recentemente, Beinhocker (2006) in "Origin of Wealth" fornisce un'introduzione all'economia evolutiva, compresa una sintesi dei lavori di molti studiosi sull'evoluzione della cooperazione. Seabright (2005) in "The Company of Strangers" ci dà invece un'esposizione dell'evoluzione della fiducia nei primi gruppi umani (sistemi di servizi informali), ed esplora il loro cambiamento fisico e culturale che fa da ponte tra nomadi cacciatori-raccoglitori alla nascita e crescita dell'agricoltura e delle prime città. Nelle città, la divisione del lavoro raggiunse livelli mai visti in precedenza in seguito all'aumento della densità della popolazione e all'abbattimento dei costi di comunicazione e trasporto, culminando in quella che Hawley (1986) definì l'ecologia umana.

Divisione del lavoro. Adam Smith scriveva circa la ricchezza delle nazioni come originata dalla divisione del lavoro, la quale poteva condurre ad un incremento della capacità produttiva (Smith 1776/1904). Smith scriveva anche riguardo l'importanza dei mercati ('mercati' come 'mano invisibile') nel coordinare i prezzi basati sulla domanda e sull'offerta. Ricardo, un altro dei primi economisti politici, ha affrontato la questione di quali fossero le migliori strategie import-export che le nazioni dovevano implementare per massimizzare la capacità produttiva indivi-duale e collettiva dividendo opportunamente le attività di produzione tra le nazioni (Ricardo 1817/2004). Paradossalmente, anche quando una nazione può fare ogni cosa 'meglio' (cioè in modo più produttivo, redditizio) rispetto ad un'altra nazione, purché esistano 'vantaggi comparativi' (cioè differenze relative nella produttività), c'è spesso un vantaggio matematico, e perciò economico e sociale, nelle interazioni e nello scambio. Le implicazioni della visione di Ricardo sono profonde e vanno ben al di là della nozione di divisione del lavoro.

Curve di apprendimento. L'evoluzione delle interazioni di sistemi di servizi in una popolazione di sistemi di servizi può essere vista, in parte, come se un'entità di sistemi di servizi facesse un po' di più di quello che sa fare meglio, un po' meno di ciò che sa fare peggio, e fosse un po' più interagente non solo con sistemi di servizi complementari ('specializzazione', 'divisione del lavoro', 'attrazione degli opposti'). La diversità crea le condizioni per la co-evoluzione ed i miglioramenti complementari delle entità di sistemi di servizi. L'apprendimento o le curve d'esperienza (Argote 2005) forniscono un vantaggio ulteriore e costante nelle interazioni ('la pratica rende perfetti').

Meccanismi di co-creazione del valore. Barnard fornisce uno dei primi tentativi fatti da un professionista del business di delineare una teoria dei "sistemi cooperativi", includendo una discussione sui sistemi cooperativi formali ed informali (Barnard 1938/1968). Il testo di Richard Normann (2001) intitolato "Reframing Business" argomenta in maniera più moderna su molti degli stessi temi, ma da un punto di vista di reti di servizio e proposizioni di valore più che da una prospettiva di organizzazione interna, e traccia un quadro per i 'sistemi di creazione del valore' molto vicino alla nostra nozione di entità e reti di sistemi di servizi. Normann identifica tre fonti fondamentali di valore: nuove innovazioni tecnologiche, cambiamenti giuridici e normativi, e riconfigurazioni di risorse e proposizioni di valore da sistemi esistenti di creazione del valore. Alfred Chandler (1977) fornisce il resoconto storico della nascita delle organizzazioni industriali ('managers' come la 'mano visibile'). La creazione di nuovi ruoli nei sistemi di servizi già esistenti o completamente nuovi spesso indica che i sistemi di servizi individuali (persone) devono orientarsi verso nuovi livelli di *multitasking* nelle loro vite. Milgrom e Robert (1992) in "Economics, Organization, and Management" forniscono una visione abbastanza esaustiva del valore (vantaggio economico) delle forme alternative di organizzazione e gestione.

Meccanismi di governance. Williamson (1999) in "The Mechanisms of Governance" perfeziona i punti di vista sulla teoria dei costi di transazione e sulla nuova economia istituzionale che forniscono le fondamenta per confronti empirici in contesti di meccanismi di governance alternativi. La nozione di "contrattazione incompleta nella sua interezza" di Williamson parla di tentativi di progettazione di mezzi per contrastare sia l'opportunismo che la razionalità limitata quando si creano proposizioni di valore (contratti) con altri. In molti modi, la diversità di contratto sta ai fornitori di servizio come la diversità di prodotto sta ai produttori. North (2005) nel suo "Understanding the Process of Economic Change" scrive riguardo il successo dei tentativi umani di ottenere un certo grado di controllo sul mondo fisico con la scienza e l'ingegneria, e sul successo limitato dei tentativi umani di controllare o persino guidare l'evoluzione della crescita economica attraverso la creazione di istituzioni (combinazione di sistemi sociali, politici, economici, giuridici, linguistici).

Prospettive sul servizio in via di evoluzione. Bastiat (1848/1850), un economista politico francese, nei primi anni del XIX secolo, fornì una delle prime e più preveggenti analisi del valore come servizio invece che del valore nelle cose. Ad eccezione di Bastiat, vale la pena ricordare che la maggior parte dei resoconti di cui sopra si sono focalizzati sulla crescita della capacità produttiva attraverso attività manifatturiere (cioè la produzione di oggetti). Colin Clark (1957) nel suo lavoro seminale "Conditions of Economic Growth" fu il primo a documentare sistematicamente la crescita drammatica delle attività di servizio nella creazione di valore a livello nazionale. William Baumol (2007) ha anche richiamato l'attenzione sulla crescita del settore dei servizi nell'ultima metà del XX secolo, come un peso per l'incremento della produttività delle nazioni. Gadrey e Gallouj (2002) hanno invece richiamato l'attenzione sulla difficoltà di misurare la produttività e la qualità per le attività di servizio in confronto alle attività di produzione che portavano alla realizzazione di un output tangibile. Triplett e Bosworth (2004) costituiscono un moderno riferimento che tenta di misurare gli avanzamenti e miglioramenti di produttività nelle industrie di servizio, mostrando che in periodi recenti dell'economia statunitense le conquiste della produttività dei servizi hanno effettivamente superato i miglioramenti di produttività dei settori estrattivo e manifatturiero. Baumol (2002) ha anche scritto circa l'importanza dei servizi di R&D ("il leader dei servizi") per contrastare la cosiddetta *Malattia di Baumol* (produttività del servizio asintoticamente statica) e fornir un miglioramento continuo o persino discontinuità nella produttività del servizio.

1.4.2
Marketing: clienti e la misura della qualità

Marketing e il cliente. Il marketing, come funzione all'interno di un'impresa, ha la responsabilità di comprendere i clienti esistenti e (potenzialmente) futuri. Analizzare le relazioni e le interazioni con i clienti esistenti, comprendere la qualità dell'esperienza del cliente, e lavorare per comunicare un'immagine appropriata del fornitore dell'impresa per attrarre nuovi clienti e migliorare l'esperienza degli stessi è parte della funzione di marketing dell'impresa.

Il servizio è differente. Il marketing del servizio è diverso dal marketing del prodotto secondo quanto scritto in un libro di riferimento sulla materia (Zeithaml, Bitner, Gremler 2006). Il marketing di prodotto tradizionale ha a che fare con le 4 P quali Prodotto, Luogo (Place), Promozione, e Prezzo. Tuttavia, il marketing del servizio aggiunge altre tre P: Persone, Evidenza fisica (Physical evidence) e Processo, perché in molte situazioni di fornitura di servizio, gli impiegati del servizio ed i clienti interagiscono direttamente. L'esperienza di servizio in questi casi di produzione e consumo simultanei è determinata dalle persone, dal luogo (evidenza fisica) in cui si verifica l'interazione, e dal processo che guida le interazioni cliente-fornitore. Delle undici sfide e domande per i *marketers* del servizio evidenziate in questo libro (pp. 24–25), tre fanno menzione della qualità: Come può essere definita e migliorata la qualità del servizio? Come un'impresa comunica la qualità e il valore al cliente? Come può un'organizzazione garantire la fornitura di servizi di qualità costante?

I casi di studio sono uno strumento comune in libri di testo e di business su aree quali marketing del servizio, marketing relazionale e *lifetime value* del cliente (Lovelock, Gummesson 2004; Rust et al. 2000). Questi libri forniscono metodi per il *pricing* nei servizi, per comunicare le proposizioni di valore nei servizi, per stimare il lifetime value del cliente, per prevedere la domanda, per segmentare il mercato, per l'utilizzo di sistemi e tecnologie CRM (Customer Relationships Management), e molti altri argomenti legati alla domanda di innovazione e crescita dei ricavi dai clienti.

Misurare la qualità. Zeithaml, Bitner e Gremler (2006) propongono il Customer Quality Gaps Model come modalità per comprendere i fattori che contribuiscono alla qualità del servizio. Ben Schneider (Schneider, Bowen 1995; Schneider, White 2003) ha effettuato una serie di studi empirici che mostrano che i livelli di qualità di servizi all'interno delle imprese (valutati dai dipendenti) si riflettono all'esterno nell'esperienza della qualità (valutata dai clienti). Questa scoperta è spesso utilizzata per enfatizzare l'importanza della cultura d'impresa e dei fattori culturali quando vengono implementate iniziative di miglioramento della qualità (Moulton Reger 2006). Pine, Gilmore (1999) e Chase (Chase, Jacobs, Aquilano 2004) forniscono semplici formule che aiutano a ragionare sulle misure di miglioramento della qualità. Per esempio, Pine e Gilmore suggeriscono due regole pratiche per stimare la soddisfazione del cliente (cosa il cliente si aspetta di ricevere – cosa il cliente percepisce di ottenere) e il sacrificio del cliente (cosa il cliente vuole esattamente – di cosa il cliente si accontenta).

Qualità nelle interazioni B2C e B2B. Nelle interazioni di servizio di tipo B2C, la qualità del servizio è spesso l'aspetto principale su cui ci si focalizza nella selezione e formazione del dipendente, così come una 'garanzia incondizionata' fatta ai clienti come parte della proposizione di valore per attrarli e fidelizzarli. Il lifetime value del cliente è parte del calcolo di come "generose" offerte da ripristino di un errore possono essere, e ancora restano, vantaggiose per tutta la durata stessa del rapporto. Nella fornitura di servizi B2B o abilitati dai sistemi IT, i contratti possono generare Service Level Agreements (SLAs) con specifiche misure oggettive e clausole penali in caso di loro violazione.

1.4.3
Operations: fornitori e la misura di produttività

Operations ed il fornitore. Un libro guida dell'Operations Management (Chase, Jacobs, Aquilano 2004, pp. 6–7) dichiara: "L'Operations Management (OM) è definito come la progettazione, il funzionamento e il miglioramento dei sistemi che creano e distribuiscono i prodotti e i servizi primari dell'impresa [...] mentre i managers delle *operations* utilizzano strumenti di OR/MS (quali *scheduling* di percorso critico) come strumenti per i processi decisionali e si occupano di molti degli stessi aspetti dell'IE (quali automatizzazione d'impresa), il ruolo distinto della gestione delle operations lo discerne da queste altre discipline."

Il servizio è differente. Scott Sampson (2001) in "Unified Theory of Services" estende il modello di Chase d'interazione dei processi di produzione di servizi con il cliente distinguendolo dai processi tradizionali della produzione manifatturiera. Sampson sta anticipando una visione delle operations del servizio come campo scientifico distinto (Sampson, Frohle 2006). Il vocabolario delle operations e della gestione delle operations è incentrato sul concetto di *processo*. La storia delle operations è principalmente associata alla rivoluzione industriale (processi con parti standardizzate ed economie di scala) e alla crescita del management scientifico (processi con routine e performance umane ripetitive). Più di recente le operations sono pensate come opportuno equilibrio tra investimenti atti ad ottimizzare un processo (teoria delle code per eliminare i tempi di attesa o i colli di bottiglia) e quelli atti ad incrementare la flessibilità del processo (corrispondenza tra capacità e domanda, agilità per il cambiamento rapido). Un'ottima panoramica sulle operations, inclusi alcuni elementi di risorse umane coinvolte nei processi stessi, è fornita dal libro "Factory Physics" di Hopp e Spearman (1996). James Fitzsimmons e Mona Fitzsimmons (2007) sono gli autori di uno dei best sellers sulle operations dei servizi, "Service Management: Operations, Strategy, and Information Technology." Mentre originariamente era focalizzato sulle attività di servizio B2C, le edizioni recenti si sono estese ai servizi B2B ed a quelli forniti con l'ausilio di sistemi IT.

Misurare la produttività. La produttività, definita in maniera ampia, è il rapporto tra output e input analizzato dalla prospettiva del fornitore. La produttività è una misura relativa, tipicamente utilizzata per confrontare un periodo di tempo precedente con un periodo di tempo corrente per avere un senso dei miglioramenti di efficienza (riduzione di costo degli input) o di entrate (incrementi di domanda per un output e suo valore). Le misure di produttività parziale misurano l'output sul lavoro, sul capitale o sull'energia. Le misure di produttività multifattoriali misurano l'output in relazione alla somma di un insieme di fattori input. Le misure di produttività totale combinano tutti gli output e tutti gli input. Nelle operations l'enfasi è posta sull'efficienza nel fare le cose al più basso costo possibile. Il compromesso che più frequentemente si percepisce non è ridurre la qualità dell'output di un processo in conseguenza del fatto che il costo di esecuzione del processo si è ridotto – infatti, idealmente la qualità dovrebbe aumentare col ridursi del costo. La standardizzazione dei processi rimuovendo gli sprechi (metodologie Lean), rimuovendo la varianza (metodo Six Sigma) e automatizzando i processi per raggiungere livelli di qualità superiori ad un più basso costo è un approccio piuttosto diffuso nelle operations. Sempre più spesso, le operations aggiungono uno step finale di sourcing globale (vedi la sottosezione *i*) per ottenere manodopera al più basso costo possibile, necessaria per il funzionamento del processo. Il paradosso di Pigou dimostra che la capacità produttiva di un sistema può essere incrementata aggiungendo una semplice regola al sistema di servizio con meccanismi di governance appropriati (vedi sottosezione *d*), mentre l'aggiunta di una tecnologia (cioè collegamenti di rete a costo zero) allo stesso sistema di servizio potrebbe farne diminuire la capacità produttiva (Roughgarden 2005).

Processi di back stage e front stage. Le operations come funzione d'impresa si pongono l'obiettivo di comprendere i processi e la produttività del fornitore, sia quelli che non coinvolgono direttamente il cliente (processi back stage) che quelli che lo coinvolgono direttamente (processi front stage). Comprendendo il valore che i fornitori ricevono da un processo, così come il valore che ottengono i clienti dallo stesso, possono essere utilizzate appropriate tecniche di operations management per riconfigurare attività, informazioni, rischio, ecc. tra persone e tecnologia, tra organizzazioni, e tra i dipendenti ed i clienti, per migliorare la produttività e la qualità dell'esperienza (Womack, Jones 2005). Segmentando i tipi di processo in front stage e back stage, possono essere utilizzate determinate tecniche per ottimizzare la produttività e per migliorare la reattività e flessibilità (Levitt 1976; Teboul 2006). Scomponendo i processi in componenti riconfigurabili, le attività di servizio possono essere industrializzate come avanzamenti in capacità tecnologiche per migliorare la qualità e le economie di scala (Levitt 1976; Quinn, Paquette 1990).

Ingegneria industriale confrontata con la scienza dei servizi. Il modo più semplice per apprezzare la differenza è quello di confrontare il libro "Factory Physics" di Hopp e Spearman con il libro "Service Management" di Fitzsimmons. La differenza chiave sta nello spostamento di focus da sistemi, prodotti e processi di un'impresa, a sistemi, valore, e interazioni di un servizio. Cioè da sistemi governati da leggi fisiche a sistemi governati da leggi umane.

1.4.4
Governance: autorità e misure di conformità

Governance e autorità. La scienza politica, la teoria giuridica, le regole contrattuali sono tutte collegate alla governance. La teoria economica del Principale-Agente ha anch'essa a che fare con la governance (Roberts 2004). I meccanismi di management e la scienza amministrativa sono associati al controllo gerarchico *top down* delle risorse, mentre i meccanismi di governance sono associati con agenti e organizzazioni (entità di sistemi di servizi nel nostro vocabolario) che interagiscono in contesti di mercato, organizzazioni e istituzioni, e preferiscono l'efficienza e la libertà associate alla governance autogestita dove possibile. In "The Mechanisms of Governance" Williams (1999) fornisce un'analisi empirica e teorica dei meccanismi di controllo alternativi. Anche gli informatici, i matematici, gli studiosi della teoria dei giochi e gli economisti hanno lavorato per creare una'area conosciuta come progettazione del meccanismo. La progettazione del meccanismo fornisce una formalizzazione delle proprietà di diversi tipi di meccanismi di aste e algoritmi così come di algoritmo per lo scambio ripetuto di risorse tra agenti all'interno di un sistema.

Il servizio è differente. Violare le leggi della fisica è impossibile; violare le leggi della logica è follia; violare le leggi dell'uomo è o un crimine o un'innovazione (es. "Dichiarazione d'Indipendenza"). Mentre le interazioni dei sistemi di servizi (normativamente) sono proposte di co-creazione di valore attraverso proposizioni di valore di tipo win-win, molte cose possono andar male. Per esempio, anche se la proposizione di valore ha successo, la parte terza (vittima) può fare un passo avanti con reclami e lamentele contro gli stakeholders primari (fornitori-clienti). Inoltre, gli stakeholders conosciuti come criminali potrebbero agire nel ruolo di clienti o fornitori con l'intenzione di ingannare o agire opportunisticamente, cercando quindi una interazione di tipo vinci-perdi. Gli stakeholders noti come autorità potrebbero agire portando i criminali di fronte alla giustizia, e utilizzare legittimamente metodi coercitivi per realizzare proposizioni di valore tra autorità e cittadini. Il modello ISPAR delle interazioni di sistemi di servizi fornisce una descrizione dei dieci risultati più comuni di interazioni di sistemi di servizi (Spohrer, Vargo, Maglio, Caswell 2008).

Misurare le conformità. Il livello complessivo di conformità normativa e il costo di manutenzione e miglioramento di tali livelli varia considerevolmente tra le nazioni. La conformità normativa è un fattore nei costi di transazione associato con il fare business in differenti regioni del mondo (o persino distretti in una singola città). Per esempio, vedi la Rule of Law Index descritta in (Kaufmann, Kraay, Mastruzzi 2003). I Federalist Papers forniscono un esempio di un celebre sforzo storico nel progettare e sostenere una particolare forma di governance autogestita – che portò agli Stati Uniti.

Una misura del successo di una struttura di governance è la sua abilità ad allineare gli incentivi e a superare l'opportunismo. Langlois e Robertson (1995) in "Firms, Markets, and Economic Change" forniscono un teoria dinamica dei confini d'impresa che è in gran parte complementare al lavoro fatto da Coase, North e Williamson sui costi di transazione, la nuova economia istituzionale e le strutture di governance.

100% conformità potrebbe non essere ottimale. La visione del mondo dei sistemi di servizi non si basa sull'assunzione che il 100% delle interazioni win-win rappresenti la soluzione ottimale. Un'ecologia dei sistemi di servizi interagenti con 100% di interazioni win-win potrebbe essere raggiunta con sistemi di servizi con il 100% di conformità. Per esempio, se le prestazioni delle persone fossero prevedibili come quelle delle componenti tecnologiche, allora i tassi di successo sarebbero realisticamente vicini al 100%. Tuttavia, nel caso di conformità al 100%, l'ecologia dei sistemi di servizi potrebbe non essere così innovativa.

Rischio, premi e tassi di apprendimento. La non conformità potrebbe essere rischiosa. Nel suo recente libro "Risk" John Adams (2000), studioso inglese, descrive il modo in cui le persone autogovernano i livelli di rischio per equilibrare rischi e ricompense. Accettando una certa quantità di rischio, le entità dei sistemi di servizi (persone, imprese, nazioni) sono in grado di intraprendere azioni in un più ampio spettro di situazioni ed imparare molto più rapidamente di quanto accadrebbe altrimenti. Adams descrive anche quattro modelli di razionalità che analizzano alternative ampiamente diffuse riguardo l'assunzione di rischi nella società. I sistemi che tollerano l'assunzione di rischio possono anche (sotto certe condizioni) dimostrare di trasformare incognite sconosciute in incognite conosciute e qualche volta in variabili note per migliorare le future performance. La governance, la conformità, il rischio, la fiducia, la privacy, la correttezza e l'apprendimento sono tutte interconnesse. I meccanismi di governance possono anche essere disegnati per regolare i tassi di apprendimento delle entità dei sistemi di servizi in ecologie di sistemi di servizi con moltissime incognite e proprietà dinamiche. Per esempio, il tasso d'interesse primario agisce come singolo parametro correlato al costo del capitale ed è utilizzato dal Presidente della Federal Reserve Bank degli Stati Uniti per frenare le tendenze inflazionistiche (crescita dei tassi d'interesse) o le tendenze recessive (tassi d'interesse più bassi). Gli investimenti in R&D ed innovazione (assunzione di rischio) in un'economia tendono a diminuire quando il tasso d'interesse primario è elevato ed aumentano quando è più basso.

1.4.5
Design: concorrenti e la misura dell'innovazione sostenibile

Design e concorrenti. Progettazioni alternative sono in competizione. A differenza del cambiamento evolutivo, la progettazione riguarda l'esplorazione consapevole delle possibilità (cambiamento delle configurazioni delle risorse), rimanendo sensibili alla soggettività e oggettività della risposta umana (esperienze mutevoli). In "A General Theory of Competition" Hunt (2000) delinea una teoria del vantaggio delle risorse e avverte che la riduzione di concorrenza nei sistemi economici nazionali porta ad una riduzione della capacità di innovare nel tempo. Le progettazioni di nuovi prodotti, interfacce, processi, spazi e sistemi sono tutte collegate, ma differenti. Per esempio, i limiti di un'attività di progettazione sono spesso determinati da considerazioni su chi sono le persone coinvolte: le persone coinvolte sono utilizzatori di prodotti fisici? Sono utilizzatori di interfacce informative? Sono parte attiva del processo? Sono parte attiva nell'utilizzare uno spazio fisico o virtuale? O sono stakeholders/roleholders in un sistema con diritti e responsabilità? Qual è la durata prevista del ciclo di vita del prodotto, dell'interfaccia, del processo, dello spazio, del sistema? La progettazione è un cambiamento consapevole che competerà con una progettazione alternativa e potrebbe vincere o perdere per ragioni che sono soggettive, non oggettive.

Il servizio è differente. In "Competing in a Service Economy: How to Create Competitive Advantage Through Service Development and Innovation" Gustafsson e Johnson (2003) affermano: "Come dirigente, il tuo compito è quello di definire una strategia di servizio e consentire alle tue persone sia di innovare che migliorare continuamente i tuoi servizi." Essi delineano quella che è la progressione dal valore di prodotto al valore di servizio, al valore della soluzione, al valore dell'esperienza.

Misurare l'innovazione sostenibile. L'innovazione è una misura di valore creata per le popolazioni. L'innovazione in un'ecologia di sistemi di servizi (molteplici popolazioni di entità di sistemi di servizi interagenti) è una misura relativa dell'aumento di co-creazione di valore sia nel breve che nel lungo termine (sostenibilità). Esempi standard di innovazione di sistemi di servizi sono: a) un programma di fidelizzazione per una compagnia aerea, b) un sistema di self-service di una banca (ATM), aeroporto (tickets) o punto vendita (*checkout scanning*), c) offerte di servizi finanziari, d) creazione di nuovi modelli di franchising, e) creazione di un nuovo tipo di business o struttura organizzativa, f) specializzazione e snellimento di una procedura medica per espandere il numero di pazienti che possono averne accesso e di conseguenza trovare il giusto trattamento, ecc.

Progettazione esperienziale. La progettazione esperienziale è spesso vista come un atto di bilanciamento. In "Flow" Csiksezntmihalyi (1990) descrive la progettazione di un'esperienza ottimale come il bilanciamento di ansia (sfida troppo difficile e abilità insufficienti) con monotonia (sfida troppo facile e troppe abilità inutilizzate). Csiksezntmihalyi descrive anche il bilanciamento tra la differenziazione (molte esperienze individuali uniche) e l'integrazione (molte esperienze collettive standardizzate). In "The Experience Economy" Pine e Gilmore (1999) forniscono una prospettiva sull'evoluzione economica dalle *commodities* ai beni e da essi ai servizi ed alle esperienze e quindi alle trasformazioni, come bilanciamento tra maggiore "customizzazione" (soddisfazione del cliente) e "commoditizzazione" (sacrificio del cliente).

1.4.6
Antropologia: accesso privilegiato e risorse umane

Antropologia e risorse umane. L'antropologia è la disciplina che riguarda lo studio dell'umanità – tutte le persone di tutti i luoghi, tempi e dimensioni di analisi. L'approccio dei "quattro campi" all'antropologia comprende l'antropologia fisica (basata su dati fisici dell'evoluzione umana e biologica), l'archeologia (basata su artefatti fisici e ambientali), l'antropologia culturale o sociale (basata su gruppi organizzati del passato e del presente che condividono contesti di apprendimento e cultura) e la linguistica (basata sui dati di linguaggio). È interessante osservare la corrispondenza approssimativa tra i "quattro campi" e le quattro fondamentali categorie di risorse nella Scienza dei Servizi (persone, tecnologie, organizzazioni, informazioni condivise).

Il servizio è differente. In "Developing Knowledge-based Client Relationships: Leadership in Professional Services" Dawson (2004) afferma che è importante ricordarsi che alla fine la conoscenza e le relazioni riguardano le persone. Vengono identificati sette *driver* che modellano l'evoluzione dei settori di servizi professionali: ricercatezza del cliente, governance, connettività, trasparenza, modularizzazione, globalizzazione e commoditizzazione. Una delle quattro strategie per gestire la commoditizzazione della conoscenza proposte da Dawson è quella di automatizzare in anticipo sulla concorrenza. Questo sposta il valore della conoscenza dalle persone che erogano il servizio professionale alle persone che forniscono la tecnologia e alle persone e sistemi che mantengono la necessaria dinamica nell'informazione ed i contenuti aggiornati. Un importante valore del flusso d'informazioni e conoscenza nei sistemi di servizi è costituito dalle persone che lavorano in prima linea nel fornire servizi ai clienti, ai tecnologi che automatizzano e operano/manutengono i sistemi tecnologici per fornirne i relativi servizi ai clienti. Assicurare la sostenibilità di questo tipo di flusso informativo nel tempo è un requisito di innovazione sostenibile in molte imprese di servizio professionali.

Accesso privilegiato. Le persone sono speciali. Hanno un accesso unico e privilegiato ai loro pensieri. Inoltre, le relazioni di parentela e gli eventi storici sono anch'essi unici per gli individui. Alcune importanti proprietà delle persone come sistemi di servizi individuali comprendono: cicli di vita finiti (es. il tempo è una risorsa limitata), identità (es. stakeholders e roleholders in molti sistemi di servizi con associate aspettative passate e future), diritti e responsabilità legali (es. la proprietà di beni o *asset*, l'autorità per esercitare determinate azioni, la quale varia nel ciclo di vita passando dalla fase adolescenziale a quella adulta), il multitasking come un modo per aumentare la produttività di output in un tempo finito, e l'impegno con altri nella divisione del lavoro per incrementare la produttività collettiva in un tempo finito.

Cicli di vita. Da un certo punto di vista la Scienza dei Servizi costituisce una teoria emergente dei cicli di vita delle risorse (persone, tecnologia, informazioni condivise e organizzazioni) in quanto configurate dinamicamente in sistemi di servizi che interagiscono attraverso le proposizioni di valore al fine di co-creare valore (mutualmente misurato o giudicato da vari stakeholders; "mutualmente" significa che essi possono ragionare sui relativi processi di ragionamento – o mettersi temporaneamente nei panni dell'altro). Il valore della conoscenza, che a volte si può pensare come incluso nelle risorse, cambia nel ciclo di vita a seconda del contesto di utilizzo (Boisot 1995).

1.4.7
Ingegneria: risorsa di proprietà a titolo definitivo e risorse tecnologiche/ambientali

Ingegneria e risorse fisiche. Fondamentalmente, l'ingegneria riguarda la trasformazione di conoscenza in valore, manifestando la conoscenza in una forma fisica e utile. Gli approcci ingegneristici sono stati ampiamente applicati in aree rilevanti per la Scienza del Servizio, tra cui l'ingegneria industriale e dei sistemi, l'industrializzazione dei servizi, l'ingegneria economica (Woods, Degarmo 1953/1959; Park 2004; Newman, Lavelle, Eschenbach 2003; Sepulveda, Souder, Gottfried 1984), l'*activity-based costing* (ABC), l'ingegneria degli incentivi, l'ingegneria della performance umana (Gilbert 2007), l'ingegneria finanziaria (Neftci 2004), l'ingegneria di processo e il controllo statistico dei processi, l'ingegneria di prodotto, l'ingegneria di documentazione (Glushko, McGrath 2005), e certamente l'ingegneria dei servizi (Ganz 2006; Spath 2007; Mandelbaum, Zeltyn 2008).

Il servizio è differente. I problemi ingegneristici vengono risolti affinché si creino soluzioni che possano aiutare a realizzare una proposizione di valore tra i sistemi di servizi. L'ingegneria dei sistemi di servizi sostenibili cerca di economizzare sulle risorse scarse (il tempo degli individui, l'attenzione, le risorse capitali e ambientali, le risorse sociali e d'impresa, ecc.). L'ingegneria, in stretta collaborazione con le sue aree scientifiche sottostanti, cerca di creare nuove e abbondanti risorse ed infrastrutture che siano in grado di consentire la traduzione di possibilità desiderate in realtà.

Proprietà a titolo definitivo. La proprietà fisica può essere posseduta a titolo definitivo. Siccome la proprietà non ha diritti, può essere completamente controllata a capriccio del proprietario. Un'ottima introduzione generale sul ruolo dell'ingegneria nella società moderna è data dal libro "The Control Revolution: Technological and Economic Origins of the Information Society" di Beninger (1986). North (2005) ha scritto sulla conquista del controllo e sulla prevedibilità prima dei sistemi fisici e poi dei sistemi sociali.

1.4.8
Informatica: accesso condiviso e risorse informative

Informatica e risorse informative. L'area dell'informatica dei servizi e dei servizi web (Zhang 2007) è una delle discipline emergenti fondamentali relative alla progettazione ed ingegnerizzazione di sistemi di servizi scalabili e sostenibili. In

"Service-Oriented Architecture: A Planning and Implementation Guide for Business and Technology" Marks e Bell (2006) scrivono che "Molte organizzazioni lottano contro le barriere semantiche e linguistiche che si creano tra comunità d'impresa e comunità IT [...]. SOA offre la possibilità di creare un linguaggio unico d'impresa basato su un'unità di analisi conosciuta come servizio." Da quando le imprese hanno abbracciato il SOA, una visione diffusa dei sistemi di servizi sta prendendo lentamente piede, e sia i professionisti del business che gli specialisti IT stanno cominciando a convergere su un linguaggio comune orientato al servizio. Checkland e Howell (1998/2005) svilupparono la nozione che tutti i sistemi di informazione sono infatti sistemi di servizi: "Una delle conseguenze della natura del processo, in cui si formano intenzioni e le persone supportate da informazioni intraprendono azioni intenzionali, è che 'i sistemi informativi' devono essere visti come un sistema di servizio: un sistema che serve a coloro che agiscono."

Il servizio è differente. Un trend chiave nelle interazioni di servizio è il self-service. Il fornitore che aveva conferito potere ai dipendenti attraverso una speciale infrastruttura di informazioni apre tale struttura a clienti sofisticati che s'impegnano in interazioni self-service. Honebein e Cammarano (2005) esaminano questo trend in "Creating Do-It-Yourself Customers", partendo con la crescita dei clienti sofisticati.

Accesso condiviso. Internet ed il world-wide-web hanno fortemente esteso l'informazione condivisa nel mondo. Efficaci interazioni cliente-fornitore sono basate sull'accesso condiviso all'informazione. Le proposizioni di valore (un tipo di informazione condivisa) possono essere comunicate (una proposta), accettate (una promessa o un contratto) e realizzate (un evento o assicurazione di un evento futuro). Il valore dell'informazione condivisa è centrale a tutte le entità di sistemi di servizi. L'informazione è utilizzata per aggiornare i modelli di tutti gli stakeholders (clienti, fornitori, autorità, concorrenti) nel mondo (*modello di fedeltà globale*), aspetto che è essenziale per creare nuove proposizioni di valore, così come per risolvere le controversie in modo trasparente ed equo. I clienti 'possiedono' gli asset di conoscenza relativamente a problemi che hanno bisogno di essere risolti. I fornitori 'possiedono' asset di conoscenza relativamente alla loro capacità di risolvere questi problemi. Tuttavia, senza condividere in qualche modo le informazioni, tutto ciò ha poco valore. In "The Network Society" Castells (2004) descrive: "Una società rete è una società la cui struttura sociale è fatta di reti alimentate da informazioni basate sulla microelettronica e da tecnologie della comunicazione."

Denaro e informazione condivisa. In un'ottica di sistemi di servizi, denaro e capitale sono le informazioni primarie (per esempio, vedi "The Shape of Actions: What Humans and Machines Can Do" di Collins e Kusch (1999)). La crescita dei mondi virtuali o on-line con denaro artificiale rende la nozione di "denaro come informazione" ancora più evidente. La connessione tra accumulo di informazione e cultura è fortissima (vedi la definizione di cultura e la sua relazione con l'informazione in "Not By Genes Alone" di Richardson e Boyd (2005)).

1.4.9
Sourcing: locazione/contratti e risorse organizzative

Sourcing ed organizzazioni come risorse. Il sourcing è anche conosciuto come la disciplina del *procurement*. In "Organizations: Rational, Natural, and Open Systems" Scott (1981/2003) osservò che "Oggi le organizzazioni stanno energicamente perseguendo una strategia di esternalizzazione, dando in outsourcing funzioni, contando su alleanze o contratti per beni e servizi essenziali ..." Un singolo individuo può gestire un business come unico titolare, e quindi un'organizzazione può essere costituita da un solo individuo. Chiaramente, molte funzioni dovrebbero essere date in outsourcing in questa situazione. Tuttavia, mentre molti individui non sono considerati organizzazioni, tutte le persone sono considerate un sistema di servizio. Quindi 'sistema di servizio' è un concetto più generale di 'organizzazione', visto che il sistema di servizio include le persone, comunità open source e mercati, così come organizzazioni.

Andando oltre l'outsourcing, alcuni autori e professionisti hanno cominciato a parlare della nozione del *multisourcing* (Cohen, Young 2006): "L'approvvigionamento disciplinato e la fusione di servizi di business e IT dall'insieme ottimale di fornitori interni ed esterni per perseguire gli obiettivi di business." Costruire una strategia di sourcing richiede una comprensione approfondita della natura di breve e lungo termine del bisogno di servizi customizzati o standard, orientati ai risultati di business (valore) o ai risultati di funzionalità (costo), e questo per ogni componente di un business e della rete di valore di servizi dei partners.

Il servizio è differente. Mentre petrolio, ferro, oro potrebbero esistere solamente in specifici luoghi geografici, le persone esistono ovunque. Il sourcing può redistribuire lavori ed *expertise* su scala globale. In "The World is Flat" Friedman (2005) ha alimentato la crescente preoccupazione che l'expertise, e quindi i servizi, possano essere recuperati da ogni luogo. Queste preoccupazioni hanno portato alla redazione negli Stati Uniti del report "Rising above the Gathering Storm" (COSEPUP 2007) che fornisce raccomandazioni per la politica statunitense volte a garantire un'economia dell'innovazione basata su alte capacità.

Locazione/Contratti. Accedere alla risorse attraverso il *leasing* e altri tipi di contratti. La generalizzazione fondamentale del *make-buy* dei primi produttori è stata fonte di preoccupazione per il sourcing. Il sourcing crea più interdipendenza e meno indipendenza.

Intelligenza organizzativa. In "The Pursuit of Organizational Intelligence" March (1999) scriveva: "Le organizzazioni perseguono l'intelligenza [...]. In particolare, le organizzazioni (come altri sistemi adattivi) sono afflitti dalla difficoltà di equilibrare *exploration* ed *exploitation*. Con exploration intendo ricerca, scoperta, novità e innovazione. Coinvolge variazione, assunzione di rischio e sperimentazione. Conduce generalmente a disfatte ma occasionalmente guida verso importanti nuove direzioni e scoperte. Con exploitation intendo perfezionamento, routinizzazione, produzione ed implementazione di conoscenza. Riguarda la scelta, l'efficienza, la selezione, l'affidabilità. Di solito porta al miglioramento ma spesso non rileva potenziali cambiamenti di direzione." Questa è un'osservazione davvero fondamentale. Le organizzazioni, e in generale le entità di sistemi di servizi, sono configurazioni dinamiche di risorse in costante cambiamento. Tuttavia, per continuare ad esistere questo cambiamento organizzativo deve bilanciare due tipi di attività – exploration ed exploitation – affinché entrambe esistano e si adattino ai cambiamenti del contesto. Questo equilibrio non è dissimile dall'equilibrio che gli individui cercano nell'apprendimento: livelli di sfida troppo alti possono portare a stati di ansia mentre livelli troppo bassi alla monotonia. L'equilibrio è la chiave per il cambiamento sostenibile.

Open Innovation e confini dell'impresa. Storicamente nelle grandi imprese, le percezioni comuni erano che a) il sourcing interno (R&S centrali) è il modo migliore per generare innovazioni, e b) il sourcing esterno (partnership) è il migliore per ridurre i costi e per standardizzazioni industriali. Tuttavia, i modelli di Open Innovation (Chesbrough 2006) potrebbero sfidare la prima prospettiva, mentre gli approcci di automatizzazione e snellimento dei processi potrebbero minacciare la seconda. Nel suo libro "Dealing with Darwin" Moore (2005) afferma che "La formula per affrontare l'innovazione e superare l'inerzia contestualmente è semplice: estrarre le risorse dal contesto e riutilizzarle nelle proprie attività core." Cosa sia il contesto (che può essere esternalizzato) e cosa sia il core (che non dovrebbe essere esternalizzato) cambia nel tempo, deve essere costantemente rivalutato ed è al cuore dello studio del business.

1.4.10
Futures: gestione ed investimenti strategici

Strategia. Conoscere il futuro è simile a ciò che gli esperti di scacchi fanno quando "guardano avanti" a mondi possibili e quindi investono i loro sforzi cercando di realizzare mondi che sono più favorevoli alle loro ambizioni. La sfida sta nel cercare di comprendere le probabili reazioni degli altri. Tuttavia, la strategia può essere vista come l'arte di apprendere da scenari futuri possibili. Il management quindi cerca di fare investimenti saggi per realizzare tali scenari possibili.

Strategia di servitizzazione. Molte imprese che hanno avuto successo nello sviluppo di prodotti e di processi di produzione stanno affrontando delle pressioni crescenti, e sono alla ricerca di nuovi modelli di generazione di ricavi attraverso l'innovazione e la *servitizzazione*. Ad esempio, è questo che ha guidato Toyota a dichiararsi un'"impresa di servizi". La servitizzazione coinvolge strategie di fornitura di soluzioni ai clienti combinando prodotti e opzioni di servizio con la partecipazione attiva del cliente e della comunità alla creazione del valore. L'impatto di queste azioni è fortissimo in alcuni settori.

Investimento. Una responsabilità chiave del management è quella di fornire direzioni strategiche all'impresa e di allocare le risorse e l'investimento con saggezza per garantire il futuro della stessa. In "Service Management" James e Mona Fitzsimmons (2008) forniscono una panoramica sulle tipologie di decisioni di investimento strategico e decisioni operative tipiche delle imprese di servizio, che includono fusioni ed acquisizioni, disinvestimenti, franchising, ecc. In "Survival of the Smartest" Mendelson e Ziegler (1999) identificano le cinque caratteristiche (consapevolezza dell'informazione esterna, efficacia dell'architettura decisionale, disseminazione interna della conoscenza, focus organizzativo e reti d'imprese nell'era dell'informazione) di imprese ad Alto-IQ versus Basso-IQ, e mostrano una correlazione con il tasso di crescita superiore per le prime.

Management. I sistemi di gestione dell'informazione (MIS), gestione dei progetti (PM), di innovazione e gestione della tecnologia (IMOT), di gestione delle operations (OM), di gestione finanziaria (FM), di gestione della *supply chain* (SCM), di *enterprise resource* management (ERP), di gestione delle relazioni con i clienti (CRM), di gestione delle risorse umane (HRM), di gestione della proprietà intellettuale, di gestione dei contratti (CM), di gestione del rischio, così come quelli relativi alla gestione del cambiamento strategico ed organizzativo (S&OCM) sono campi di conoscenza molto ben sviluppati connessi al miglioramento del *decision making* e alle performance di complessi sistemi sociali e di business.

1.5
Professioni e comunicazioni complesse

Prima che gli studenti scelgano di studiare la Scienza dei Servizi, dovrebbero porsi domande relativamente alle professioni future in questo settore. È una buona scelta per far carriera? Sì, da un punto di vista di flessibilità. Gli scienziati dei servizi devono essere in possesso di abilità comunicative complesse (expertise di interazione) su più discipline accademiche e aree pratiche. Gli imprenditori e i consulenti sono molto richiesti, ma è risultato difficile specificare l'attività in curriculum oltre l'evidenziazione dell'esposizione al cambiamento tecnologico e alle pratiche di management. SSMED offre una nuova opportunità per creare un curriculum di rilievo per coloro che aspirano a diventare imprenditori e consulenti. Scienziati ed ingegneri sono davvero molto richiesti, ma la domanda tende a spostarsi continuamente su nuove aree. Ci aspettiamo che molti studenti che aspirano ad essere scienziati di sistema ed ingegneri di sistema cercheranno di costruirsi una solida comprensione della Scienza dei Servizi relativamente a diversi percorsi di carriera accademica, governativa, ed imprenditoriale.

1.5.1
Imprenditori, consulenti e atteggiamento mentale

Imprenditori. Il capitalismo imprenditoriale (Baumol, Litan, Schramm 2007) è "un tipo di capitalismo dove imprenditori, che continuano a fornire idee radicali che trovano riscontro nel mercato, giocano un ruolo centrale nel sistema." La crescita del capitalismo imprenditoriale è un fenomeno relativamente recente alimentato in parte dalla crescente ricchezza globale. Contemporaneamente, sempre più studenti aspirano ad avviare delle proprie attività imprenditoriali. Le *survey* condotte in diverse università indicano come dietro al loro interesse nell'imprenditorialità vi sia una crescente importanza di parametri quali flessibilità e crescita personale, così come apertura di percorsi di carriera.

Consulenti. Secondo quanto riportato dai Laboratori di Statistica dello US Bureau la crescita sarà più forte nei servizi imprenditoriali e professionali più che nella sanità, che è al secondo posto. La consulenza imprenditoriale, che si riferisce alle supply chain globali, al cambiamento organizzativo, alla trasformazione del business dell'informazione guidata dalla tecnologia, alle fusioni e acquisizioni, ai disinvestimenti, è in forte crescita. In "The World's Newest Profession: Management Consulting in the Twentieth Century" McKenna (2006) parla di focalizzazione sulla creazione di forme più avanzate e tecniche di consulenza *tool-based*. La Scienza dei Servizi mira a fornire le basi per lo sviluppo di approcci alla consulenza più tecnici e sistematici.

Atteggiamento mentale. Un atteggiamento mentale orientato ai servizi è basato in parte sull'empatia per i clienti, ma anche sul senso di responsabilizzazione proveniente dal percepire come le cose probabilmente cambieranno in futuro. Comprendere il valore del tempo di vita del cliente è essenziale, così come rispondere con modalità che hanno la capacità di andare oltre il cliente attuale per creare mercati completamente nuovi. Un atteggiamento mentale orientato al servizio di successo, come l'imprenditoria di successo, viene dal creare nuovi mercati. Berry (1995) afferma: "un ottimo servizio è questione di mentalità. Lo sforzo per migliorare è incessante; le idee sono parte del lavoro; lo spirito imprenditoriale è forte" (p. 16).

Progettazione della rete Service System Design Lab. Al di là delle letture e dei libri, per essere sicuri che gli studenti acquisiscano esperienza pratica da ogni svolgimento di attività assegnate, molti accademici (Kwan, Freund 2007) hanno già immaginato dei laboratori di Scienza dei Servizi (anche conosciuti come reti di Service System Design Lab). Gli obiettivi di questi laboratori includono: il sostegno del curriculum e della ricerca nella Scienza dei Servizi; il coinvolgimento di partner imprenditoriali e di governo; lo sviluppo e diffusione di materiale scientifico della Scienza dei Servizi; la creazione di opportunità di collaborazione tra università coinvolte in iniziative di Scienza dei Servizi; la costruzione di un atteggiamento mentale verso l'imprenditoria dei servizi basata sull'empatia per i clienti e un senso di responsabilità che guidi alla costituzione di nuovi mercati. Queste reti di laboratori connetteranno accademici, governi e imprese attorno all'istruzione basata su sfide e progetti con l'obiettivo di dare soluzioni per un mondo reale, virtuale e simulato connesso con i sistemi di servizi e le sfide legate alla progettazione di proposizioni di valore.

1.5.2
Scienziati, ingegneri e leadership

Scienziati di sistema. In "Business Dynamics: Systems Thinking for a Complex World" John Sterman (2000) scriveva: "I vertiginosi effetti dell'accelerazione del cambiamento non sono nuovi. Henry Adams, un osservatore attento ai grandi cambiamenti provocati dalla rivoluzione industriale, formulò la Legge di Accelerazione per descrivere la crescita esponenziale di tecnologia, produzione e popolazione [...]. Un flusso costante di filosofi, scienziati e guru del management ha dato eco ad Adams, sottolineando l'accelerazione e chiedendo salti simili verso nuovi modi di pensare ed agire. Molti sono sostenitori dello sviluppo del pensiero sistemico – l'abilità di vedere il mondo come un sistema complesso, in cui noi comprendiamo che 'tu non puoi solo fare una cosa solamente' e che 'ogni cosa è connessa con ogni altra.'" Sterman poi continua con lo sviluppare un vocabolario, gli strumenti e gli esempi che consentono lo sviluppo del pensiero sistemico. Fortunatamente per noi, molti degli esempi da lui portati sono esempi di sistemi di servizi complessi. Sterman confronta la visione del mondo orientata all'evento ed il suo vocabolario (obiettivi + situazione, problema, decisione, risultati) con quella orientata al *feedback* (apprendimento *double loop*) ed il suo vocabolario (mondo reale, feedback informativo, decisioni, modelli mentali, strategia, struttura, regole decisionali). Egli identifica gli ostacoli all'apprendimento che rendono problematica persino la visione del mondo basata su *feedback*, quando essa ha a che fare con la complessità dinamica del mondo reale. Conclude, e noi siamo d'accordo, che le simulazioni sono uno strumento essenziale per i professionisti che vogliono avvicinarsi al pensiero sistemico in modo rigoroso e sistematico. In "Social Emergence: Societies as Complex Systems" Sawyer (2005) descrive la terza ondata della teoria dei sistemi e la sempre crescente importanza degli strumenti di simulazione per il pensiero in contesti di sistemi sociali complessi.

Nel suo classico "An Introduction to General Systems Theory" Weinberg (1975/2001) fornisce un distillato di molti concetti che vengono da teorici dei sistemi quali von Bertalanffy (1976) e molti altri. Mentre i teorici generalisti dei sistemi cercano di capire i principi generali appunto che sono alla base di tutti i sistemi (fisici, chimici, biologici, informatici, sociali, ecc.), la Scienza dei Servizi vuole essere descrittiva, spiegare e predire l'evoluzione della società e del business. All'interno di questo contesto più limitato dei sistemi di servizi complessi, in "Non-Zero: History, Evolution, Human Cooperation" Wright (2001) dà uno sguardo ai sistemi che fondano e si evolvono secondo proposizioni di valore win-win. In "Ubiquity: The Science of History", e più recentemente, nel suo (2007) "The Social Atom", Buchanan (2001) fornisce osservazioni sull'evoluzione di sistemi complessi *path-dependent* dove, per comprendere l'evoluzione, le proprietà delle parti sono meno importanti della loro organizzazione.

Ingegneri di sistema. I Bell Laboratories hanno fornito i fondamenti sia per quanto attiene l'ingegneria di sistema che l'analisi stocastica dei sistemi di servizi quasi mezzo secolo fa. In "A Methodology for Systems Engineers" Hall (1962) pose le fondamenta dell'ingegneria di sistema. In "Stochastic Service Systems" Riordin (1962) ha proseguito ed ha poi esteso la teoria delle code ai sistemi di servizi di tipo più generale.

La sfida della scienza: dati confidenziali. Il miglioramento della scienza dipende dal miglioramento delle modalità di accesso e misurazione dei dati. Le imprese sono entità di sistemi di servizi e quindi gran parte dei dati che informano la Scienza dei Servizi sono considerati proprietari. Essi quindi non sono facilmente condivisibili. Per esempio, i dettagli sulle negoziazioni di successo o d'insuccesso e le loro implementazioni sarebbero di enorme valore per la comprensione delle curve di apprendimento delle interazioni di servizio. Tuttavia, gran parte delle imprese sarebbe riluttante sia a condividere i dettagli delle contrattazioni di successo che quelle d'insuccesso. Un'implicazione è che gli sviluppi della Scienza dei Servizi probabilmente saranno molto più dipendenti dai dati simulati. Le proprietà dei mondi simulati saranno molto più trasparenti e replicabili e agevoleranno un progresso cumulativo che altrimenti non sarebbe possibile. Con il progredire della modellazione e della misurazione delle ecologie di sistemi di servizi, questi sforzi potrebbero un prima o poi condurre all'equivalente di un sistema CAD (computer-aided design) per i sistemi di servizi per la progettazione e l'engineering. In definitiva, gli scienziati del servizio avranno una competenza profonda nell'usare gli strumenti di simulazione dei sistemi di servizi.

La sfida dell'Engineering: incentivi ai brevetti. I migliori ingegneri creano moltissimi brevetti. Questo è motivante per gli ingegneri e di grande beneficio per i datori di lavoro. Proprio come molti brevetti di software e metodologie di business sono contesi per motivi di "tecnicità" (contributo tecnico – quest'area è caratterizzata da molte differenze tra i diritti di brevetto negli USA e in UE), l'invenzione di nuove tipologie di entità di sistemi di servizi, di meccanismi di co-creazione del valore e di meccanismi di governance potrebbe essere difficile se non impossibile da brevettare. Senza la capacità di brevettare le invenzioni, uno dei principali incentivi ad innovare viene a cadere. Tuttavia, l'innovazione continua in quest'area, potrebbe conferire significativi vantaggi ai fornitori di servizio sui loro concorrenti, o persino rispetto ai loro precedenti approcci al business, e di conseguenza rappresentare un significativo driver di investimento. Come la capacità di progettare nuove entità e reti di sistemi di servizi (CAD per il servizio) aumenta, insieme con l'abilità di simulazione in ecologie esistenti, l'esigenza di tecnicità potrebbe diventare più semplice da soddisfare, consentendo alle progettazioni innovative di essere brevettate.

Leadership economica nazionale. La storia dimostra che le scienze emergenti e le relative discipline di ingegneria e management possono fornire le basi per una leadership economica nazionale. Per esempio, Murmann (2006) descrive la nascita della chimica in Germania nel XIX secolo, Bush (1945) già prevedeva la nascita dell'informatica negli USA alla metà del XX secolo ed infine i movimenti per la qualità del prodotto e per il management dell'innovazione nati in Giappone forniscono un esempio più recente. In questi casi, la chiave del successo è stata la collaborazione con il governo e il mondo accademico. Oggi, la nanotecnologia, la biochimica, la biologia computazionale e la Scienza dei Servizi offrono possibilità di collaborazioni simili attorno ad aree scientifiche emergenti. Tuttavia, di queste quattro, solo la Scienza dei Servizi cerca di comprendere le complesse dimensioni socio-tecniche scaturenti dall'utilizzare nuova conoscenza che consenta la creazione di nuovi sistemi di creazione del valore. Il valore complessivo delle invenzioni tecnologiche non può essere realizzato senza lo sviluppo di reti di nuovi sistemi di servizi che portino l'invenzione sul mercato. Comprendere la scienza dei sistemi di servizi consente potenzialmente di realizzare rapidamente il valore intrinseco delle invenzioni tecnologiche e di contribuire a dare priorità ad invenzioni tecnologiche pronte a fornire il maggior beneficio possibile al business e alla società.

1.6
Conclusioni

In sintesi, il contributo di questo articolo risiede nel delineare un insieme preliminare di riferimenti bibliografici per meglio comprendere la nascita della Scienza del Servizio, del Management, dell'Engineering, e del Design (SSMED). La Scienza dei Servizi è all'inizio dell'inizio ed un grandissimo lavoro resta ancora da fare per integrare tutte le discipline. Come prossimo passo, invitiamo tutti ad utilizzare i dieci concetti base per creare una visione più integrata delle discipline esistenti. Infine, invitiamo gli accademici di tutto il mondo a creare reti di *service system design labs* congiuntamente a partners quali imprese, governi, agenzie non-profit, e cercare risposte alle domande fondamentali negli specifici contesti di sistemi di servizi in cui vivono e lavorano.

Ringraziamenti

Ringraziamo sentitamente IBM per il suo supporto, la San José State University, e la concessione dell'NSF IIS-0527770 2006-09.

Categorizzazione dei riferimenti bibliografici

A ciascuno dei riferimenti è stato dato un numero chiave di classificazione (1–14), nonché una lista di numeri chiave di classificazione secondari (1–14) in ogni sezione di questo documento. Il numero della quindicesima categoria indica un "riferimento da leggersi". Speriamo che questa *categorizzazione interdisciplinare dei riferimenti sulla Scienza dei Servizi* possa stimolare importanti connessioni nella sempre crescente comunità della Scienza dei Servizi:

1. ricercatori della scienza dei servizi e studenti dei servizi;
2. professionisti della scienza dei servizi e altri professionisti;
3. economisti, storici, matematici;
4. professionisti del marketing;
5. professionisti delle operations;
6. scienziati politici, professionisti giuridici;
7. designers, artisti, innovatori;
8. scienziati sociali, antropologi, scienziati cognitive;
9. ingegneri, tecnologi;
10. informatici, linguisti;
11. teorici dell'organizzazione, specialist del procurement;
12. managers, investitori, strateghi, matematici;
13. imprenditori, professori, istruttori di laboratorio;
14. teorici dei sistemi, leaders, scientist generali.

Per esempio, considerate il riferimento al libro che è di interesse primario per gli economisti (3), così come per i teorici dell'organizzazione (11) ed i managers (12):

Milgrom, P., Roberts, J. (1992) *Economics, Organization, and Management*. Upper Saddle River, NJ: Prentice Hall. [3 (11 12)]

Una versione on-line di tutti i riferimenti (con citazioni) potete trovarla al sito:

http://www.cob.sjsu.edu/ssme/refmenu.asp

Bibliografia

Abbot A (2001) Chaos of Disciplines. University of Chicago Press, Chicago [14 (3 8)]
Argote L (2005) Organizational Learning: Creating, Retaining and Transferring Knowledge. Springer, New York [11 (1 15)]
Adams J (1995/2000) Risk. Routledge, Londra [1 (12 15)]
Afuh A (2004) Business Models: A Strategic Management Approach. McGraw-Hill Irwin, New York [1, (12)]
Albrecht K, Zemke, R (1985) Service America! Warner Books, New York [12 (3)]
Alter S (2002) Information Systems: The Foundations of e-Business. Prentice Hall, Upper Saddle River [10, (12)]
Alter S (2006) The Work System Method: Connecting People, Processes, and IT for Business Results. Work Systems Press, Larkspur [2 (10 15)]
Alter S (2008) Service Systems Fundamentals: Work systems, value chains and life cycle. IBM Systems Journal 47(1) [1 (11)]
America Competes (2004) Innovate America: National Innovation Initiative Summit and Report. Council on Competitiveness, 15 dicembre 2004 [6 (1 14)]
Anderson J C, Narus J A, van Rossum W (2006) Customer Value Propositions in Business Markets. Harvard Business Review, 84(3): 90–99 [1 (4 15)]
Anderson C (2006) The Long Tail: Why the Future of Business is Selling less of more. Hyperion, New York [12 (4)]
Argyris C (1992/1999) On Organizational Learning, 2a ed. Blackwell, Malden [11 (8 12)]

Argyris C, Schon D A (1996) Organizational Learning II: Theory, Method, Practice. Addison-Wesley, New York [11 (12)]

Arrow, K J (1974) The Limits of Organization. W W Norton & Company, New York [3 (6)]

Arthur W B (1994) Increasing Returns and Path Dependence in the Economy. University of Michigan Press, Ann Arbor [3 (1)]

Baldwin C Y, Clark K B (2000) Design Rules: Volume 1. The Power of Modularity. MIT Press, Cambridge [7 (3)]

Barley S R, Orr J E (1997) Introduction: The Neglected Workforce. In: Barley S R, Orr J E (eds) Between Craft and Science: Technical Work in U.S. Settings. Cornell University Press, Ithaca [8 (3)]

Barlow S, Parry S, Faulkner M (2005) Sense and Respond: The Journey to Customer Purpose. Palgrave/MacMillan, New York [4 (11)]

Barnard C I (1938/1968) The Functions of the Executive, edizione 30° anniversario. Harvard University Press, Boston [1 (11 12)]

Bastiat F (1848/1964) Selected Essays on Political Economy. Van Nordstrand, Princeton [3 (6 8 11)]

Bastiat F (1850/1979) Economic Harmonies. The Foundation for Economics Education, Irvington-on-Hudson [3 (6 8 11)]

Baumol W J (2002) Services as Leaders and the Leader of the Services. In: Gadrey J, Gallouj F (eds) Productivity, Innovation and Knowledge in Services: New Economic & Socio-Economic Approaches. Edward Elgar, Cheltenham, pp. 147–163 [3 (1)]

Baumol W J, Litan R E, Schramm C J (2007) Good Capitalism, Bad Capitalism, and the Economies of Growth and Prosperity. Yale University Press, New Haven [11 (3)]

Bausch K C (2001) The Emerging Consensus in Social Systems Theory. Kluwer, New York [14 (1)]

Becker G S (1976/1990) The Economic Approach to Human Behavior. University of Chicago Press, Chicago [3 (8 15)]

Beinhocker E D (2006) The Origin of Wealth: Evolution, Complexity, and the Radical Remaking of Economics. Harvard Business School Press, Cambridge [3 (8 1 14 15)]

Bell D (1973/1999) The Coming of the Post-Industrial Society: A Venture in Social Forecasting. Basic, New York [12 (3)]

Beniger J R (1986) The Control Revolution: Technological and Economic Origins of the Information Society. Harvard University Press, Cambridge [9 (3 10)]

Benkler Y (2007) The Wealth of Networks: How Social Production Transforms Markets and Freedom. Yale University Press, New Haven [3 (10 8)]

Berger P L, Luckmann T (1967) The Social Construction of Reality: A Treatise in the Sociology of Knowledge. Anchor, New York [8 (1 15)]

Bernstein P L (1998) Against the Gods: The Remarkable Story of Risk. Wiley, New York [12 (3)]

von Bertalanffy L (1976) General System Theory: Foundation, Development, Applications. George Braziller, New York [14 (11)]

Berry L L (1995) On Great Service: A Framework for Action. Free Press, New York [4 (12)]

Bitner M J, Ostrom A L, Morgan F N (2007) Service Blueprinting: A Practical Tool for Service Innovation. Working Paper, Center for Services Leadership, Arizona State University.

Bohn R, Jaikumar R (2005) From Filing and Fitting to Flexible Manufacturing. Now Publishers Inc., Hanover [3 (9 5)]

Boisot M H (2002) Knowledge Assets: Securing Competitive Advantage in the Information Economy. Oxford University Press, Oxford [1 (10 15)]

Bryson J R, Daniels P W, Warf B (2004) Service Worlds: People, Organizations, and Technology. Routledge, New York [3 (8 9 10 11)]

Buchanan M (2001) Ubiquity: Why Catastrophes Happen. Three River Press, New York [14 (3)]

Buchanan M (2007) The Social Atom: Why the rich get richer, cheaters get caught, and your neighbors usually look like you. Bloomsbury, New York [8 (14)]

Bush V (1945) As We May Think. The Atlantic Monthly 176(1): 101–108 [10 (12)]

Castells M (2004) The Network Society: A Cross-cultural Perspective. Edward Elger, Cheltenham [8 (3 10 11 12)]

Chandler A D (1977) The Visible Hand: The Managerial Revolution in American Business. Belknap/Harvard University Press, Cambridge [3 (11 12)]

Chase R B, Jacobs F R, Aquilano N J (2004) Operations Management for Competitive Advantage. Instructor's Edition, 10a ed. McGraw Hill Irwin, New York [2 (5 15)]

Checkland P, Holwell S (1998/2005) Information, Systems, and Information Systems: Making Sense of the Field. Wiley, Chichester [10 (1 14 15)]

Chesbrough H, Spohrer J (2006) A research manifesto for services science. Communications of the ACM 49(7): 35–40 [1 (14)]

Chesbrough H (2005) Toward a science of services (in Breakthrough Ideas of 2005). Harvard Business Review 83(2): 17–54 [1 (14)]

Chesbrough H (2006) Open Business Models: How to thrive in the New Innovation Landscape. Harvard Business School Press, Boston [7 (12)]

Childe V G (1936/2003) Man Makes Himself. Spokesman/Watts, Nottingham [3 (8)]

Christopher M, Payne A, Ballantyne D (1991) Relationship Marketing: Bringing quality, customer service, and marketing together. Butterworth-Heinemann, Londra [4 (12)]

Christopher W F (2007) Holistic Management: Managing What Matters for Company Success. Wiley-Interscience, Hoboken [14 (1 11 12 15)]

Clark C (1940/1957) Conditions of Economic Progress, 3a ed. Macmillan, New York [3 (11)]

Clippinger III J H (1999) The Biology of Business: Decoding the Natural Laws of Enterprise. Jossey-Bass, San Francisco [14 (3 11)]

Coase R H (1937) The Nature of the Firm. Economica 4: 386–405 [3 (11)]

Coase R H (1990) The Firm, the Market, and the Law. University of Chicago Press, Chicago [3 (6 11)]

Cohen L, Young A (2006) Multisourcing: Moving Beyond Outsourcing to Achieve Growth and Agility. Harvard Business School Press, Boston [11 (6 12 15)]

Collins H, Evans R, Gorman M (2007) Trading zones and interactional expertise. Studies in History and Philosophy of Science 39(1) [13 (8)]

Collins H, Kusch M (1999) The Shape of Actions: What Humans and Machines Can Do. MIT Press, Cambridge [8 (10]

Collins J (2005) Why Business Thinking is Not the Answer: Good to Great and the Social Sector: A monograph to Accompany Good to Great. Why Some Companies Make the Leap... and Others Don't. Collins, Boulder [12 (13)]

Cooper R G, Edgett S J (1999) Product Development for the Service Sector: Lessons from Market Leaders. Basic Books, Cambridge [7 (12)]

COSEPUP (2007) Rising Above the Gathering Storm: Energizing and Employing America for a Brighter Economic Future. Committee on Science, Engineering, and Public Policy (COSEPUP). US National Academies Press. [13 (14)]

Cohen S S, Zysman J (1988) Manufacturing Matters: The Myth of the Post-Industrial Economy. Basic, New York [3 (10 13)]

Csikszentmihalyi M (1990) Flow: The Psychology of Optimal Experience: Steps Toward Enhancing The Quality of Life. Harper/Perennial, New York [7 (4 8 13)]

Darr A (2006) Selling Technology: The Changing Shape of Sales in an Information Economy. Cornell University Press, Ithaca [8 (3 9)]

Daskin M S (2010) Service Science. Wiley, Hoboken [5 (1 14)]
Davis M M, Heineke J (2005) Operations Management: Integrating Manufacturing and Services, 5a ed. McGraw-Hill Irwin, Boston [2 (5 15)]
Dawson R (2005) Developing Knowledge-Based Client Relationships: Leadership in Professional Services. Elsevier, New York [12 (4 8 10)]
Deacon T W (1997) The Symbolic Species: The Co-Evolution of Language and the Brain. Norton, New York [10 (3)]
Demirkan H, Krishna V, Spohrer J C (2011) Science of Service Systems. Springer, New York [1 (14 15)]
Diamond J (2005) Collapse: How Societies Choose to Fail or Succeed. Viking, New York [3 12)]
Dixit A K (2004) Lawlessness and Economics: Alternative Models of Governance. Princeton University Press, Princeton [6 (1 3 11 12 15)]
Drucker P F (1993) Post-Capitalist Society. Harper Business, New York [12 (3)]
Durkheim E (1893/1997) The Division of Labor in Society. Free Press, New York [3 (8)]
Fagin R, Halpern J Y, Moses Y, Vardi M Y (2003) Reasoning About Knowledge. MIT Press, Cambridge [1 (10 15)]
Fitzsimmons J A, Fitzsimmons M J (2007) Service Management: Operations, Strategy, Information Technology, 6a ed. McGraw-Hill Irwin, New York [2 (5 12 15)]
Foster I, Kesselman C, Tuecke S (2001) The Anatomy of the Grid: Enabling Scalable Virtual Organizations. International J. Supercomputer Applications 15(3) [10 (6 11)]
Freidson E (2001) Professionalism: The Third Logic/On the Practice of Knowledge. University of Chicago Press, Chicago [14 (13)]
Friedman D (1996/2007) A little manifesto on Learning and Economics. URL http://leeps.ucsc.edu/leeps/manifesto [3 (12)]
Friedman T L (2005) The World is Flat. Farrar Straus & Giroux, New York [11 (3)]
Ganz W (2006) Germany: service engineering. Communications of the ACM 49(7): 79. [9 (2)]
Gadrey J, Gallouj F (2002) Productivity, Innovation and Knowledge in Services: New Economic & Socio-Economic Approaches. Edward Elgar, Cheltenham [3 (5 7)]
Garud R, Kumaraswamy A, Langlois R N (2003) Managing in the Modular Age: Architectures, Networks, and Organizations. Blackwell Publishing, New York [14 (10 11)]
Gershuny J (2000) Changing Times: Work and Leisure in Postindustrial Society. Oxford University Press, Oxford [3 (8)]
Gilbert T F (1978) Human Competence: Engineering Worthy Performance. McGraw Hill, New York [9 (8)]
Glushko R, McGrath T (2005) Document Engineering: Analyzing and Designing Documents for Business Informatics and Web Services. MIT Press, Cambridge [10 (9 15)]
Glushko R J (2008) Designing a service science discipline with discipline. IBM Systems Journal 47(1): 15–28 [7 (1 14)]
Goldratt E M (1990). Theory of Constraints. North River Press, Great Barrington [11 (14)]
Guba E G, Lincoln Y S (1989) Fourth Generation Evaluation. Sage, Londra [2 (3 4 5 6 7 8 9 12)]
Guile B R, Quinn J B (1988) Technology in Services: Policies for Growth, Trade, and Employment. National Academy Press, Washington [9 (6)]
Gummesson E (2007) Exit Services Marketing – Enter Service Marketing. The Journal of Customer Behaviour 6(2): 113–141 [4 (12)]
Gummesson E (2007) Case study research and network theory: birds of a feather. Qualitative Research in Organizations and Management: An International Journal 2(3): 226–248 [2 (4 11 14)]

Gummesson E (2003) All research is interpretive! Journal of Business & Industrial Marketing 6/7(18): 482–492 [2 (4 11 13 14)]

Gummesson E (2001) Are current research approaches in marketing leading us astray? Marketing Theory 1(1): 27–48 [2 (4 11 13 14)]

Gustafsson A, Johnson M D (2003) Competing in a Service Economy: How to Create Competitive Advantage Through Service Development and Innovation. Wiley/Jossey-Bass. San Francisco [7 (12)]

Gutek B, Welsh T (2000) The Brave New Service Strategy – Aligning Customer Relationships, Market Strategies, and Business Structure. AMACOM, New York [12 (3 4 8 11)]

Gutek B A (1995) The Dynamics of Service: Reflections on the Changing Nature of Customer/Provider Interactions. Jossey-Bass Publishers, San Francico [1 (3 4 8 10 11 12 15)]

Hall A D (1962) A Methodology for Systems Engineering. Van Nostrand Company, Princeton [14 (9 15)]

Handy C (1989) The Age of Unreason. Harvard Business School Press, Cambridge [12 (8 11)]

Hawley A H (1986) Human Ecology: A Theoretical Essay. University of Chicago Press, Chicago [14 (3 8 11)]

Hefley B, Murphy W (2008) Service Science, Management, and Engineering: Education for the 21st Century. Springer, New York [1 (14)]

Heizer J, Render B (2004) Principles of Operations Management. Pearson Education, Upper Saddle Creek [5 (2)]

Helpman E (2004) The Mystery of Economic Growth. Harvard University Press, Cambridge [3 (5)]

Heritage J (1984/1989) Garfinkel and Enthnomethodology. Polity Press, Cambridge [8 (2 11)]

Herzenberg S A, Alic J A, Wial H (2000) New Rules for a New Economy: Employment and Opportunity in Postindustrial America. ILR Press Books, Cornell University Press, Ithaca [3 (6 12)]

Heskett J L, Sasser Jr. W E, Schlesinger L A (1997) The Service Profit Chain. The Free Press, New York [2 (12)]

Hidaka K (2006) Trends in services sciences in Japan and abroad. Science & Technology Trends: Quarterly Review 19: 35–47 [1 (10)]

Honebein P C, Cammarano R F (2005) Creating Do-It-Yourself Customers: How Great Customer Experiences Build Great Companies. Thomson, Mason [4 (7)]

Hoopes J (2003) False Prophets: The Gurus Who Created Modern Management and Why Their Ideas are Bad for Business Today. Perseus Books, Cambridge [3 (12)]

Hopp W J, Spearman M L (1996). Factory Physics: Foundations of Manufacturing Management. Irwin McGraw-Hill, Boston [5 (2 14)]

Horn P (2005) The New Discipline of Services Science. BusinessWeek, 21 gennaio 2005. [14 (10)]

Hsu C (2009) Service Science: Design for Scaling and Transformation. World Scientific, Hackensack [10 (1 14)]

Hunt S D (2000) A General Theory of Competition: Resources, Competences, Productivity, Economic Growth. Sage Publications, Thousand Oaks [3 (1 11)]

Huntzinger J R (2007) Lean Cost Management: Accounting for Lean by Establishing Flow. Ross Publishing, Fort Lauderdale [12 (2 9)]

IBM Research (2004) Services science: a new academic discipline? Relazione 120 pp.) di incontro Architecture of On-Demand Business, 17–18 maggio 2004 [14 (10 11 12)]

IfM, IBM (2007) Succeeding through Service Innovation: A Discussion Paper. University of Cambridge Institute for Manufacturing, Cambridge [1 (14)]

Johansson F (2006) The Medici Effect: What Elephants and Epidemics Can Teach Us About Innovation. Harvard Business School Press, Boston [13 (7)]

Johnson S (2001) Emergence: The connected lives of ants, brains, cities, and software. Scribner, Boston [14 (11)]

Johnston D C (2007) Free Lunch: How The Wealthiest Americans Enrich Themselves At Government Expense (And Stick You With The Bill). Portfolio, New York [6 (3)]

Katzan H (2008) Service Science: Concepts, Technology, Management. iUniverse, Bloomington [1 (14)]

Kaufmann D, Kraay A, Mastruzzi M (2003) Governance Matters III: Governance Indicators for 1996–2002. World Bank, World Bank Policy Research Working Paper 3106. http://www.worldbank.org/wbi/governance/pubs/govmatters2001.htm [6 (12)]

Kessler A (2005) How We Got Here: A Slightly Irreverent History of Technology and Markets. Harper Collins, New York [3 (6 9 11 12)]

Khalil T (2000) Management of Technology: The Key to Competitiveness and Wealth Creation. McGraw-Hill, Boston [9 (7 12)]

Kim W C, Mauborgne R (2005) Blue Ocean Strategy: How to Create Uncontested Market Space and Make the Competition Irrelevant. Harvard Business School Press, Boston [7 (12)]

Kwan S K, Freund L (2007) Developing a Service Science, Management and Engineering (SSME) Program at SJSU [13 (14)]

Langlois R N, Robertson P L (1995) Firms, Markets, and Economic Change. Routledge, Londra [3 (6 11)]

Laszlo E (2002) The Systems View of the World. Hampton Press, Cresskill [14 (13)]

Laszlo E (2007) Science and the Akashic Field: An Integrated Theory of Everything. Inner Traditions, Rochester [14 (13)]

Latour B (2007) Reassembling the Social: An Introduction to Actor-Network-Theory (Clarendon Lectures in Management Studies). Oxford University, Oxford [8 (11)]

Levinson M (2006) The Box: How the Shipping Container Made the World Smaller and the World Economy Bigger. Princeton University Press, Princeton [5 (3 9 11)]

Levitt T (1976) The Industrialization of Service. Harvard Business Review 54(5): 63–74 [12 (9)]

Levy F, Murnane R J (2005) The New Division of Labor: How Computers Are Creating the Next Job Market. Princeton University Press, Princeton [3 (11)]

Lewis W W (2004) The Power of Productivity: Wealth, Poverty, and the Threat to Global Stability. University of Chicago Press, Chicago [5 (3 6)]

Lovelock C (2007) Services Marketing: People, Technology, Strategy, 6a ed. Upper Pearson Education, Saddle River [4 (2 8 9 10 11 12 15)]

Lovelock C, Gummesson E (2004) Whither service marketing? In search of a new paradigm and fresh perspectives. Journal of Service Research 7(1): 20–41 [4 (12)]

Lusch R F, Vargo S L (2006) The Service-Dominant Logic of Marketing: Dialog, Debate and Directions. M E Sharpe, Armonk [4 (12 15)]

Lusch R F, Vargo S L, Wessels G (2008) Toward a Conceptual Foundation for Service Science: Contributions from Service-Dominant Logic. IBM Systems Journal 47(1): 5–14 [4 (1 14)]

Maglio P P Spohrer J (2008) Fundamentals of Service Science. Journal of the Academy of Marketing Science 36(1): 18–20 [4 (1 14)]

Maglio P P, Kreulen J, Srinivasan S, Spohrer J (2006) Service systems, service scientists, SSME, and innovation. Communications of the ACM 49(7): 81–85 [14 (1)]

Maglio P P Vargo S L Caswell N, Spohrer J (2009) The service system is the basic abstraction of service science. Information System and E-Business Management 7: 395–406 [1 (14 15)]

Maglio P P, Kieliszewski C A, Spohrer J C (2010) Handbook of Service Science. Springer, New York [1 (14 15)]

Malone T W (2004) The Future of Work: How the New Order of Business Will Shape Your Organization, Your Management Style, and Your Life. Harvard Business School Press, Cambridge [11 (3 6 8 10 12)]

Mandelbaum A, Zeltyn S (2008) Service engineering of call centers; Research, Teaching, and Practice. In: Hefly B, Murphy W (eds) (2008) Service Science Management and Engineer: Education for the 21st Century. Springer, New York, pp. 317–328 [9 (10)]

March J G (1988) Decisions and Organizations. Basil Blackwell, New York [6 (11 12)]

March J G (1991) Exploration and exploitation in organizational learning. Organizational Science 2(1): 71–87 [11 (5 7 12)]

March J, Simon H (1958/2003) Organizations, 2a ed. Blackwell, Cambridge [11 (6 8 12 14)]

March J G (1999) The Pursuit of Organizational Intelligence. Blackwell, Malden [11 (14)]

Marks E A, Bell M (2006) Service-Oriented Architecture: A Planning and Implementation Guide for Business and Technology. Wiley, Hoboken [10 (12)]

Marshall A (1890/2006) Principles of Economics, versione redotta. Cosimo, New York [3 (6 8)]

McGahan A M (2004) How Industries Evolve: Principles for Achieving and Sustaining Superior Performance. Harvard Business School Press, Boston [7 (3 11)]

McKenna C D (2006) The World's Newest Profession: Management Consulting in the Twentieth Century (Cambridge Studies in the Emergence of Global Enterprise). Cambridge University Press, Cambridge [13 (8 11 12 14 15)]

Mendelson H, Ziegler J (1999) Survival of the Smartest: Managing Information for Rapid Action and World-Class Performance. Wiley, New York [12 (10 11)]

Milgrom P, Roberts J (1992) Economics, Organization, and Management. Prentice Hall, Upper Saddle River [3 (11 12)]

Mill J S (1929) Principles of the Political Economy. Longmans Green, Londra (disponibile su Google Books) [3 (6 8)]

von Mises L (1998) Human Action: A Treatise on Economics (Scholars Edition). Ludwig von Mises Institute, Auburn [3 (1 8 15)]

Monahan B, Pym D, Taylor R, Tofts C, Yearworth M (2006) Grand Challenges for Systems and Services Sciences. FET/FP7 Workshop, Brussels, 31 gennaio 2006. Disponibile come HP Labs Technical Report, HPL-2006-99, http://www.hpl.hp.com/techreports/2006/HPL-2006-99.pdf [14 (9 10)]

Moore G (2005) Dealing with Darwin: How Great Companies Innovate at Every Phase of Their Evolution. Portfolio/Penguin Group, New York [7 (11 12)]

Morgan G (1997) Images of Organization. Sage, Thousand Oaks [11 (8)]

Moulton Reger S J (2006) Can Two Rights Make a Wrong? Insights from IBM's Tangible Culture Approach. Pearson/IBM Press, Upper Saddle River [8 (10 11)]

Mulgan G (2006) The Process of Social Innovation. Innovations (primavera): 145–162. http://www.youngfoundation.org [13 (6 7)]

Murmann J P (2006) Knowledge and Competitive Advantage: The Coevolution of Firms, Technology, and National Institutions (Cambridge Studies in the Emergence of Global Enterprise). Cambridge University Press, Cambridge [3 (6 7 8 9 10 11)]

Nagle T T, Holden R K (1987/2002). The Strategy and Tactics of Pricing: A Guide to Profitable Decision Making, 3a ed. Prentice Hall, Upper Saddle River [12 (4)]

Nambisan S, Sawhney M (2008) The Global Brain: Your Roadmap for Innovating Faster and Smarter in a Networked World. Pearson Education, Wharton School Publishing, Saddle River [7 (6 11 12)]

Neftci S N (2004) Principles of Financial Engineering. Elsevier, New York [9 (12 15)]

Nelson R R, Winter S G (1982) An Evolutionary Theory of Economic Change. Harvard University Press, Cambridge [3 (8 14)]

Newnan D G, Lavelle J P, Eschenbach T G (2003) Essentials of Engineering Economics, 2a ed. Oxford University Press, Oxford [9 (3 12)]

Normann R (2001) Reframing Business: When the Map Changes the Landscape. Wiley, Chichester [1 (2 4 6 7 8 12 13 14 15)]

Norman D A (1993) Things That Make Us Smart: Defending Human Attributes in the Age of the Machine. Addison Wesley, New York [7 (8 9)]

North D C (2005) Understanding the process of economic change. Princeton University Press, Princeton [1 (3 6 11 15)]

Ormerod P (2005) Why Most Things Fail: Evolution, Extinction, and Economics. Faber and Faber, Londra [3 (11 12)]

Ostrom A L, Bitner M J, Brown S W, Burkhard K A, Goul M, Smith-Daniels V, Demirkan H, Rabinovich E (2010) Moving Forward and Making a Difference: Research Priorities for the Science of Service. Journal of Service Research 13(1): 4–36 [1 (14)]

Palmisano S J (2006) The Globally Integrated Enterprise. Foreign Affairs (maggio/giugno): 127–136 [11 (12)]

Park C S (2004) Fundamentals of Engineering Economics. Pearson, Upper Saddle River [9 (2 3 12)]

Penrose E (1959/1995) The Theory of the Growth of the Firm, 3a ed. Oxford University Press, Oxford [3 (8 11 12)]

Pine II B J, Gilmore J H (1999) The Experience Economy: Work is Theatre and Every Business a Stage. Harvard Business School Press, Boston [7 (3 4 8 12)]

Porat M U (1977) The Information Economy: Definition and Measurement. US Department of Commerce, Office of Telecommunications, OT Special Publication (1): 77–120 [3 (8 10 11)]

Prahalad C K (2004) The Future of Competition. Co-Creating Unique Value with Customers. Harvard Business School Press, Boston [7 (4)]

Prencipe A, Davies A, Hobday M (2005) The Business of Systems Integration. Oxford University Press, Oxford [9 (3 11 12)]

Quinn J B, Baruch J J, Paquette P C (1987) Technology in Services. Scientific American 257(2) [9 (4 10 11 12)]

Quinn J B, Paquette P C (1990) Technology in services: Creating organizational revolutions. Sloan Management Review 31(2): 67–78 [11 (4 9 10 12)]

Ricardo D (1817/2004) The Principles of Political Economy and Taxation. Dover Publications, Mineola [1 (3 6 8 9 12)]

Richardson P J, Boyd R (2005) Not By Genes Alone: How Culture Transformed Human Evolution. University of Chicago Press, Chicago [8 (3 10)]

Riordin J (1962) Stochastic Service Systems. Wiley, New York [14 (1 5 9)]

Roberts J (2004) The Modern Firm: Organizational Design for Performance and Growth. Oxford University Press, Oxford [11 (3 6 8 12 15)]

Roughgarden T (2005) Selfish Routing and the Price of Anarchy. MIT Press, Cambridge [1 (3 5 6 8 9 10 11)]

Rouse W B (2006) Enterprise Transformation: Understanding and Enabling Fundamental Change. Wiley, Hoboken [14 (2 8 9 10 11 12)]

Rust R, Zeithaml V, Lemon K (2000) Driving Customer Equity: How Customer Lifetime Value is Reshaping Corporate Strategy. Free Press, New York [4 (12 15)]

Sampson S E (2001) Understanding Service Businesses: Applying Principles of the Unified Services Theory, 2a ed. Wiley, New York [2 (4 5 12 14 15)]

Sampson S E, Froehle C M (2006) Foundations and Implications of a Proposed Unified Services Theory. Production and Operations Management 15(2): 329–343 [14 (4 5 12)]

Sawyer R K (2005) Social Emergence: Societies as Complex Systems. Cambridge University Press, Cambridge [14 (6 8 11)]

Say J B (1821) A Treatise on the Political Economy. Wells and Lilly, Boston (disponibile su Google Books) [6 (3)]

Scheer A, Spath D (2004) Computer-Aided Service Engineering. Springer, Berlino [in tedesco] [9 (7)]

Schmenner R W (1986) How Can Service Businesses Survive and Prosper? Sloan Management Review 27(3) [2 (4 5 12)]

Schmitt B H (2003) Customer Experience Management: A Revolutionary Approach to Connecting With Your Customers. Wiley, Hoboken [4 (7 12)]

Schneider B, Bowen D E (1995) Winning the Service Game. Harvard Business School Press, Boston [4 (8 11 12)]

Schneider B, White S S (2003) Service Quality: Research Perspectives. Sage, Thousand Oaks [4 (8 11 12)]

Scott W R (1981/2003) Organizations: Rational, Natural, and Open Systems, 5a ed. Prentice Hall, Upper Saddle River [11 (6 12)]

Seabright P (2005) The Company of Strangers: A Natural History of Economic Life. Princeton University, Princeton [3 (8 11)]

Sen A (2000) Development As Freedom. Anchor/Random House, New York [3 (6 8 11 13 15)]

Sepulveda J A, Souder W E, Gottfried B S (1984). Theory and Problems of Engineering Economics. McGraw Hill/Schaum's Outline Series, New York [9 (2 3 12)]

Shostack G L (1982) How to Design a Service. European Journal of Marketing 16(1): 49–63. [7 (2 4 8 15)]

Simon H A (1945/1997) Administrative Behavior: A study of decision-making processes in administrative organizations. Free Press, New York [11 (3 6 8 10 12 14)]

Slywotzky A, Wise W, Weber K (2003) How to Grow When Markets Don't. Warner Business Books, New York [7 (4 11 12)]

Smith A (1776/1904) An Inquiry into the Nature and Causes of the Wealth of Nations. W Strahan & T Cadell, Londra [3 (1 5 8 11)]

Solow R (1956) A Contribution to the Theory of Economic Growth. Quarterly Journal of Economics (febbraio) [3 (5 6 7 8 9 10 11 12)]

Spath D (2007) Advances in Services Innovations. Springer, New York [7 (2 9)]

Spitzer D R (2007) Transforming Performance Measurement: Rethinking the Way We Measure and Drive Organizational Success. American Management Association, New York [1 (4 5 6 7 8 11 12)]

Spohrer J, Anderson L, Pass N, Gruhl D (2008) Service Science. The Journal of Grid Computing [10 (1)]

Spohrer J, Kwan S K (2008) Service Science, Management, Engineering, and Design (SSMED): Outline & References. In: Ganz W, Spath D (eds) (2008) The Future of Services – Trends and Perspectives. Fraunhofer-Institut Arbeitswirtschaft und Organisation, Stoccarda

Spohrer J, Maglio P P (2008) The emergence of service science. Production and Operations Management 17(3): 238–246 [14 (13)]

Spohrer J, Maglio P P, Bailey J, Gruhl D (2007) Towards a Science of Service Systems. Computer 40(1): 71–77 [1 (14 15)]

Spohrer J, Riecken D (2006) Special Issue: Services science. Communications of the ACM 49(7): 30–87 [14 (3 4 5 6 7 8 9 10 11 12 13)]

Spohrer J, Maglio P P, McDavid D, Cortada D (2006) NBIC Convergence and Coevolution: Towards a Services Science to Increase Productivity Capacity. In: Bainbridge W W, Roco M C (eds) (2006) Managing Nano-Bio-Info-Cogno Innovations. Springer, Dordrecht [14 (3 9)]

Spohrer J, Vargo S, Maglio P M, Caswell N (2009) The service system is the basic abstraction of service science. HICSS Conference [1 (14)]

Spohrer J, Kwan S K (2009) Service Science, Management, Engineering, and Design (SSMED): An Emerging Discipline – Outline & References. International Journal of Information Systems in the Service Sector 1(3): 1–3 [10 (1 14)]

Spohrer J C, Maglio P P (2010a) Service Science: Toward a Smarter Planet. In Introduction to Service Engineering. Wiley, Hoboken [9 (1 14)]

Spohrer J C, Maglio P P (2010b) Toward a Science of Service Systems: Value and Symbols. Handbook of Service Science, Springer, New York, pp. 157–195 [1 (14)]

Spohrer J C (2011) Service Science: Transdiscipline & Profession. In: Bainbridge W S (ed) (2011) Leadership in Science & Technology. Sage, Thousand Oaks [6 (1 8 14)]

Spohrer J C, Murphy W (2011) Service Science. In: Encyclopedia of Operations Research [5 (1 14)]

Spohrer J C, Demirkan H, Krishna V (2011) Service and Science. Science of Service Systems, Springer, New York [1 (14)]

Spohrer J, Golinelli G M, Piciocchi P, Bassano C (2010) An Integrated SS-VSA Analysis of Changing Job Roles. Service Science 2(1,2): 1–20 [6 (1 13 14)]

Stacey R D (2003) Strategic Management and Organizational Dynamics: The Challenge of Complexity, 4a ed. Prentice Hall/Pearson Education, Harlow [12 (11 14)]

Stauss B, Engelmann K, Kremer A, Luhn A (2008) Services Science: Fundamentals, Challenges, and Future Developments. Springer, Berlino [9 (1 14)]

Sterman J D (2000) Business Dynamics: Systems Thinking and Modeling for a Complex World. McGraw-Hill, Irwin, Boston [13 (1 2 3 4 5 6 7 8 9 10 11 12 14 15)]

Subramanian K (2000) The System Approach: A Strategy to Survive and Succeed in the Global Economy. Modern Machine Shop/Hanser Gardner Publications, Cincinnati [14 (12)]

Taleb N N (2004) Fooled by Randomness: The Hidden Role of Chance in Life and in the Markets, 2a ed. Texere/Thomson, New York [12 (8)]

Tapscott D (2003) The Naked Corporation: How the Age of Transparency Will Revolutionize Business. Free Press, New York [11 (2 6 10 12)]

Tapscott D, Williams A D (2006) Wikinomics: How Mass Collaboration Changes Everything. Portfolio/Penguin, New York [6 (3 4 8 10 11 12)]

Teboul J (2006) Service Is Front Stage: Positioning Services for Value Advantage INSEAD Business Press, Palgrave MacMillan, Houndmills, New York [2 (4 5 12 15)]

Tien J M, Berg D (sottoposto a review) On Services Research and Education. Journal of Systems Science and Systems Engineering [14 (13)]

Tien J M, Berg D (2007) A Calculus for Services Innovation. J Sys Sci Syst Eng 16(2): 129–165 [7 (13 14)]

Triplett J E, Bosworth B P (2004) Productivity in the U.S. Services Sector: New Sources of Economic Growth. The Brookings Institute, Washington [5 (3 8 11)]

Vargo S L, Akaka M (2009) Service Dominant Logic as a Foundation for Service Science: Clarifications. Service Science 1(1): 32–41 [4 (1 14)]

Vargo S L (in stampa) On A Theory of Markets And Marketing: From Positively Normative To Normatively Positive. Australasian Marketing Journal [4 (3)]

Vargo S L, Lusch R F (2004) Evolving to a New Dominant Logic for Marketing. Journal of Marketing 68: 1–17 [1 (3 4)]

Vargo S L, Lusch R F (2006) Service-Dominant Logic: What It Is, What It Is Not, What It Might Be. In: Lusch R F, Vargo S S (eds) (2006) The Service-Dominant Logic of Marketing: Dialog, Debate, and Directions. M E Sharpe, Armonk [4 (1 3)]

Vargo S L, Lusch R F (in stampa) From Goods To Service(s): Divergences And Convergences Of Logics. Industrial Marketing Management [4 (1 3)]

Vargo S L, Lusch R F (in stampa b) Service-Dominant Logic: Further Evolution. Journal of the Academy of Marketing Science [4 (1 3)]

Vargo S L, Morgan F W (2005) An Historical Reexamination of the Nature of Exchange: The Service-Dominant Perspective. Journal of Macromarketing 25(1): 42–53 [4 (1 3)]

Wallin J (2006) Business Orchestration: Strategic Leadership in the Era of Digital Convergence. Wiley, Hoboken [12 (6 9 10 11)]

Watts D J (2003) Six Degrees: The Science of a Connected Age. W W Norton & Company, New York [14 (1 15)]

Weber S (2004) The Success of Open Source. Harvard Business Press, Cambridge [6 (10)]

Weber M (1978) Economy and Society. University of California Press, Berkeley [3 (6 8 11)]

Weinberg G M (1975/2001) An Introduction to General Systems Thinking (Silver Anniversary Edition). Dorset House Publishing, New York [14 (13 15)]

Williamson O E (1985) The Economic Institutions of Capitalism. Free Press, New York [6 (3 8 12)]

Williamson O E (1999) The Mechanisms of Governance. Oxford University Press, Oxford [6 (1 3 11 12 15)]

Wilson E O (1998) Consilience: The Unity of Knowledge. Borzoi/Knopf, New York [14 (8)]

Womack J P, Jones D T (2005) Lean Solutions: How Companies and Customers Can Create Value and Wealth Together. Free Press, New York [5 (2 4 8 11 12 15)]

Woods B M, Degarmo E P (1953/1959) Introduction to Engineering Economy, 2a ed. Macmillan, New York [9 (2 3 12)]

Wooldridge M (2002) An Introduction to MultiAgent Systems. Wiley, Chichester [10 (1 2 6 8 11 13 14 15)]

Wright R (2000) Non-Zero: The Logic of Human Destiny. Vintage/Random House, New York [3 (6 1)]

Yoshikawa H (2008) Introduction to Service Engineering. Synthesiology English Edition 1(2): 103(31)–113(41) [9 (1 14)]

Young H P (1998/2001) Individual Strategy and Social Structure: An Evolutionary Theory of Institutions. Princeton University Press, Princeton [11 (1 3 6 8 12 14 15)]

Zeitham V A, Bitner M, Gremler D D (2006) Services Marketing: Integrating Customer Focus Across the Firm, 4a ed. McGraw-Hill Irwin, New York [4 (2 15)]

ESPERIENZA INNOLAB
Nuovi metodi di pagamento (M-Payments)

Master MAINS, a. a. 2008/2009
Soggetti coinvolti nell'InnoLab:
Allievi – Paola Costantino, Jari Petroni e Francesco Piccioli Cappelli
Aziende – Intesa Sanpaolo, Banca CR Firenze, Ericsson Telcomunicazioni, Telecom Italia e SIA-SSB
Docenti – Roberto Barontini e Giuseppe Turchetti

1. Il problema ...

Dopo l'era dell'e-commerce è l'm-commerce (mobile commerce, commercio mobile) ad aver conquistato negli ultimi tempi un segmento non irrilevante del mercato. Il telefono cellulare è diventato un oggetto di uso quotidiano dal quale gli utenti non si separano praticamente mai. Banche, gestori di telefonia mobile, operatori di rete e altri mediatori hanno messo a punto numerosi sistemi di pagamento adatti a tali device mobili, con il risultato che in molti casi oggi i pagamenti si possono effettuare non più con denaro contante, carta di credito o trasferimento bancario, bensì comodamente dal telefono cellulare.

Le potenzialità del business risiedono prevalentemente nell'elevata penetrazione raggiunta dal telefono cellulare. Nei Paesi sviluppati o emergenti la quasi totalità della popolazione è dotata di cellulare. Inoltre, anche nei momenti in cui non viene utilizzato per telefonate o altri servizi, il telefono rimane a portata di mano del possessore, quindi, al momento di un acquisto, è sempre disponibile come o più di altri strumenti di pagamento.

Un fattore chiave per le aziende che investiranno nel mercato degli m-payments è raggiungere la massa critica di clienti, e di conseguenza riuscire a generare profitti il prima possibile per compensare gli investimenti sostenuti per l'entrata nel settore. Per questa ragione le prime applicazioni ad essere lanciate dovranno focalizzarsi sui benefici primari degli m-payments per i clienti, ossia flessibilità e convenienza.

In questo contesto si è svolto il laboratorio che ha avuto come finalità quella di analizzare e sviluppare un servizio di pagamento innovativo basato sull'utilizzo del dispositivo mobile, in alternativa alle modalità tradizionali quali l'uso del contante, delle carte di credito/debito, bonifici bancari, ecc. In particolare il lavoro del team, avendo definito il perimetro di una possibile applicazione dell'M-Payment, si è focalizzato nella preparazione di un business case con l'intenzione di fornire spunti concreti per potenziali collaborazioni tra le aziende partner del progetto.

2. Modalità di sviluppo del lavoro

Il team di lavoro ha ricercato i possibili ambiti di applicazione riguardanti il progetto Mobile-Payment: l'analisi si è basata prevalentemente sullo *screening* del materiale raccolto (informazioni su casi successo e non) e sull'individuazione di variabili chiave nel tentativo di delineare i principali fattori critici di successo per ogni scenario.

Il programma di lavoro è proseguito con una successiva focalizzazione su una singola applicazione, ritenuta maggiormente vantaggiosa sia in termini economici che strategici, al fine di redigere il relativo *Business Plan* da presentare ad un ipotetico *Venture Capital*.

L'intenzione era quella di fornire input concreti per lo sviluppo potenziale di un progetto imprenditoriale che aprisse nuove opportunità di mercato ancora inesplorate e altamente profittevoli.

A seguito del lavoro svolto dal team è stato deciso di sviluppare una business idea relativa all'applicazione del Mobile Payment nell'ambito della grande distribuzione (GDO). Per tale motivo è stata anche coinvolta COOP Italia, in modo tale da poter sviluppare il *business case*.

L'idea è stata quella di analizzare i bisogni insoddisfatti e i servizi offerti alla clientela di COOP in maniera tale da implementarli con l'utilizzo dell'M-Payment. In seguito si è cercato di valutare il business potenziale del Mobile Payment nell'ambito di applicazione della GDO analizzando differenti scenari attraverso un set di possibili servizi che costituiscono il riferimento per mappare il modello di business.

3. Soluzione proposta

Per sviluppare la business idea sono stati analizzati i bisogni della GDO, i quali sono risultati essere: una riduzione costi operativi e amministrativi di gestione, il decongestionamento file alle casse con il conseguente aumento del *turnover*, la fidelizzazione del cliente intesa anche come *customer satisfaction* (miglioramento del livello di servizio) e l'aumento della *customer base* mediante l'acquisizione nuovi soci e l'immagine aziendale.

Analogamente sono stati analizzati i bisogni dei clienti, che sono risultati essere: la comodità intesa come la possibilità di aggregare molteplici funzionalità in un unico strumento, l'usabilità con servizi *user-friendly* rapidi da fruire senza timore di commettere errori, la trasparenza ovvero l'accesso alle informazioni e la visibilità delle transazioni, la conoscenza chiara dei costi, la sicurezza e la protezione contro frodi e furti, la standardizzazione mediante la scalabilità dei servizi offerti attraverso tecnologie e procedure standardizzate e l'integrazione con servizi che costituiscano una piattaforma abilitante per l'attivazione di altri servizi.

Il programma ha previsto una successiva focalizzazione su una serie di servizi (primario e accessori a valore aggiunto), ritenuta maggiormente vantaggiosa sia in termini economici che strategici.

Il servizio primario è stato definito in termini di creazione di un circuito chiuso interno sul quale effettuare il servizio di pagamento via telefono mobile in modalità *contactless*.

Tale servizio risulta essere vantaggioso per la GDO poiché soddisfa le esigenze di riduzione costi di gestione del denaro in ottica di eliminazione delle commissioni e dell'attuale "war on cash"; di minimizzazione delle attività di gestione grazie alla virtualizzazione delle carte e di fidelizzazione attraverso incisive iniziative di marketing.

Poiché un fattore chiave per le aziende che investiranno nel mercato degli m-payments è raggiungere la massa critica di clienti, nell'ambito di un circuito chiuso è ipotizzabile attivare meccanismi incentivanti all'uso del Mobile Payment, quali ad esempio acceleratori di punti fedeltà, ricarica del credito telefonico, buoni spesa e salvadanaio virtuale.

La *servitization* dei prodotti

D. Dalli e R. Lanzara

Il capitolo fornisce una disamina ed un aggiornamento rispetto alle pratiche aziendali sul fenomeno della servitizzazione, ovvero il graduale, ma significativo incremento della dimensione di servizio nelle relazioni cliente-fornitore, con particolare riferimento alle aziende manifatturiere.
La fornitura di servizi, tradizionalmente indicati come "accessori" alla vendita, è un elemento che da tempo appartiene alla letteratura di marketing e di general management e nel capitolo saranno presi in rassegna i principali contributi che appartengono a questa tradizione.
A seguito della rassegna saranno considerati i recenti contributi nel campo della service science che suggeriscono un progressivo bilanciamento, nell'ambito dell'offerta al mercato, delle dimensioni di prodotto (tangibili) e di servizio (intangibili). In particolari condizioni si può addirittura assistere a un vero e proprio ribaltamento di prospettiva: dalla logica di prodotto alla logica di servizio. Sviluppando la servitizzazione le imprese non sarebbero più o soltanto detentrici di un vantaggio competitivo di prodotto o di tipo manifatturiero, ma tenderebbero ad aumentare in quantità e varietà le fonti di valore offerti al cliente: servizi, immagine, design, brand, distribuzione, informazione.

2.1
Cosa si intende per *servitization*

Il termine *servitization* è stato coniato da Vandermerwe e Rada (1988): nel corso degli anni ottanta il processo di integrazione dei servizi nei pacchetti di offerta è stato talmente profondo e pervasivo che tali elementi non sono stati più considerati come accessori di un valore aggiunto di origine essenzialmente manifatturiero e di prodotto, quanto elementi integranti e fondanti di tale valore. Questa tendenza si esprime compiutamente grazie ai contributi di Vargo e Lusch (2004) e di Chesborugh e Spohrer (2006) che ribaltano la prospettiva tradizionale (il nucleo del valore percepito dal cliente è il prodotto) in una vera e propria "nuova logica" di valutazione: il cliente cerca soluzioni e quindi servizi e non oggetti fisici. Cerca risorse da tradurre in prestazioni e pertanto è interessato alle dimensioni immateriali del servizio piuttosto che alle caratteristiche tangibili: sarebbe questa la "new service dominant logic" che, secondo Vargo e Lusch, costituisce l'esito finale del lungo processo di servitizzazione a cui le imprese e gli studiosi hanno lavorato negli ultimi 20 anni.

Lo spostamento verso la componente di servizio consentirebbe di ottenere tre risultati principali: 1) spostare il confronto competitivo lontano dal prezzo e alzare barriere alla concorrenza, 2) alzare i costi di sostituzione da parte dei clienti, generando una maggiore fedeltà, 3) aumentare il livello di differenziazione. Oltre a spiegazioni di natura strategica e competitiva, esistono elementi legati alla struttura economica di molti settori, ad esempio quelli legati ai beni durevoli in cui la differenziazione e la competitività passano attraverso la gestione del parco prodotti esistenti (e dei relativi servizi), prima ancora che dalle vendite di prodotti nuovi (Wise, Baumgartner 1999). Ed esiste anche una spiegazione legata alla tutela ambientale e alla garanzia della sostenibilità dei processi e dei prodotti: investire sulla dimensione del servizio sembrerebbe garantire risultati positivi in tal senso (Goedkoop et al. 1999).

La servitizzazione della produzione industriale emerge anche dai dati aggregati in una misura mai raggiunta in passato: dei 138 Paesi censiti nel rapporto 2010-2011 del World Economic Forum (2010), ben 98 presentano un livello del prodotto nazionale lordo che proviene dall'economia dei servizi per più del 50%. In 25 Paesi il rapporto supera il 70%. In Italia è pari al 71%, mentre in Germania raggiunge il 69%, nel Regno Unito il 76%, negli USA il 77% e in Francia il 78%.

Dalla fine degli anni ottanta intorno alla servitizzazione si sviluppa un dibattito che segue sostanzialmente due filoni, la letteratura di *manufacturing e operations* e quella di *marketing dei servizi*. La prima sviluppa evidenze empiriche e modelli interpretativi per descrivere e spiegare come i processi produttivi stessero cambiando e dovessero ulteriormente cambiare per accogliere le sfide della servitizzazione (Bains et al. 2009; Schmenner 2009). In questa prospettiva, la transizione dalla produzione di prodotti alla fornitura di servizi costituisce una sfida anzitutto sul piano manageriale (Oliva, Kallenberg 2003, p.161), una sfida che riguarda la cultura organizzativa delle imprese prima ancora delle prassi manageriali, le quali, peraltro, sono messe in discussione, a partire dalla logica di determinazione e riscossione del prezzo che si sposta verso la logica del *subscription pricing model* e quindi delle relazioni di scambio durevoli.

La necessità di intervenire sulla cultura organizzativa porta con sé il bisogno di intervenire sulle competenze e quindi sui processi formativi del personale che – nella logica della servitizzazione – devono essere 'convertiti' alla logica del servizio o dell'integrazione tra prodotto e servizio. Se, ad esempio, si sposta l'attenzione dalla vendita spot del prodotto alla vendita del prodotto integrata da un sistema di servizi pre e post-vendita ci si muove da una logica transazionale, orientata al perfezionamento di un singolo scambio, a una logica relazionale che presuppone un'interazione prolungata con il cliente che, secondo questa prospettiva, assume al tempo stesso i tratti dell'acquirente e del partner che collabora in una prospettiva di medio-lungo periodo a sviluppare il business e ad arricchirlo con contributi soggettivi. La dimensione intangibile dell'economia dei servizi e la sua natura eminentemente relazionale richiedono un *mindset* specifico (Fitzsimmons, Fitzsimmons 2008) che deve essere formato o ri-formato in caso di carenze organizzative. Le iniziative come quella del Master Mains e il presente volume costituiscono importanti punti di riferimento in questa direzione.

L'impatto della servitizzazione non si esaurisce nell'ambito dei confini dell'impresa soggetto del processo, ma ha implicazioni più ampie. Un'efficace processo di servitization, infatti, richiede il coordinamento di sistemi produttivi e di servizio, di fornitura di accessori e componenti e di manutenzione, di servizi logistici, ecc. (Slack et al. 2004). Mentre il prodotto è più spesso realizzato e fornito da una sola o poche imprese, i servizi che risultano via via integrati attraverso la servitizzazione devono essere messi a disposizione da organizzazioni e imprese diverse (Cohen et al. 2006). È pertanto necessario gestire la complessità derivante dall'integrazione di catene del valore in precedenza separate e in cui l'equilibrio e le relazioni devono essere adeguate continuamente in base alle esigenze del processo di servitizzazione. L'efficacia del processo, pertanto, passa attraverso l'integrazione e il coordinamento di soggetti, processi e funzioni che attraversano catene del valore distinte, ma collegate tra loro, che forniscono prodotti, componenti, ricambi, aggiornamenti, servizi di manutenzione, supporto, consulenza e formazione (Johnson, Mena 2008).

Il filone di marketing dei servizi contribuisce a valorizzare la dimensione di servizio nel rapporto con la domanda finale e intermedia. Nel caso della domanda finale si sono approfonditi i servizi che consentono di trasferire valore al consumatore integrando gli elementi di prodotto. Nel caso della domanda intermedia si sono sviluppate analisi che riguardano i settori business-to-business e il trade marketing. In questi contesti si sviluppano dinamiche relazionali e di networking che si ricollegano direttamente o indirettamente alla tradizione nord-europea nell'ambito del marketing (Håkansson 1982; Håkansson, Snehota 1995; Gronroos 2000; Gummesson 2002).

Nella logica relazionale e di network, il valore nasce dall'interazione tra fornitori e clienti: è nell'ambito del rapporto tra cliente e fornitore che si genera il valore dello scambio e ciò dipende soprattutto dalla capacità di ognuna delle due parti di sviluppare il modello di business dal proprio punto di vista, il fornitore mettendo a disposizione del cliente opportunità e risorse, il cliente indirizzando l'offerta del fornitore verso le proprie necessità più significative in ciò "valorizzando" l'offerta. In questo processo la dimensione *hard* dell'offerta (il prodotto) perde progressivamente di rilievo in quanto rigida e pre-definita rispetto al momento dello scambio e acquistano importanza le dimensioni *soft*, ovvero i servizi i quali, in quanto intangibili, non immagazzinabili e soprattutto altamente specifici rispetto al contesto dello scambio e alle esigenze delle parti in gioco, mettono a disposizione del cliente e del fornitore gli strumenti necessari ad aumentare il valore dell'offerta.

In linea generale, la servitizzazione presuppone importanti cambiamenti nell'organizzazione della produzione e della *value chain*, nel rapporto con il cliente (comunicazione e vendite) e una riconsiderazione del processo di determinazione del valore di mercato. L'evoluzione forse più importante che si osserva nel dibattito di marketing è quella relativa al ruolo del cliente nel processo di mercato e alle logiche con cui si viene a determinare il valore di scambio.

In effetti, se si guarda agli sviluppi più recenti della letteratura di marketing in questo campo (Vargo, Lusch 2004; Lusch, Vargo 2006a/2006b), la tendenza a una progressiva crescita della dimensione di servizio assegna al cliente un ruolo diverso e più costruttivo rispetto al passato all'interno del processo di mercato. Sia nell'ambito del b-to-c, sia nel b-to-b e b-to-t (busines-to-trade), il cliente non è più considerato come colui che paga in denaro una fornitura di beni e servizi pre-definita. Il processo che conduce alla determinazione di questa fornitura prevede un ruolo importante e costruttivo proprio da parte del cliente. Ciò vale nel campo dei prodotti e in quello dei servizi. Vale per i consumatori finali, per i clienti industriali e per gli intermediari commerciali. In tutti questi contesti, il cliente svolge un ruolo attivo che comincia spesso molto "presto" se seguiamo la dinamica temporale con cui si imposta abitualmente la catena del valore, ovvero dalle fasi relative all'innovazione di prodotto. Attraverso molteplici procedure e prassi, il cliente risulta coinvolto nello sviluppo del prodotto (Prahalad, Ramaswamy 2004; Prandelli, Verona 2006), nella definizione delle leve del marketing mix (Muñiz, Schau 2007) e anche nelle attività di introduzione del prodotto sul mercato (Manolis et al. 2001). E assume un ruolo determinante anche nel post-acquisto, quando i prodotti e i servizi hanno lasciato il dominio del fornitore e sono materialmente gestiti dai clienti i quali interagiscono tra di loro e con altre istituzioni nella fase di consumo che è quella in cui si determina la loro soddisfazione (Kozinets et al. 2010).

In sintesi, la letteratura rilevante in tema di servitizzazione riguarda sia la dimensione manifatturiera per ciò che riguarda l'organizzazione della produzione all'interno dell'impresa e tra imprese, sia la dimensione di marketing, commerciale e di comunicazione. Sotto queste prospettive, le imprese che si avviano lungo la strada della servitizzazione sono obbligate a mettere in discussione il proprio modello organizzativo, i rapporti con altre imprese, e a riconfigurare le relazioni con la clientela, assegnando a quest'ultima un ruolo costruttivo e partecipativo. Nelle sezioni successive si delineano le principali direttrici della servitizzazione per ciò che riguarda i suoi effetti sulle politiche di marketing.

2.2
La componente di servizio nel marketing di prodotto

"Un prodotto può essere ragionevolmente definito come la somma della soddisfazione fisica, psicologica e sociale che l'acquirente ricava dall'acquisto, dal possesso e dal consumo" (Peter, Donnelly, Pratesi 2008, p. 142). I prodotti sono dunque oggetti molto complessi le cui dimensioni di marketing non si esauriscono solo negli aspetti materiali, nelle loro caratteristiche chimico-fisiche-merceologiche, ma si estendono al mondo dei loro significati legati al design, al colore ed alla marca incorporando nel sistema anche i servizi ad esso connessi che comprendono tutte quelle attività che precedono, accompagnano e seguono la vendita stessa. In effetti il Marketing, come disciplina e filosofia, ha sempre considerato il servizio come un elemento chiave dell'offerta, passando però dal concetto di servizio aggiunto al concetto di servizio integrato e facente parte del prodotto stesso come un insieme inscindibile e unitario. Alcuni autori parlano a questo proposito di prodotto allargato (*augmented product*), comprendendo in tale concetto servizi quali ad esempio la garanzia, l'installazione, la consegna e le condizioni di pagamento, il servizio clienti, l'assistenza post-vendita, ecc. (Dibb et al. 1998).

In realtà il sistema di possibili servizi che ruotano intorno al prodotto fa leva sopratutto sulle infinite possibilità che offre la relazione che si instaura fra un'impresa e i suoi clienti, e costituisce una fonte inesauribile di opportunità di differenziazione dell'offerta. La letteratura di Marketing insegna che non "esiste una *value proposition* di base indifferenziata con specifiche standard" e dunque "che non esistono le commodity" (Valdani, Ancarani 2009, p. 101): tutte le imprese hanno dunque la possibilità di differenziare la propria offerta. È logico ritenere che la possibilità di differenziare un prodotto dipenda in parte dalle sue caratteristiche fisiche: prodotti mediamente complessi, come un elettrodomestico o un'auto, offrono possibilità di differenziazione decisamente maggiori rispetto ad una materia prima, come il carbone, od anche rispetto a dei prodotti alimentari come il mais o genericamente la frutta.

Ma le opportunità di differenziazione sono legate sempre di più, oltre che alla componente tangibile o ai valori semantici e simbolici dei prodotti come la marca e il design, anche, come già detto, alle infinite possibilità che emergono dal sistema di relazioni con il cliente, che vanno molto al di là del tradizionale concetto di prodotto allargato e quindi superano la soglia dei servizi più tradizionali.

D'altra parte il consumatore quando si accinge all'acquisto di un prodotto cerca sul mercato una soluzione alle proprie esigenze, ai propri problemi, ai propri desideri, per cui dal lato dell'offerta le imprese si pongono sul mercato come operatori di *problem solving*. Non è un caso dunque che, come Day (2004) riporta, il 63% delle 100 imprese in vetta alla classifica Fortune dichiari di vendere soluzioni piuttosto che beni e servizi. I prodotti allora, come strumenti per risolvere i problemi, si smaterializzano fino al punto tale che può dirsi che nessuno oggi compra o vende letti ma *riposo*, nessuno vende o compra prodotti di arredo-bagno ma *benessere*, od ancora nessuno vende o compra cucine ma, a seconda delle esigenze specifiche del consumatore, *fast food, slow food* od anche *haute cuisine*.

In questo contesto l'attività di vendita tende a distaccarsi dai tradizionali modelli nei quali è centrale il semplice trasferimento oneroso del prodotto/merce, ma si allarga a comprendere anche tutte le attività di analisi dei bisogni specifici, delle particolari modalità di uso e di consumo dei prodotti da parte del consumatore, facendo leva su una sempre più spinta e focalizzata segmentazione del mercato. Il cliente tende a trasformarsi da soggetto passivo del processo in un soggetto che partecipa attivamente all'individuazione della soluzione più adatta per i suoi problemi e per le sue esigenze. Alcuni autori hanno parlato a questo proposito apertamente di *consultative selling* (Hanan 1970/2004), intendendo con tale termine un processo di vendita in cui l'impresa si trasforma in una *società di consulenza* e si propone sul mercato non più come semplice offerente, ma come specialista nell'individuazione delle particolari esigenze dei consumatori, formulando proposte innovative e differenziate.

CASI AZIENDALI

Il negozio Satoma a Cecina in provincia di Pisa è un classico caso di successo di consultative selling. Nato originariamente come negozio specializzato in attrezzature agricole e per il giardinaggio, Satoma, facendo leva sull'abbigliamento e le attrezzature equestri (l'allevamento di cavalli da corsa e da trotto di livello mondiale è una tradizione locale), si è oggi trasformato in un punto vendita delle principali marche casual e country, come Barbour, Timberland, Clarks, Beretta, Polo Ralph Lauren, Marlboro Classics, ecc., e di altri articoli tipici dell'abbigliamento toscano-maremmano, con una clientela nazionale ed internazionale ottenuta attraverso una serie di fortissime relazioni che il proprietario, appassionato cacciatore, ha saputo coltivare con le antiche famiglie nobiliari locali, presenti da tempo nell'allevamento di cavalli da corsa, ed oggi leader mondiali nella produzione di vino. Oggi Satoma è diventato una *window* dove le principali marche sperimentano le nuove collezioni, ed un punto di osservazione delle nuove tendenze e dei nuovi gusti emergenti. Parlare però di punto vendita è limitativo: scopo principale del proprietario e del personale addetto "non è infatti vendere, ma consigliare il cliente, anche contro le sue richieste, orientandolo verso le soluzioni più adatte o verso le marche più congruenti con il suo stile di vita [...]. Si stabilisce così una relazione in cui prevale il dialogo ed anche una sorta di familiarità. [...] può darsi che il contatto si concluda con un nulla di fatto, ma nella maggior parte dei casi il cliente ritorna" (Santini 2004).

Dunque il servizio di consultative selling diventa in molti casi parte integrante di tutte le azioni che l'impresa porta avanti con l'obiettivo di migliorare la *customer satisfaction*, anche attraverso una caratterizzazione sempre più spinta della propria offerta.

Vi sono poi dei casi in cui l'impresa manifatturiera, nell'ambito delle proprie strategie di diversificazione allarga il proprio business estendendolo ai servizi ad esso più direttamente riconducibili. La *value proposition* in questo caso si sviluppa in una logica di arricchimento/aggregazione di servizi, anche molto diversi dalla concezione originaria del business, ma comunque con essa sempre congruenti.

CASI AZIENDALI

Il Pastificio Rana S.p.A. opera da anni nel campo della produzione di pasta fresca, passando da una dimensione iniziale tipicamente artigianale ad una produzione industriale con un fatturato che nel 2007 ha superato i 300 milioni di euro. Recentemente ha siglato un accordo con la catena francese Casinò Cafeteria per l'apertura di almeno 100 ristoranti con l'insegna "La trattoria di Giovanni Rana", entrando a tutto titolo con le proprie linee di prodotti nel settore dei servizi di ristorazione (www.rana.it).

Il servizio diventa in questo caso uno strumento di allargamento del business ma sempre in modo coordinato e coerente con quello che Levitt (1986) definisce il concetto di *prodotto fisico generico*, che "rappresenta e definisce le condizioni minime per *l'acquisto* da parte del cliente" (Valdani, Ancarani 2009, p. 103). Nel caso del Pastificio Rana però vengono superati anche gli ulteriori concetti estesi di prodotto suggeriti da Levitt e cioè i concetti di *prodotto atteso*, che integra al suo interno il prezzo, la garanzia, i termini di consegna, e di *prodotto potenziato* in cui sono compresi servizi che il cliente si aspetta e desidera al di fuori degli standard, come per esempio un servizio di *recrafting* per le calzature e gli articoli di pelletteria, o di lavanderia per le cravatte: esempi in tal senso sono nell'ordine Allen-edmond, Hermes per la borsa Kelly, e il napoletano Marinella. Infatti Rana opera nella sfera del *prodotto potenziale* e cioè entra in modo creativo nell'area di tutte le opportunità che il prodotto fisico generico consente, in questo caso i servizi di ristorazione.

In altri casi il servizio come strumento di marketing e sempre nell'ottica del *prodotto potenziale* diventa non solo uno strumento di differenziazione, ma anche una potente *competive weapon* per difendersi ed attaccare i concorrenti.

CASI AZIENDALI

Molto spesso accade che il mercato si evolva verso forme di consumo dove prevale la richiesta di prodotti/servizi standardizzati: è questo il caso del settore del fast food dove operano le grandi catene tipo Pizza Hut o fenomeni mondiali come McDonald's. Ovvio che l'apertura di un esercizio possa provocare forti cambiamenti negativi nel sistema di offerta locale. Nel 1999, ad Altamura, luogo famoso per il suo pane, viene inaugurata una nuova sede di McDonald's con un ristorante di 550 metri quadri. Ciononostante un piccolo fornaio locale, Luca Digesù, decide di aprire accanto al mega ristorante una focacceria che offre prodotti freschi, attaccando la multinazionale proprio nel suo settore tipico, il fast food. In questo caso è chiara la strategia di differenziazione: il prodotto appena sfornato contro il prodotto industriale. Ma le potenzialità offerte dal prodotto fisico generico, il pane e la focaccia, si ampliano nel prodotto potenziato, perché Luca Digesù decide di arricchire l'offerta di base integrandola con i prodotti tipici locali come ad esempio il fungo "cardoncello" o la mozzarella, estendendosi poi anche al prodotto potenziale e cioè a tutte quelle attività consentite dal prodotto fisico: il fornaio continua a fare il pane, dunque conserva la sua natura artigianale e manifatturiera, ma accanto alla sua attività originaria, indistinta e non unica, sviluppa un nuovo business e cioè l'attività di fast food genuino e di qualità. In tal modo riesce non solo ad uscire dai pericoli della *price competition* tipici delle commodity, come il pane, ma costruisce anche un'offerta unica e differenziata arricchita dall'attività di servizio alla clientela. La panetteria si trasforma così in un punto di ristorazione rapida e di incontro. Nel giro di un anno e mezzo, nonostante le intense campagne

> pubblicitarie e promozionali, il McDonald's di Altamura ha chiuso. Il caso www.anticacasadigesu.it ha fatto il giro del mondo ed è stato commentato dalla stampa nazionale ed internazionale (Panorama, 28 novembre 2005; The New York Times, 12 gennaio 2006; La Repubblica, 22 maggio 2007; Il Giornale, 4 ottobre 2007; Corriere della Sera, 17 novembre 2007).

Dall'esame dei casi precedenti si evince come l'attività di servizio si esplichi soprattutto nella capacità di creare, intorno al prodotto base, un sistema di relazioni con la clientela, anche se gli obiettivi sono fra loro diversi. Si va dall'*attività di consultative selling* in termini di abbigliamento nel caso di Satoma, all'*ampliamento del business*, come nel caso di Rana, fino ad arrivare, nel caso del fornaio Digesù, al servizio di qualità come strumento non solo per ampliare il proprio giro di affari ma anche come *leva competitiva* per attaccare un concorrente dominante.

In tutti i casi però il prodotto fisico di base viene trasferito e consumato, anche se il potenziale competitivo dei vari soggetti esaminati si arricchisce di ulteriori opportunità nel sistema di servizi possibili e connessi con l'offerta originaria.

2.3
Il primato del servizio sul prodotto

Gli intensi processi di innovazione tecnologica in atto hanno paradossalmente sminuito il ruolo che la struttura fisica del prodotto e dunque la tecnologia possono giocare nell'ambito delle strategie di differenziazione dell'offerta, pur essendo comunque molto importanti perché di fatto determinano le performances e la funzionalità del prodotto stesso. Da notare infatti come spesso il contenuto tecnologico ed innovativo e dunque il livello di performances e di funzionalità siano sostanzialmente simili anche per prodotti caratterizzati da marche diverse. La complessità dell'innovazione tecnologica è tale che solo poche, grandi imprese detengono e sono in grado di sviluppare determinate tecnologie. I fortissimi investimenti in ricerca e sviluppo che esse richiedono impongono, per giustificarne la convenienza di sviluppo e di produzione, che esse vengano immesse sul mercato a disposizione di tutti i potenziali acquirenti, che poi le incorporano nei loro prodotti o nei loro processi. L'effetto scala dunque in certi settori diventa dominante, per cui le imprese che producono tecnologia o componenti tecnologici complessi sono normalmente di grandi dimensioni o sono comunque caratterizzate da processi di crescita dimensionale molto accentuati. Basti pensare ad esempio al settore della componentistica auto dove i *first tier suppliers* a livello mondiale sono circa un centinaio (Volpato 2009), e che per alcuni componenti, come ad esempio il gruppo freno, vi sono solo pochi produttori tra cui l'italiana Brembo. Ciò fa sì che l'innovazione tecnologica consenta di ottenere posizioni di rendita monopolistica di tipo temporaneo ma nel medio-lungo andare, a seguito dei processi di rapida diffusione nel mercato, gioca spesso un ruolo di banalizzazione e di omogeneizzazione dei prodotti[1]. Si pensi ad esempio all'air bag: per la Mercedes Benz, che per prima introdusse questo accessorio nei modelli di lusso, è stato un elemento forte di caratterizzazione dei propri modelli ma solo per un periodo di tempo molto limitato: infatti oggi oramai è diventato un accessorio di serie addirittura obbligatorio dal punto di vista normativo (Lanzara 2010, p. 63).

Le imprese dunque hanno dovuto mettere in atto delle strategie di differenziazione che ancora di più hanno accentuato l'importanza non solo dei valori semantici del prodotto, ma anche del ruolo che il sistema dei servizi può giocare nell'accrescere il livello di unicità dell'offerta.

Il binomio componente intangibile/servizio cambia ovviamente di composizione relativa a seconda che il tipo di bene sia destinato al mercato dei beni di consumo finali, durevoli e non, o al mercato dei beni industriali, ma di fatto l'osservazione empirica mette chiaramente in evidenza come oggi il *fine tuning* fra questi due elementi sia diventato un'arma di differenziazione competitiva sempre più rilevante.

CASI AZIENDALI

> Nel settore auto, che per molti versi rappresenta un settore all'avanguardia e antesignano dei cambiamenti di natura tecnologica, organizzativa e manageriale, abbiamo assistito negli ultimi anni a dei cambiamenti epocali. Basti pensare che in Fiat Auto nel 2007, fatto 100 il valore della produzione, il valore del *buy captive* e *non captive* aveva raggiunto il valore di 87, ed il valore aggiunto era sceso di conseguenza a 23. Sempre in Fiat Auto la percentuale della produzione e della progettazione esternalizzate nel 2006 aveva raggiunto valori rispettivamente del 76% e del 77% (Fonte: Fiat Auto in Volpato 2009). Ciò dimostra, come già detto in precedenza, che buona parte della strategia tecnologica di prodotto viene gestita dalla supply chain a monte e sopratutto dai *first tier suppliers*. Così come c'è stato un forte processo di concentrazione dei fornitori, parimenti si è assistito ad una crescita dimensionale e ad una forte diminuzione del numero dei produttori finali che attualmente sono 12 a livello mondiale. A questo processo di rarefazione dei *players* finali si è aggiunta una profonda trasformazione delle loro strategie competitive: i *car makers* di un tempo sono oggi in realtà dei *brand owners* per i quali diventa strategicamente rilevante il controllo della rete e la *customer care* (Volpato 2009) e cioè il servizio alla clientela.

Nei mercati business to business il primato del servizio appare ancora più rilevante. Infatti i clienti industriali tendono a concepire il rapporto con il fornitore in modo molto esteso che va ben oltre l'acquisto di un bene o di una soluzione in genere, ma fa rife-

---

[1] Alcuni autori affermano che "le imprese di grandi dimensioni non si differenziano significativamente in termini di conoscenza di base e tecnologia che esse sviluppano" (Zirpoli 2010, p. 41). Pavitt (1998), ad esempio, afferma che il vantaggio competitivo delle imprese si basa principalmente su caratteristiche organizzative distintive piuttosto che su competenze tecnologiche distintive.

rimento anche alla natura ed alla qualità del sistema di interazione con i fornitori dalla fase di individuazione del problema alla fase di definizione della soluzione, alla sua messa in opera e all'assistenza post-realizzazione (Tuli et al. 2007; Fiocca et al. 2009).

Nei mercati industriali il singolo cliente spesso coincide con il singolo segmento, per cui è logico ritenere che la soluzione debba partire dall'analisi approfondita del problema, e delle esigenze specifiche, tenendo conto che l'interlocutore non è un individuo, ma un sistema di individui, legati da relazioni formali ed informali a volte anche molto complesse. Un'impresa difficilmente è uguale ad un'altra e quindi la soluzione deve essere contestualizzata, ed è frutto del processo relazionale cliente-fornitore. Non a caso nel settore *automotive* si parla di *co-design* e di *co-manufacturing*, evidenziando il fatto che la progettazione di un componente o di una tecnologia di processo nasce nell'ambito di una intensa azione di collaborazione fra cliente e fornitore (Zirpoli 2010).

L'*offering* del fornitore quindi si estende al concetto di *prodotto potenziato o allargato* in cui sono compresi servizi che il cliente si aspetta e desidera al di fuori degli standard. Chi acquista una macchina utensile acquista dunque anche un sistema di servizi ad essa strettamente legati come la consulenza e la collaborazione tecnica relativa all'individuazione della tecnologia più adatta, alla sua installazione, l'assistenza organizzativa e finanziaria. Chi acquista una soluzione informatica non acquista solo hardware, ma acquista anche la riprogettazione o la modifica del proprio sistema informativo, l'analisi dei processi e lo sviluppo di software applicativi (Fiocca et al. 2009, p. 118). Chi acquista un iniettore di benzina acquista un *device* complesso spesso progettato ad hoc per quel tipo di motorizzazione, e quindi non solo acquista una progettazione spesso fatta in collaborazione ma acquista anche la capacità di *testing* del fornitore e di *debugging*[2].

Nel settore informatico, con particolare riferimento ai Personal Computer, vi sono alcuni casi interessanti in cui l'attività di servizio e quindi lo sviluppo di software applicativi e di soluzioni informatiche *client specific* diventa il vero *core business* dell'operatore business to business, mentre la progettazione e la produzione dell'hardware vengono delegati a terzi. Ciò è facilmente comprensibile se si pensa che il Personal Computer è oramai un prodotto che deriva dall'integrazione di componenti modulari la quale risulta grandemente facilitata dall'esistenza di interfacce standard tra i sottosistemi di cui è composto il prodotto (Sturgeon 2002). In questo modo il prodotto è entrato a far parte a tutti gli effetti del settore delle *commodities* dove prevalgono strategie competitive miranti alla massima efficienza e dove la riduzione dei costi diventa fondamentale. IBM, per esempio, ha venduto tutta la produzione di Personal Computer alla cinese Lenovo, concentrandosi esclusivamente sull'offering di soluzioni informatiche e sulla consulenza, modificando così in modo sostanziale la propria *value proposition*. Dunque oggi IBM non è più un'impresa manifatturiera ma deve essere invece considerata come un'impresa del terziario avanzato: il fatturato 2008 è stato di 103 miliardi di dollari, di cui 80 miliardi (il 78%) deriva dalla vendita di servizi e di software.

---

[2] Con debugging ci si riferisce al processo di individuazione e correzione degli errori di progettazione e di processo.

CASI AZIENDALI

Nel sito IBM si legge infatti: "La missione di IBM Global Business Services è quella di collaborare proficuamente con i clienti ed affrontare insieme a loro le tematiche di business più complesse. Applichiamo le nostre intuizioni di business per sviluppare soluzioni innovative che producono risultati concreti e misurabili; sia che si tratti di disegnare ed implementare un nuovo servizio a seguito del ridisegno di un modello di business per il ciclo di vendita, o di rivoluzionare il modello di business di un'assicurazione auto con l'introduzione di tecnologie innovative, o di diventare un leader nell'ambito della fornitura di logistica per supply chain. Lavoriamo con i nostri clienti per identificare il grado di cambiamento che si adatta meglio alle loro esigenze e si concretizza in risultati sostenibili. Mettiamo insieme il meglio di IBM, e dei nostri business partner, per rendere effettivo il cambiamento ed ottimizzare le performance dei nostri clienti".

Ed ancora: "The company's business model is built to support two principal goals:

a) helping clients succeed in delivering business value by becoming more innovative, efficient and competitive through the use of business insight and information technology (IT) solutions;
b) providing long-term value to shareholders" (www.ibm.com).

Il caso del settore automotive ed il caso del settore informatico, con particolare riferimento a Fiat auto e a IBM, sono dunque due importanti esempi di come il servizio prevalga sul prodotto: in ambedue i casi, in misura diversa ma comunque significativa, la progettazione, lo sviluppo ed anche la produzione del prodotto viene delegata a terzi. L'operatore finale nel primo caso concentra la sua strategia competitiva sulla gestione e sulla valorizzazione dei brand e delle reti commerciali, puntando alla massimizzazione della customer care, nel secondo caso invece il prodotto sparisce completamente dalla catena del valore dell'impresa finale che fa dell'offerta di servizi al cliente il suo core business. In tutti e due i casi però, come nei casi precedenti, vi è comunque un trasferimento fisico del prodotto perché il cliente finale ne acquista la proprietà, potendo poi usufruire dei servizi ad esso connessi, anche se, come nel caso IBM, prodotti e servizi sono acquistati da due operatori diversi. Altro è invece quando l'enfasi si sposta dalla *sale of product* alla *sale of use* come per esempio nel caso della Rolls-Royce: "here, rather than transferring ownership of the gas turbine engine to the airline, Rolls-Ropyce delivers power-by-the-our" (Baines et al. 2007, p. 1543). Un altro caso interessante proviene dalle TLC. In questo settore[3], anche se caratterizzato da dinamiche tecnologiche molto intense e veloci, l'HW, e cioè la rete fisica, sia telefonica che in fibra ottica, tende a standardizzarsi. Dunque anche in

---

[3] Queste considerazioni nascono dalla collaborazione fra l'autore e Stefano Coiro, Head of Business Development and Sales Support della Ericsson Italia. Si consulti anche Lanzara e Coiro (2005).

questo caso, come per il settore dei Personal Computer, il contenuto tecnologico del prodotto, il prodotto fisico generico, si trasforma in commodity con il conseguente instaurarsi di una price competition molto forte: il SW applicativo diventa dunque una forte leva di differenziazione. I livelli di competizione molto elevati in questo settore portano però alcune imprese a sviluppare ulteriormente la propria strategia di differenziazione puntando non solo ad azioni di consultative selling, ma a mantenere la proprietà della rete del cliente e del relativo SW applicativo, divenendone i gestori in toto: il cliente acquista l'uso della rete e cioè il cosiddetto *managed service*.

CASI AZIENDALI

La svedese Ericsson Marconi, leader mondiale nelle tecnologie di rete, utilizza un approccio di marketing del tutto irrituale rispetto alla tradizione tecnologico/centrica tipica di chi sviluppa prodotti a forte carattere innovativo e risponde a tutti gli effetti alla filosofia di consultative selling. Il punto di partenza del processo di sviluppo di una nuova proposta tecnologica è infatti l'analisi dei bisogni del cliente finale e si realizza seguendo una logica inversa (*backward process*) – dal mercato alla scelta della tecnologia – attraverso le seguenti fasi (Fig. 2.1) (Lanzara, Coiro 2005).

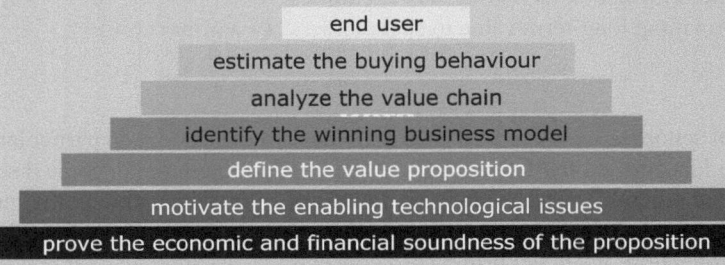

Figura 2.1 Il processo di validazione delle opzioni tecnologiche in Ericsson Marconi (riprodotto da Lanzara, Coiro 2005)

In sintesi dunque si procede per passi successivi:

a) studio dei modelli e delle motivazioni di acquisto da parte dei clienti finali (cosa vogliono i clienti);
b) individuazione della catena del valore finalizzata al soddisfacimento del modello d'acquisto (come soddisfare i clienti finali);
c) individuazione del migliore modello organizzativo e di funzionamento della catena del valore (winning business model);
d) scelta e definizione della proposta tecnologica (value proposition);
e) stima del valore potenziale per il cliente industriale (Fastweb ad esempio) della nuova proposta tecnologica;
f) stima della convenienza economico-finanziaria dell'investimento da parte del cliente industriale.

Il marketing della Ericsson Marconi, dunque, non solo ha il compito di analizzare il mercato e studiare il comportamento di acquisto dei clienti finali, ma svolge anche un ruolo importante di selezione delle traiettorie e di *picking* delle varie soluzioni tecnologiche, seguendo un corretto approccio di *marketing concept*, che pone al centro dell'azione dell'impresa il cliente e la sua soddisfazione attraverso una proposizione di valore congruente con le sue esigenze.

Non è più il capo di abbigliamento più congruente con gli stili di vita dei propri clienti proposto da Satoma, ma un prodotto tecnologico complesso, che costituisce il *tool* attraverso il quale il cliente diretto di Ericsson Marconi può costruire la propria migliore value proposition e che "veste" meglio le esigenze del cliente finale.

Ma Ericsson Marconi non si limita al consultative selling e si propone come gestore della rete del cliente divenendo un *managed service provider*, che pianifica, ottimizza, sviluppa la rete, i relativi servizi e le applicazioni, assicurando lo sviluppo tecnologico e garantendo la manutenzione.

Ericsson Marconi definisce dunque un nuovo modello di business, che fa del servizio alla clientela il nodo centrale della propria strategia competitiva, configurandosi a tutti gli effetti come partner dei propri clienti (Fig. 2.2) in un processo che porta alla integrazione fusione delle rispettive value chain.

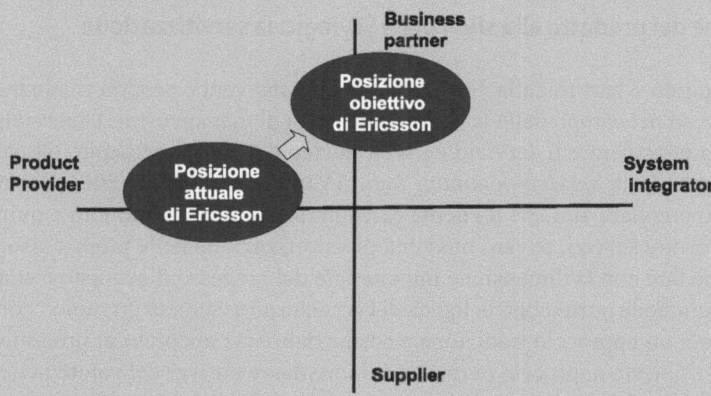

Figura 2.2 Marconi Consultative Approach (riprodotto da documentazione interna Ericsson Marconi 2005)

Il caso Ericsson Marconi mette chiaramente in evidenza come l'oggetto dello scambio sia in definitiva l'uso della tecnologia e cioè di quello che alcuni autori chiamano Product-Service System (PSS) (Baines et al. 2007): l'identità del prodotto si evolve verso forme dove la componente fisica del prodotto è totalmente inseparabile dal sistema dei servizi ad essa associati. Parimenti il servizio include al suo interno il prodotto, formando così un sistema inscindibile (Morelli 2003). Alcuni autori affermano a tale proposito: "The key difference between the 'old service model' appears to be that, while the former concernes providing services which support the product, the new service model provides services which actually support the client" (Mathieu 2001). Mentre il concetto tradizionale di servizio faceva riferimento alla sua integrazione nel prodotto, oggi invece prevale il concetto inverso: è il servizio che integra il prodotto, diventando, con il sistema di relazioni cliente/fornitori, l'oggetto principale della value proposition ed è proprio nel sistema di relazioni che quest'ultima viene definita e sviluppata. È dunque il cliente che, interagendo con il fornitore la interpreta e contribuisce a co-creare valore (Michel et al. 2008, p. 58). Così alcuni autori osservano che "Value is realized, not released, because value is not for exchange but rather in use. The value-creating process is truly the co-creation of value among providers and customers [...] value is not defined by a firm alone" (Michel et al. 2008, pp. 50–52). È logico quindi ritenere che si sia affermata una nuova forma di innovazione che si concretizza in nuove e diverse forme di uso delle potenzialità offerte dalla tecnologia mentre l'offering si evolve verso un insieme complesso di prodotti, servizi e relazioni con i clienti: "Value is not produced and then transferred to the customer, but rather value is co-created by a custome, who has recognized some potential value in actualizing the service that an offering provides to him" (Michel et. al. 2008, p. 65).

2.4
La reazione del prodotto alla sfida della SD-logic: la servitizzazione

Questo capitolo è partito dalla constatazione che una vera e propria rivoluzione sarebbe in corso nel campo della teoria e della prassi di management. Una rivoluzione che porta a considerare il servizio come il nucleo del valore percepito da parte del cliente. Secondo la *service-dominant logic* (Vargo, Lusch 2004/2006) le imprese dovrebbero prendere atto che il cliente cerca prestazioni e non prodotti e quindi dovrebbero fornire servizi, ovvero modalità di valorizzazione delle proprie risorse che hanno a che fare con la dimensione immateriale del processo d'acquisto e consumo. Questa rivoluzione porterebbe la logica del servizio ad assumere un ruolo "dominante" rispetto a un approccio tradizionale sostanzialmente ancorato al prodotto e alla produzione. Questo approccio permette di individuare i driver del valore nelle caratteristiche fisiche del prodotto che sarebbero a loro volta ancorati nella progettazione e nella produzione manifatturiera.

Come si è cercato di spiegare sul piano teorico ed empirico, la service-dominant logic può essere vista come il punto d'arrivo di un processo lungo e articolato che nel corso degli ultimi vent'anni ha interessato i sistemi produttivi e i prodotti finiti e che va sotto il nome di servitizzazione (Vandermerwe, Rada 1988), ovvero l'offerta congiunta di prodotti e servizi, con questi ultimi che acquistano un peso via via maggiore. È il processo attraverso cui il ruolo del prodotto non si è esaurito, ma ha mutato forma e contenuto e si è evoluto verso una nuova dimensione, quella appunto di prodotto-servizio come si è descritto nelle pagine precedenti.

Ed è il processo attraverso cui si è venuta a formare una vera e propria *service science* (Maglio, Spohrer 2008; Spohrer, Maglio 2008) in cui la dimensione di servizio si integra con quella di prodotto, quella delle operations e dei sistemi informativi si integra con quella di marketing. Un percorso teorico e manageriale che, come già Spohrer e Kwan hanno sottolineato nel loro contributo a questo testo, richiede interdisciplinarità e la disponibilità a rivedere le architetture e i processi manifatturieri e gestionali che non possono essere semplicemente abbandonati. Una disponibilità che ha trovato riscontro nel percorso evolutivo di alcuni grandi gruppi, alcuni dei quali discussi nelle pagine precedenti, che si pongono alla testa di questa tendenza a livello nazionale e internazionale.

Bibliografia

Baines T, Lightfoot H, Benedettini O, Kay J (2009) The servitization of manufacturing: A review of literature and reflection on future challenges. Journal of Manufacturing Technology Management 20(5): 547–567

Baines T S et al. (2007) State Of The Art In Product-Service Systems, Institution of Mechanical Engineers Proceedings, vol. 221, part b, pp. 1542–1552

Cohen M A, Agrawal N, Agrawal V (2006) Winning in the aftermarket. Harvard Business Review 84(5): 129–138

Chesbrough H, Spohrer J (2006) A research manifesto for services science. Communications of the ACM 49(7): 35–40

Day G S (2004) Aligning the Organization to the Market. Journal of Marketing 58: 43–57

Dibb S et al. (1998) Marketing Concepts and Strategies. Houghton Mifflin, Orlando

Fiocca R et al. (2009) Marketing Business to Business. MacGraw-Hill, Milano

Fitzsimmons J A, Fitzsimmons M J (2008) Services management: Operations, strategy, information technology. McGraw-Hill, Londra

Gebauer H, Paiola M, Edvardsson B (2010) Service business development in small and medium capital goods manufacturing companies. Managing Service Quality 20(2): 123–139

Goedkoop M, van Halen C, Te Riele H, Rommens P (1999) Product Service Systems: Ecological and Economic Basics. The Hague

Grönroos, C. (2000) Service Management and Marketing. A Customer Relationship Management Approach. Wiley, Chichester

Gummesson E (2002) Total Relationship Marketing: Marketing Management, Relationship Strategy and CRM Approaches to the Network Economy. Butterworth Heinemann, Oxford

Håkansson H (1982) International Marketing and Purchasing of Industrial Goods. Wiley, New York

Håkansson H, Snehota I (1995) Developing Relationships in Business Networks, Routledge, Londra

Hanan M (2004) Consultative Selling. Amacom Books, New York

Hanan M, Cribbin J, Heiser H (1970) Consultative Selling. American Marketing Association, New York

Johnson M, Mena C (2008) Supply chain management for servitised products: A multi-industry case study. International Journal of Production Economics 114: 27–39

Kozinets R V, de Valck K, Wojnicki A C, Wilner S J S (2010) Networked Narratives: Understanding Word-of-Mouth Marketing in Online Communities. Journal of Marketing 74(2): 71–89

Lanzara R (2010) L'Evoluzione della Filosofia Progettuale dei Prodotti Industriali. In: AA VV La Scuola di Riccardo Varaldo. Relazioni personali e percorsi di ricerca. Pacini, Pisa

Lanzara R, Coiro S (2005) Il Marketing delle nuove tecnologie. La sfida dei prodotti e dei mercati inesistenti. Atti del Convegno Nazionale SIMktg, Trieste

Lay G, Copani G, Jäger A, Biege S (2010) The relevance of service in European manufacturing industries. Journal of Service Management 21(5): 715–726

Levitt T (1986) The Marketing Immagination. Free Press, New York. Traduzione italiano Levitt T (1990) Marketing Immagination. Sperling & Kupfer, Milano

Lusch RF, Vargo S L (2006a) The service-dominant logic of marketing: dialog, debate, and directions. M E Sharpe, Armonk

Lusch R F, Vargo S L (2006b) Service-dominant logic: reactions, reflections and refinements. Marketing Theory 6(3): 281–288

Maglio P, Spohrer J (2008) Fundamentals of service science. Journal of the Academy of Marketing Science 36(1): 18–20

Manolis C, Meamber L A, Winsor R D, Brooks C M (2001) Partial Employees and Consumers: A Postmodern, Meta-Theoretical Perspective for services Marketing. Marketing Theory 1(2): 225–243

Michel S, Brown S W, Gallan A S (2008) Service-Logic Innovations: how to Innovate Customers, not Products. California Management Review 50(3): 73–92

Morelli N (2003) Product-Service Systems, a Perspectiv eShift for Designer: a case study – The Design of a Telecentre. Design Studies 24(1): 73–99

Muñiz A M, Schau H J (2007) Vigilante marketing and consumer-created communications. Journal of Advertising 36(3): 35–50

Oliva R, Kallenberg R (2003) Managing the transition from products to services. International Journal of Service Industry Management 14(2): 160–172

Pavitt K (1998) Technologies, Products and Organizations in the Innovating Firm: what Adam Smith Tells us and Joseph Schumpeter Doesn't. Industrial and corporate change 7: 433–452

Peter J P, Donnelly J H, Pratesi C A (2009) Marketing. McGraw Hill, Milano

Prahalad C K, Ramaswamy V (2004) The future of competition: co-creating unique value with customers. Harvard Business School Press, Boston

Prandelli E, Verona G (2006) Collaborative innovation. Carocci, Roma

Raddats C, Easingwood C (in stampa) Services growth options for B2B product-centric businesses. Industrial Marketing Management

Santini F (2004) Lo sviluppo di Cecina come polo commerciale. Un mini business di successo: il caso Satoma di Marco Rindi. Tesi di Laurea, Dipartimento di Economia Aziendale, Università di Pisa

Schmenner R (2009) Manufacturing, service, and their integration: some history and theory. International Journal of Operations & Production Management 29(5): 431–443

Slack N, Lewis M, Bates H (2004) The two worlds of operations management research and practice: Can they meet, should they meet? International Journal of Operations and Production Management 24(4): 372–387

Spohrer J, Maglio P P (2008) The Emergence of Service Science: Toward Systematic Service Innovations to Accelerate Co-Creation of Value. Production & Operations Management 17(3): 238–246

Sturgeon T J (2002) Modular Production Networks: A New American Model Of Industrial Organization. Industrial and Corporate Change 11(3): 451–496

Tuli K R, Kohli A K, Bharadway S G (2007) Rethinking Customer Solution: from Product Bundles to Relational Process. Journal of Marketing 71: 1–17

Valdani E, Ancarani F (2009) Marketing Strategico – Manovre e Strategie di Marketing, vol. 2. Egea, Milano

Vandermerwe S, Rada J (1988) Servitization of business. European Management Journal 6(4): 314–324

Vargo S L, Lusch R F (2004) Evolving to a New Dominant Logic for Marketing. Journal of Marketing 68(1): 1–17

Volpato G (2009) La Supply Chain nella Strategia Aziendale: dalla competition alla coopetition. Atti del Convegno ADACI, Bologna, 19 novembre 2009

Wise R, Baumgartner P (1999) Go downstream. Harvard Business Review 77(5): 133–141

World Economic Forum (2010) The Global Competitiveness Report 2010–2011. http://www.weforum.org/en/initiatives/gcp/Global%20Competitiveness%20Report/index.htm

Zirpoli F (2010) Organizzare l'Innovazione. Strategie di Esternalizzazione e processi di apprendimento in Fiat Auto. Il Mulino, Bologna

ESPERIENZA INNOLAB
Servitizzazione dei prodotti

Master MAINS, a.a. 2009/2010
Soggetti coinvolti nell'InnoLab:
Allievi – Marco Fontana, Matteo Gloyer, Laura Prete e Francesco Tantini
Aziende – CDC, Coop Italia, IBM Italia e Telecom Italia
Docenti – Graziano Coller, Daniele Dalli e Riccardo Lanzara

1. Il problema ...
La servitizzazione è un concetto che è stato introdotto per la prima volta da S. Vandermerwe e J. Rada nel 1988, gli autori la definiscono come "Market pack ages or bundles of customer-focussed combinations of goods, services, support, self-service and knowledge" ovvero il processo di "servitizzazione" è inteso come il passaggio dalla logica del prodotto alla logica di mix tra le suddette componenti in cui i servizi sono la parte dominante.

Seguendo questa logica i prodotti non sono più venduti in quanto tali, ma come veicolo di distribuzione dei servizi; il processo di servitizzazione comporta infatti vari gradi: si parte da un prodotto che offre dei servizi fino ad arrivare ad un servizio che ha annesso un prodotto.

Definito quindi cosa sia effettivamente il processo di servitizzazione, nell'ambito del laboratorio è stato individuato un prodotto storicamente manufatto che potrebbe essere soggetto al processo di servitizzazione; la scelta è ricaduta sulla "televisione".

Il televisore infatti si sta evolvendo fortemente sulla spinta dell'innovazione tecnologica introdotta dai produttori dell'apparato. Il televisore connesso on-line infatti è un'evoluzione recente del televisore venduto fino ad ora sul mercato: il produttore fornisce una piattaforma ad hoc sulla quale i service provider possono richiedere di inserire determinati servizi. La logica innovativa introdotta nel laboratorio si basava sulla possibilità che un retailer potesse utilizzare tale funzionalità per vendere dei suoi servizi personalizzati attraverso la piattaforma del produttore.

Il caso nello specifico ha analizzato la possibilità per Coop Italia di vendere dei servizi di spesa on-line per prodotti non presenti nei punti vendita attraverso nuove funzionalità introdotte nel televisore connesso con i produttori.

L'idea era quella di realizzare una piattaforma di servizi implementati in un televisore connesso, con l'obiettivo di rendere più stabile e duraturo il rapporto azienda-cliente nel tempo e nello spazio ovvero "portare il punto vendita a casa del cliente". Lo scenario aprirebbe un nuovo modello di business in cui attraverso lo sfruttamento di un apparato venduto da Coop Italia, la stessa potesse amplificare la relazione con il socio nonché acquisire un notevole vantaggio competitivo e ottenere così nuove fonti di ricavo grazie all'introduzione di nuovi servizi sempre più rilevanti.

La televisione è ancora oggi il perno dell'aggregazione familiare ed è presente secondo dati ISTAT nel 96,1% delle famiglie italiane, e lo sviluppo tecnologico che ha comportato lo sviluppo del televisore connesso è coerente con il fatto che il 47,3% delle famiglie possiede un accesso a internet e ricerca informazioni su prodotti e servizi attraverso il canale internet.

Secondo tali analisi quindi la possibilità per il retailer, nel caso Coop Italia, di attuare un nuovo modello di business è in linea sia con le nuove logiche di mercato sia con il cambiamento dei bisogni dei consumatori sempre più alla ricerca di servizi innovativi.

2. Modalità di sviluppo del lavoro

Nella prima fase del laboratorio è stata svolta una ricerca bibliografica sul concetto precedentemente presentato di "servitizzazione", inteso come il fenomeno della scomparsa della centralità dell'elemento prodotto e il conseguente passaggio ad un mix di prodotti, servizi, supporto, self-service e conoscenza. Sono stati evidenziati i diversi livelli di servitizzazione, partendo dal prodotto manifatturiero puro, attraverso vari stadi intermedi di prodotti con una componente più o meno importante di servizio annesso, fino al livello massimo in cui il prodotto serve solo da strumento per l'erogazione del servizio. Sono state messe in luce le motivazioni che spingono le aziende verso la servitizzazione e la diffusione del fenomeno a livello globale.

In una seconda fase è stata approfondita la conoscenza del concetto di servitizzazione tramite la ricerca di esempi concreti, partendo da esempi "classici" come per esempio il programma "Power by the Hour" della Rolls Royce, che dalla vendita di motori per aerei è passata a vendere la potenza degli stessi in base a contratti di servizio orari che comprendono tutta la gestione e la manutenzione del motore. Questa ricerca ha messo in luce come il fenomeno sia oggi già molto consolidato nell'ambito del business-to-business, mentre è ancora in uno stato pressoché embrionale in ambito business-to-consumer.

La terza fase si è caratterizzata dal *brainstorming* per individuare un prodotto che al giorno d'oggi viene venduto come tale, e sul quale si possa attuare una strategia di servitizzazione. Come detto precedentemente il prodotto individuato è il televisore connesso, prodotto innovativo che congiunge la tradizionale televisione con il mondo di internet, fornendo accesso a varie piattaforme multimediali, servizi di informazione e reti sociali. Per inquadrare meglio il contesto, è stata svolta una approfondita ricerca sul contesto sociale nonché sul mercato dei televisori e di prodotti affini quali PC, tablet PC e smartphone. Tale ricerca ha fornito la base per individuare i possibili scenari di interazione fra produttore, fornitore di servizi/contenuti e distributore. In una ulteriore sessione di brainstorming sono state raccolte varie tipologie di servizio, in modo da isolare quelle in linea con lo scenario scelto per il laboratorio. Dettagliate interviste con rappresentanti dei principali produttori di televisori connessi hanno formato la base per sviluppare un pacchetto di servizi, definendo anche aspetti della realizzazione di una interfaccia utente da inserire nel televisore connesso.

Nella fase finale del progetto è stato sviluppato il *business case* concreto, valutando i costi e le possibili fonti di ricavi associate ai servizi. Queste comprendono sia i ricavi diretti tramite vendite telematiche e spazi pubblicitari all'interno della piattaforma, sia effetti indiretti dovuti alla fidelizzazione del cliente e all'ampliamento della gamma di prodotti venduti. Il business plan sviluppato in questa analisi mostra le grandi potenzialità del progetto, e mette in luce il processo di servitizzazione che porta ad un aumento progressivo dei ricavi dovuti ai servizi, mentre il prodotto diventa una mera "commodity".

3. Soluzione proposta

Il televisore è un prodotto che da sempre è visto come manifatturiero ma nel quale, a causa del rapido evolversi del contesto tecnologico, si vanno sempre più ad espandere le componenti di servizio. Dunque, poiché è sempre più alta la percentuale di televisori che si connettono a internet, il mercato dei televisori è sempre più in espansione (causa anche del progressivo *switch-off* del segnale analogico), il contesto economico-sociale favorevole, il progetto prevede, dal punto di vista del retailer, la possibilità di sfruttare le potenzialità della connessione "servitizzando" TV attraverso l'offerta di servizi innovativi in aggiunta a quelli tradizionali.

L'idea è quella di realizzare una piattaforma di servizi implementati su una TV connessa con l'obiettivo di rendere più stabile e duraturo il rapporto azienda-cliente, con il *claim* di "portare il punto vendita a casa del cliente". Questa idea porterà benefici non solo per il retailer ma anche per il cliente e per il produttore: il cliente parteciperà attivamente in ogni fase del ciclo di vita del prodotto e il produttore vedrà aumentata la quota venduta delle TV, oltre alla possibilità di estendere questo tipo di servitizzazione anche su altri prodotti. Il piano prevede che, dopo la proposta di business case nel 2010, si avranno gli accordi con i produttori e la preparazione della piattaforma nel 2011 e, infine, nel 2012 l'entrata sul mercato dei televisori connessi col retailer. Un'ipotesi di servizi da veicolare attraverso la TV connessa prevede: servizi di pre-vendita e post-vendita, quali assistenza virtuale per la scelta di acquisto di elettronica di consumo o per la gestione del post-vendita; servizi di vendita, ad esempio per prodotti non presenti nei punti di vendita fisici o per quelli di elettronica di consumo; servizi di informazione, quali le informazioni sul mondo Coop e sulla provenienza dei prodotti.

Da un boom temporaneo della vendita dei televisori connessi tra il 2008 e il 2010, causato anche dal progressivo switch-off del segnale analogico, si prevede che la percentuale dei televisori connessi aumenterà fino raggiungere il 90% nel 2015. Se nel 2012 si prevede di uscire sul mercato con i televisori connessi a marchio retailer, si stima che nei primi due anni il 90% dei televisori connessi venduti dal retailer avrà la piattaforma di nuovi servizi, mentre nei successivi anni ogni televisore connesso venduto avrà la nuova piattaforma di servizi. Nel primo anno di ingresso sul mercato si avrà uno sconto di 50 euro sull'acquisto del prodotto che farà recuperare una quota di mercato di circa il 10%. Si prevede di incentivare l'utilizzo dei servizi anche tramite un bonus per chi supera un prefissato livello di spesa sul canale del televisore connesso. Prevedendo una percentuale sempre maggiore di persone che acquistano e che ricevono un bonus, si prevede un fatturato e un margine in crescita negli anni dal 2012 al 2015. Stimando come costi dell'operazione quelli del bonus, i costi commerciali, si prevede di bilanciare il costo dello sconto per il primo anno con un contributo del produttore e si pensa di avere margini sempre maggiori da pubblicità e volantini in formato digitale da veicolare sulla TV. A questo punto al netto dei costi di manutenzione della piattaforma, l'operazione, dopo il primo anno in perdita, torna in utile già dal secondo anno. Anche dal punto di vista finanziario, con una stima pluriennale si è rivelato un progetto che crea valore. La cosa più importante è che mentre la quota di ricavi dalla vendita delle TV rimane pressoché costante, la percentuale di ricavi dei servizi è in costante aumento negli anni.

L'intero processo innovativo rappresenta una servitizzazione in un settore maturo, crea nuove fonti di ricavo per il retailer, costituisce un legame più forte con il cliente e, in fondo, creando un nuovo modello di business, consente di replicare il percorso di servitizzazione su altri tipi di dispositivi e prodotti.

Percorsi di innovazione nei modelli di business

3

H. Chesbrough, A. Di Minin, A. Piccaluga

In questo capitolo viene spiegato il concetto di modello di business e si esplorano le ragioni per cui "innovazione" e "innovazione nei servizi" non sono più esclusivamente un problema di tecnologia. Evidenziamo che sono piuttosto i modelli di business, oggetto di trattazione, a costituire una componente critica al centro del processo di innovazione.
Cercheremo quindi di descrivere le caratteristiche di un modello di business e ciò a cui un "buon modello" dovrebbe servire. A partire da ciò, discuteremo sul perché le aziende nel settore dei servizi non riescono ad innovare i propri modelli di business come sarebbe necessario.
Nella seconda parte del capitolo, presenteremo uno schema logico per aiutare un team d'innovazione a svolgere un percorso strutturato di brainstorming al fine di elaborare un nuovo modello di business, a partire dal manifestarsi di un problema o di una nuova opportunità.

3.1
Introduzione

Nei primi due capitoli di questo libro è stata sottolineata la centralità della combinazione in un'unica offerta di componenti di prodotto e di servizio. Tale combinazione, che sempre più frequentemente caratterizza l'offerta di imprese di dimensioni e settori diversi, ha l'obiettivo di superare la cosiddetta *commodity trap*. Tale concetto viene presentato e discusso da Henry Chesbrough nel suo nuovo libro "Open Service Innovation" (Chesbrough 2011), che spiega come arrivare ad una nuova concezione delle combinazioni prodotto-servizio. In particolare, Chesbrough sostiene che nell'ottica dell'Innovazione Aperta tale combinazione si configuri e debba essere interpretata come una vera e propria *piattaforma* su cui convergono contributi provenienti da clienti e fornitori.

A questo proposito risulta centrale, come già Dalli e Lanzara sottolineano nel loro capitolo, e come Merli articolerà nel prossimo, l'innovazione del modello di business, oggetto di trattazione di questo capitolo. Il lettore avrà modo in queste pagine di conoscere un percorso di cambiamento del modello di business, pensato proprio per contaminare maggiormente l'offerta di un'impresa con contributi esterni e renderla più pronta ad integrare selettivamente ed efficacemente componenti di servizio qualificanti.

Obiettivo di questo capitolo è quindi quello di fornire al lettore uno strumento operativo per guidare la riflessione in un contesto aziendale sul tema del cambiamento del modello di business, sia in forma incrementale che radicale, ed arrivare ad una nuova combinazione di prodotto e servizio. Viene presentato un percorso sotto forma di un viaggio in otto tappe che parte dalla definizione di un problema fino ad arrivare alla meta di un nuovo modello di business.

Come sottolineato da diversi altri contributi in questo libro, è importante che un'azienda decida di riflettere sull'innovazione del proprio modello di business partendo dagli asset a propria disposizione, ma senza esitare a lasciarsi coinvolgere in percorsi innovativi in grado di determinare cambiamenti, anche rilevanti, nel sistema aziendale.

Verrà quindi fornita una struttura, un metodo di riflessione su come impostare la ricerca del cambiamento. L'idea è che il lettore – manager o studioso che sia – riesca a familiarizzare con la metodologia per poi cercare di applicarla ad una varietà di temi che possono emergere nel corso del suo lavoro o nell'analisi di modelli di business di altre aziende. Spesso infatti le fonti di cambiamento arrivano dall'esterno, sotto forma di nuove problematiche od opportunità, che spingono le aziende a riflettere e rimettere in discussione i propri atteggiamenti di *business-as-usual*, che possono dare luogo a fenomeni di *lock-in*. Sono questi i momenti in cui è opportuno avere a disposizione strumenti per guidare la riflessione e il percorso verso il cambiamento.

I contenuti di questo capitolo sono stati strutturati dagli autori nel corso di diverse occasioni di formazione aziendale, in contesti particolarmente diversi tra loro. Questo strumento è stato ad esempio adottato in *retreat* aziendali finalizzati a far riflettere dirigenti e quadri sull'evoluzione degli scenari competitivi che interessano le loro imprese. In alcuni casi si è voluto coinvolgere anche i *business developer* dei clienti, con risultati particolarmente interessanti. Altro esempio applicativo è stato il modulo di Business Model Innovation del Master Mains della Scuola Superiore Sant'Anna, in particolare nelle edizioni 2009 e 2010, nel corso del quale è stata adottata la struttura del percorso in otto tappe per presentare diversi strumenti teorici e al contempo applicarli ai contenuti degli innovation labs, i cui risultati si trovano esposti nei box di questo libro.

Idealmente, la riflessione e il coinvolgimento di studenti, manager e consulenti che adottano la metodologia proposta e descritta in queste pagine dovrebbe avvenire alternando fasi di lavoro di gruppo svolte in parallelo, con finalità preparatorie, a sessioni plenarie nelle quali venga presentato l'avanzamento dei gruppi in momenti di brainstorming.

Prima di introdurre i passaggi concreti di questo percorso è però necessario riprendere alcuni dei temi teorici che verranno affrontati in altri capitoli del libro e che è opportuno richiamare in quanto forniscono punti di riflessione fondamentali per i processi di innovazione del modello di business.

Infatti, nel corso degli ultimi vent'anni le aziende di ogni dimensione si sono trovate a dover aumentare le proprie spese in Ricerca e Sviluppo (R&S) per fare fronte alle emergenti sfide competitive. La continua integrazione e la specializzazione di tecnologie e strumenti di ricerca è peraltro alla radice del problema del cosiddetto *technology paradox*: un fenomeno per cui tanto più sono le tecnologie che adottiamo nella nostra azienda, tanto più il loro utilizzo diventa complicato e costoso, tanto più complicata e costosa la gestione di progetti innovativi e soprattutto elevati i rischi che le tecnologie sulle quali stiamo lavorando diventino improvvisamente obsolete e perdano di valore di mercato, soprattutto in funzione del rapidissimo ritmo di innovazione tecnologica attuale.

L'intensificazione della concorrenza a livello globale e il ricco scambio di talenti tra Paesi e imprese hanno poi fatto lievitare il tasso di competizione sul mercato delle idee, che ormai si concretizza in un network internazionale di individui e centri di conoscenza che va ben oltre i confini di una singola azienda. Le imprese hanno però la possibilità di attingere a questo network per la ricerca di soluzioni originali e per impostare una divisione dei compiti su scala globale, anche per i progetti più innovativi. Per alcuni settori industriali questo percorso di specializzazione e collaborazione si è spinto ben oltre la fase sperimentale ed è oggi una realtà irrinunciabile, fonte di pratiche di business assai consolidate. Si pensi per esempio alla collaborazione tra aziende farmaceutiche e *start-up biotech*. Le grandi aziende farmaceutiche spesso acquistano risultati di ricerca, a diverso stadio di avanzamento, sviluppati al di fuori dei loro laboratori. Si tratta spesso di ricerca condotta in laboratori universitari o altri centri di ricerca pubblica, anche lontani da logiche di mercato, ma che poi viene resa più appetibile dal lavoro di aziende *start-up* o *spin-off* accademiche che lavorano ulteriormente sui risultati di queste ricerche, portandoli a stadi di sviluppo successivi.

Anche altri settori industriali, come l'Information Technology o il mondo dell'elettronica, sono stati interessati da queste dinamiche, con il risultato che grandi aziende si sono allontanate da un modello d'innovazione "chiuso", incentrato sul ruolo dei loro grandi centri di R&S, "aprendosi" a contaminazioni esterne. Si parla appunto di *Open Innovation* (Chesbrough 2003) per indicare questo fenomeno, che sta interessando ormai quasi tutti i settori industriali. Parlare di Open Innovation porta direttamente ad affrontare il tema dell'*innovazione dei modelli di business* (Chesbrough 2008), sia per quanto riguarda il settore dei prodotti sia per quanto riguarda il terziario.

Il concetto di innovazione aperta può essere sintetizzato nella seguente affermazione: "Devo sempre pensare che molto probabilmente le persone più giuste per portare avanti un processo innovativo non lavorano per la mia azienda ... sono sicuramente da qualche parte là fuori!".

Ma perché è necessario pensare a nuovi modelli di business quando si parla di Open Innovation? Perché è necessario cominciare a pensare in maniera diversa la nostra azienda, rivedendo, come propone Merli nel suo capitolo, i suoi processi in un'ottica diversa, arrivando a pensare la nostra offerta come una piattaforma su cui combinare le nostre competenze con quelle di fornitori e clienti. Questo richiede regole di ingaggio e partenariato, sistemi di prezzi, incentivi diversi e dunque nuovi modelli di business. Ci vuole un grande sforzo creativo per arrivare a nuovi modelli

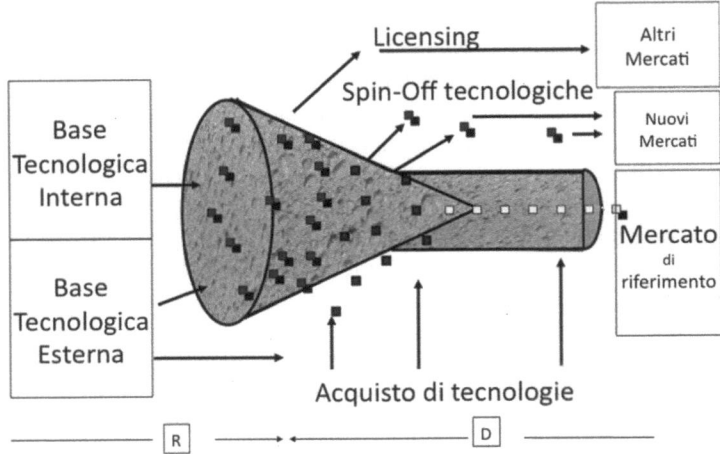

Figura 3.1 Il paradigma dell'Open Innovation (modificato da Chesbrough 2004)

di business e con il percorso proposto in queste pagine vorremmo aiutare il lettore in questa riflessione.

In termini più formali si potrebbe affermare che il processo innovativo aperto è caratterizzato innanzitutto dalla combinazione di una base tecnologica interna con una base tecnologica esterna. Inoltre, le nuove soluzioni, i nuovi prodotti e i nuovi servizi risultanti da questo processo non saranno portati sul mercato necessariamente dall'azienda innovatrice, ma potranno anche essere trasferiti ad altri soggetti imprenditoriali, a cui spetterà poi la responsabilità di combinarli con i propri asset complementari e commercializzarli.

Da un punto di vista strategico, l'Open Innovation consiste nelle due seguenti azioni fondamentali:

a) acquisizione di conoscenza dall'esterno, sia all'inizio, cioè nelle fasi di ricerca fondamentali, che nelle fasi più a valle del processo innovativo;
b) valorizzazione dei propri risultati innovativi sul mercato delle tecnologie, affidando ad altri la responsabilità di commercializzare nuovi prodotti e servizi.

Combinare queste due attività strategiche è fondamentale nell'economia dei servizi che questo libro sta rappresentando, in particolare per superare, tramite nuovi modelli di business, la trappola della commoditizzazione.

La Figura 3.2 rappresenta la struttura di questo capitolo, nonché le tappe di questo percorso. Inizieremo con la definizione di un problema – di fatto, spesso, anche un'opportunità – su cui lavorare, per poi discutere dello sviluppo di scenari che potrebbero in qualche modo influire sull'applicazione dei nostri nuovi modelli. Verranno poi considerate le tecnologie "abilitanti" che permettono di proporre una soluzione al problema iniziale. Nella seconda parte del capitolo affronteremo la necessità di combinare tecnologie interne con soluzioni presenti sul mercato, tramite strategie di alleanze in grado di guidarci verso efficaci soluzioni per

3 Percorsi di innovazione nei modelli di business

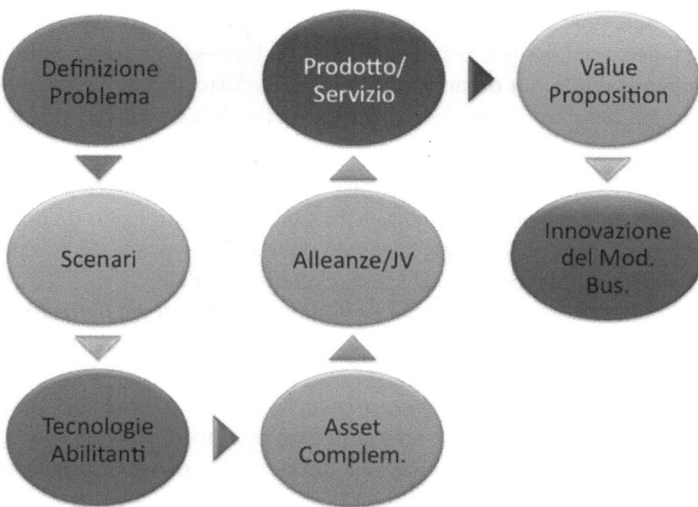

Figura 3.2   Il percorso dell'innovazione di modello di business presentato in questo capitolo

portare la nostra nuova idea sul mercato. Ecco che, dunque, considerando risorse interne e esterne, arriveremo ad una configurazione prodotto/servizio nuova che nella terza parte del capitolo cercheremo di presentare tramite una nuova *value proposition*.

3.2
Il punto di arrivo: un nuovo modello di business

Recuperiamo ora alcuni concetti fondamentali su che cosa sia un modello di business. Prima di partire per un percorso di cambiamento è infatti necessario disporre di uno schema logico di riferimento, in grado di rappresentare, schematizzare e operazionalizzare le variabili fondamentali in gioco. Un modello di business non è altro che uno schema di riferimento, un paradigma, qualche cosa che ci spiega in maniera logica come arrivare da un punto A (un'idea) ad un punto B (un risultato economico) tramite l'applicazione di determinate tecnologie, l'elaborazione e la corretta esecuzione di specifiche strategie, una nuova soluzione che combina prodotto e servizio. Dei modelli di business chiari ed efficaci sono come delle ricette di cucina: forniscono indicazioni precise ma richiedono un'attenta ed esperta esecuzione ed infatti accade che anche con la stessa ricetta i risultati siano diversi a seconda dello chef ai fornelli e quindi non sempre garantiti. Il rischio è una componente fondamentale nell'applicazione di un modello di business. La presenza del rischio giustifica infatti la remunerazione economica dell'imprenditore che decide di affrontare una situazione incerta, dando vita ad un (nuovo) modello di business.

Riassumendo, possiamo definire un modello di business come uno schema logico che collega idee, tecnologie e risultati economici. Esso spiega come, attraverso uno sforzo imprenditoriale, un'organizzazione può tradurre in nuovo valore un certo potenziale. In particolare, un modello di business completo dovrebbe avere le seguenti sei finalità:

a) specificare una *value proposition*. Come si genera nuovo valore per gli utenti?
b) identificare un *segmento di mercato*. Chi sono questi potenziali utenti?
c) identificare la *catena di valore*, partendo dalle materie prime, le competenze, le varie fasi di lavorazione, fino ad arrivare al cliente finale;
d) descrivere la *posizione dell'azienda all'interno della catena del valore* ed identificare gli asset complementari che sono necessari all'azienda per contribuire a questo percorso;
e) specificare il meccanismo di *generazione di ricavi*, tale per cui è possibile coprire i costi delle attività aziendali e arrivare ad un profitto;
f) specificare la *strategia competitiva* che differenzia la nuova offerta da quella dei concorrenti e cerca di prevenire.

Arrivare ad una schematizzazione del modello di business è fondamentale per intraprendere un percorso di innovazione. Facciamo qui riferimento – tra i diversi schemi oggi disponibili – al *business model canvas* proposto da Alex Ostelwarder (2010).

Le sei funzioni di un modello di business possono essere rappresentate nella schematizzazione proposta in Figura 3.3, la cui funzione è quella di spiegare con chiarezza che cosa l'azienda si propone di vendere (WHAT), quale la clientela di riferimento (TO WHOM), come arrivare alla combinazione delle competenze e dei fattori produttivi necessari (HOW) ed infine quale l'equilibrio economico finanziario che si vuole andare a raggiungere (HOW MUCH). Nella raffigurazione questi elementi sono posti in relazione tra loro e dunque vanno a disegnare uno schema logico che

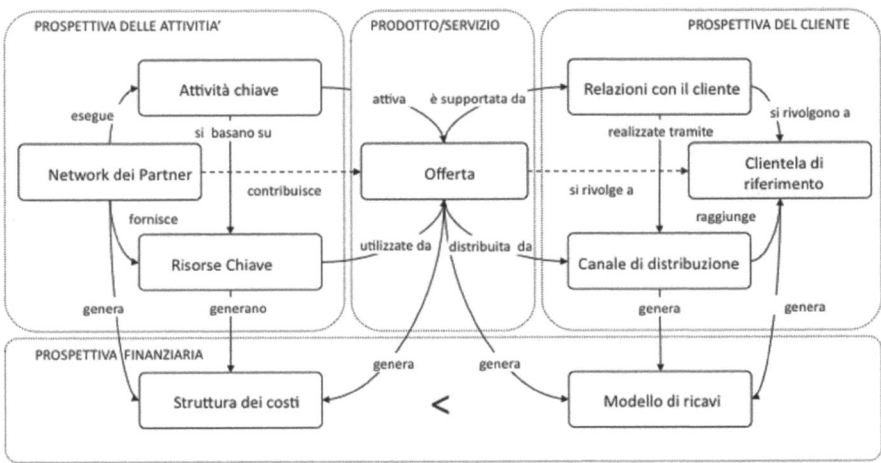

Figura 3.3 La schematizzazione del *Business Model Canvas* (modificata da Osterwalder 2009)

può essere utilizzato come traccia per la riflessione nel percorso di innovazione del modello di business. Nel corso delle otto tappe di seguito descritte verranno messe in discussione e proposte vecchie e nuove combinazioni, senza però rinunciare ad una visione olistica del quadro complessivo, in tutte le sue componenti: *What, Who, How, How Much*. Alla fine del percorso di *business model innovation* verrà recuperato questo schema logico, che sarà compilato in ogni sua parte per diventare il vero e proprio output codificato del percorso.

3.3
Problem Setting

La prima tappa di questo percorso di innovazione prevede la definizione di un problema da cui partire. È fondamentale identificare un punto di partenza del percorso di revisione del modello di business. Per esempio: cosa sta rallentando la crescita della nostra azienda? Dove rischiamo di perdere vantaggio nei confronti della concorrenza? Quali opportunità possiamo sfruttare per differenziarci maggiormente? Un buon punto di partenza è fondamentale ed è dunque necessario identificare, insieme ai soggetti scelti per lo svolgimento dell'esercizio, una serie di possibili idee e proposte, magari utilizzando una delle numerose tecniche di brainstorming. A formalizzare questa fase potrebbe essere uno stimolo esterno, come ad esempio la proposta da parte del top management, oppure le priorità tuttora più pressanti per l'azienda. In questo caso è opportuno cercare di assorbire e reinterpretare le occasioni di riflessione concretizzando ed operazionalizzando il problema prescelto. L'utilizzo di tecniche di brainstorming in questa fase è assolutamente centrale, poiché vari gruppi che lavorano in parallelo sulla stessa problematica possono reinterpretarla in maniera diversa e gruppi che lavorano su problemi diversi potrebbero offrire chiavi di lettura originali in merito a un singolo problema. È necessario che nel corso di questa fase di definizione del problema emergano le varie dimensioni utili all'analisi, ai rischi a cui l'azienda può andare incontro – nel caso in cui tale problema non fosse risolto – e naturalmente anche ai benefici che potrebbero presentarsi cogliendo questa nuova opportunità.

3.4
Scenario Planning

Una volta chiarita l'opportunità da cogliere è fondamentale inquadrare l'evoluzione del modello di business in un contesto più ampio, quello cioè dove l'azienda si sta muovendo e che caratterizza il settore economico di attività in cui essa opera. Naturalmente la complessità e la ricchezza dell'evoluzione del concetto di settore vanno ben al di là degli scopi di questo contributo, ma basti qui ricordare che lo studio di scenario ha la finalità di caratterizzare le variabili di riferimento e aiutare il

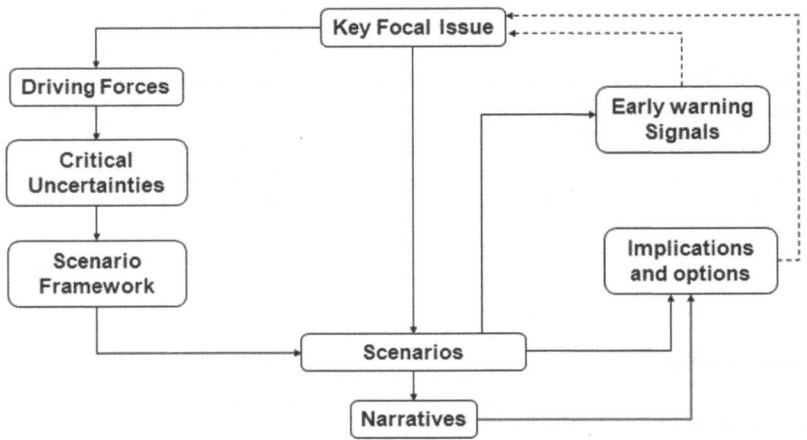

Figura 3.4 Le fasi di definizione di uno scenario (da Garvin e Lavesque 2006)

management a riflettere su come possono svilupparsi gli ambiti in cui competere. Un utile schema logico per la pianificazione di scenari è offerto da Garvin e Levesque (2006), attraverso un percorso in otto semplici passaggi, raffigurato nella Figura 3.4.

Key Focal Issue. La definizione di uno scenario parte da una domanda fondamentale. Un tema su cui vi è profonda incertezza ma che è particolarmente rilevante per il business dell'azienda. Uno scenario può presentare un orizzonte temporale di diversi mesi o diversi anni, a seconda di quale sia il *key focal issue*. È chiaro che la questione scelta debba essere rilevante per il processo di innovazione del modello di business.

Driving Forces. Quali sono i fattori che hanno un impatto sullo scenario? Se la domanda scelta è sufficientemente ambiziosa, ci si accorgerà presto che i fattori che ne determinano le dinamiche sono tanti e particolarmente complessi: anch'essi sono tutt'altro che predeterminati. Nello scegliere le *Driving Forces* che influenzano il *key focal issue* è necessario operare secondo le logiche del brainstorming, identificando più variabili possibili e lasciando ampio spazio alla discussione sulla loro rilevanza.

Critical Uncertainties. Identificare le due variabili più rilevanti. Ogni modello deve arrivare a definire alcune drastiche semplificazioni. Si tratta di un passaggio fondamentale per arrivare a concretizzare la discussione in uno strumento utile ad una presentazione. In seguito, una volta approfondita la disamina dei vari fattori che possono influenzare lo scenario, è necessario che si converga verso due fattori, tra di loro il più possibile ortogonali (cioè non correlati) che vengono considerati i più rilevanti per lo scenario in questione. Nella scelta è necessario tenere in considerazione anche il fatto che, per l'orizzonte temporale scelto, queste variabili sono davvero aleatorie e fuori dal controllo dell'azienda. Possono essere prese in considerazione variabili di natura qualitativa o quantitativa.

Scenario Framework. L'incrocio delle due variabili va a formare una matrice 2 × 2. Sull'asse delle ascisse verranno indicati i due valori estremi che una delle due variabili scelte può assumere. Sull'asse delle ordinate verranno posti i valori estremi dell'altra variabile.

Scenarios. Le quattro caselle della matrice rappresentano quattro mondi alternativi, realizzabili a seconda dello sviluppo in un senso o nell'altro delle due variabili critiche. È utile, a fini comunicativi, associare un nome a queste quattro situazioni che rappresentano quattro scenari.

Narratives. A questo punto è possibile focalizzarsi sulla descrizione di questi quattro mondi possibili.

Implications and Strategic Options. Una volta descritti i contenuti di queste diverse situazioni, è necessario ritornare al modello di business che si vuole perseguire e dunque ragionare su quali possano essere le implicazioni strategiche e le opzioni disponibili a seconda della proiezione verso una direzione piuttosto che un'altra. Riflettere su quale di questi quattro scenari può essere più desiderabile può portare anche i gruppi di lavoro a riflettere sul problema di partenza, riqualificandolo o identificando possibili soluzioni di business alternative e fino a quel momento non prese in considerazione.

Early Warning Signals. Per concludere questo esercizio può essere opportuno ritornare un'ultima volta all'analisi dello scenario e identificare quali potrebbero essere i primi segnali che uno dei quattro mondi alternativi sta producendo. Questa riflessione potrebbe fornire importanti indicazioni nella fase di business development, quando l'azienda, conclusa la fase di riflessione sul modello di business, entrerebbe nella fase più concreta e operativa. A seconda dell'evolvere di situazioni al di fuori del controllo dell'azienda, i manager potranno operare nell'ottica del *fine tuning* del modello di business scelto, in modo da ottimizzare le possibilità di successo e diminuire il rischio aziendale.

3.5
Enabling Technologies

Fase centrale nella definizione di un nuovo modello di business è senz'altro l'identificazione di quelle tecnologie abilitanti, che l'azienda ha a disposizione, che sono in grado di consentire di arrivare ad una soddisfacente soluzione del problema iniziale. In questo contesto il termine tecnologia va inteso in senso ampio. Non stiamo parlando solamente di strumenti di sofisticata ingegneria, coperti da brevetti o segreto industriale, ma anche di conoscenza implicita, capacità rilevanti e magari uniche, che l'azienda possiede e che è in grado di attivare, possibilmente meglio di eventuali concorrenti, per arrivare a cogliere nuove opportunità. Questa conoscenza è spesso da ricercare tramite una revisione dei processi esistenti, anche grazie all'aiuto di consulenti esterni e di strumentazioni come quelle proposte da Merli nel suo capitolo.

Occorre tenere ben presente che possedere e avere il controllo esclusivo della conoscenza/tecnologia critica non è sempre garanzia di successo per l'azienda. Si tratta senza dubbio di un importante punto di partenza, ma non basta per arrivare ad un nuovo modello di business. Prendiamo ad esempio il caso delle Information Technologies (IT): la loro adozione, anche massiccia, non porta necessariamente ad un proporzionale aumento di competitività. Nel decennio che si è appena concluso diversi economisti si sono lanciati in un intenso dibattito per comprendere l'effettivo impatto dell'IT sui processi di business e sulla produttività nel settore dei servizi (si prenda ad esempio Carr (2004), come interessante punto di partenza per l'esplorazione delle tesi al riguardo). Certo la diffusione di queste tecnologie è fattore necessario, ma non sufficiente per arrivare alla realizzazione di quelle *business practice* di cui Rey parla nel suo capitolo. Quello che spesso accade è che per la conoscenza più rilevante, quella che effettivamente può diventare fonte di vantaggio competitivo, la capacità di *appropriazione* e di integrazione nei processi di business non è ugualmente diffusa tra le aziende e dunque solo alcune di esse sono effettivamente in grado di beneficiare della "marcia in più" rappresentata da tale accesso privilegiato. Andare oltre l'analisi delle conoscenze a disposizione e delle tecnologie rilevanti, per identificare quelle competenze che, rispetto alla concorrenza, possiamo gestire meglio dei concorrenti, applicandole con successo alla risoluzione di singoli problemi, ci porta alla vera finalità di questa fase del processo di innovazione dei modelli di business.

La domanda centrale per identificare modelli di business che si possono trasformare in opportunità di successo commerciale è la seguente: su quali competenze siamo veramente noi i fuoriclasse? I modelli di business di successo, infatti, si basano sulla valorizzazione di posizioni di vantaggio uniche, difficilmente trasferibili, che l'azienda è per qualche ragione in grado di sfruttare meglio di altri. Non deve necessariamente trattarsi di un vantaggio competitivo assoluto, può molto più banalmente trattarsi di un elemento di differenziazione che l'azienda ha maturato a partire da situazioni contingenti molto particolari. Questa fase della riflessione, pertanto, porta i *business developers* a ragionare su quale sia la soluzione all'opportunità iniziale che non tanto si presta meglio a risolvere un problema, ma che è di fatto quella su cui l'azienda ha la capacità di valorizzare meglio certe sue posizioni di vantaggio, tramite un nuovo prodotto, un nuovo servizio, una nuova combinazione prodotto-servizio.

Occorre a questo proposito verificare quali siano gli investimenti pregressi dall'azienda che possono risultare utili per l'attivazione di tecnologie in grado di sfruttare l'opportunità identificata tramite un nuovo modello di business. Questi investimenti possono essere immaginati come un iceberg che galleggia sull'oceano e che emerge dalle acque indifferenziate che lo circondano. Per mercati diversi, per modelli di business diversi, alcuni iceberg, cioè certi fattori di differenziazione, sono più rilevanti di altri. Ma quali sono gli iceberg, le tecnologie e i punti di differenziazione che meglio possono essere valorizzati nella situazione attuale? Un iceberg è composto da due parti. La parte sommersa rappresenta gli investimenti che un'azienda ha fatto come precondizione per entrare in un particolare dominio tecnologico. Tali investimenti rappresentano una condizione necessaria, ma non garantiscono di per sé alcuna capacità di differenziazione rispetto alla concorrenza. Essi costituiscono tuttavia la base su cui un'azienda può andare ad accumulare "conoscenza differenziante", rappresentata appunto dalla parte emersa dell'iceberg.

Lo scioglimento dell'iceberg – ma qui entriamo in un altro discorso – raffigura la trappola della "commoditizzazione", cioè la progressiva obsolescenza di competenze e tecnologie qualificanti, che via via diventano di dominio pubblico e progressivamente indifferenziate. Non solo l'azienda deve dunque utilizzare questi iceberg correttamente, valorizzandoli nel proprio modello di business, ma deve anche continuare ad investire attivamente nel mantenimento di questa sua posizione differenziata. È proprio qui che l'attivazione di nuovi servizi ci permette di identificare nuove opportunità di sviluppo (Chesbrough 2011).

3.6
Complementary assets e alleanze

Se la discussione sulle *enabling technologies* è stata condotta in ottica di sviluppo di un nuovo business, è molto probabile che si arrivi ad un punto in cui è inevitabile rendersi conto che non tutti gli ingredienti necessari per arrivare a sviluppare un nuovo modello sono già disponibili in casa. È pertanto necessario adoperarsi per identificare quegli elementi necessari, attualmente al di fuori della nostra azienda, che rendono possibile la realizzazione di un nuovo modello di business. Si tratta dei cosiddetti *asset complementari* di cui l'azienda non dispone ma che essa può ricercare ed ottenere tramite accordi di fornitura o partnership strategiche, magari finalizzate alla realizzazione di un progetto innovativo.

Questa fase di sviluppo di un nuovo modello di business è particolarmente impegnativa e complessa, in quanto molto spesso si sottostimano i rischi di alleanze sbagliate o non si considera appieno il potere negoziale che un fornitore ha in frangenti in cui la qualità e il rispetto delle specifiche di un componente è fondamentale.

Il punto di partenza dell'innovazione aperta applicata al mondo dei servizi, come a quello manifatturiero, è che molto probabilmente "la persona più adatta per lo svolgimento di un progetto non lavora in questa azienda, ma le sue competenze sono disponibili sul mercato". Chiaramente il problema è trovare sul mercato le competenze che servono per lo sviluppo di un nuovo modello di business. Quali sono le alleanze necessarie per arrivare a sfruttare appieno il vantaggio competitivo tramite un nuovo modello di business? Molto probabilmente la gestione delle alleanze rappresenta l'opzione più rischiosa per la realizzazione del nostro modello. Dai comportamenti dei partner a volte dipenderà il successo dell'operazione, e il fatto che studi empirici dimostrino che più di due terzi delle alleanze finiscono con il non raggiungere gli obiettivi da cui erano partite non è senz'altro una notizia incoraggiante. Sarebbe particolarmente utile, specialmente per i progetti di sviluppo più rilevanti, disporre di modelli in grado di azzerare il rischio insito nell'attivazione di alleanze. Ciò non è chiaramente possibile, anche se possono essere identificati dei punti critici nella scelta dei partner e nel design di un'alleanza

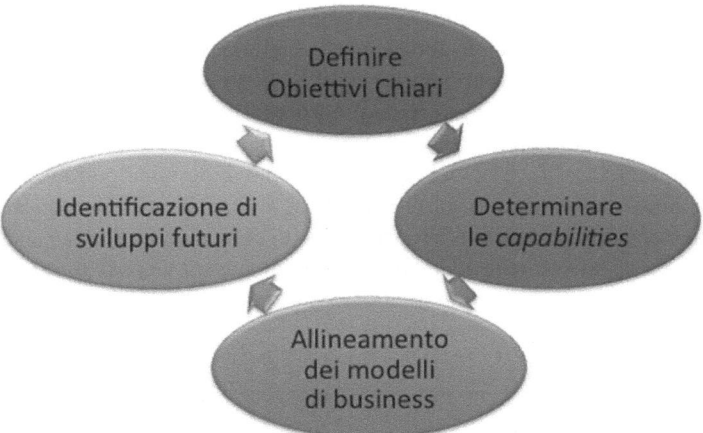

Figura 3.5 Il percorso di definizione di un'alleanza

che sono particolarmente importanti da seguire e che un'azienda deve provare a rispettare.

La ricetta proposta non è chiaramente esaustiva, ma si riferisce ad un'idea piuttosto semplice: le alleanze devono essere finalizzate, devono avere un chiaro scopo, cioè quello di accedere a degli asset complementari e per funzionare devono basarsi su logiche chiare e trasparenti.

Definire obiettivi chiari. Per intraprendere un'alleanza è necessario che i partner abbiano chiaro l'obiettivo da raggiungere. Perché questa partnership è necessaria? Ha come obiettivo quello di migliorare i margini? Oppure di diminuire il *time to market*? Aumentare il raggio delle possibilità di innovazione dell'azienda? Espandere i mercati a cui l'azienda può accedere? Nella definizione delle finalità di una partnership ideale è anche possibile cominciare a tratteggiare le caratteristiche concrete del partner. Non è saggio intraprendere una partnership senza che queste finalità siano chiare. Ovviamente, nel corso dello sviluppo del rapporto di collaborazione, queste finalità possono cambiare, ma partire senza obiettivi è estremamente pericoloso.

Determinare le capabilities. Una volta definiti gli obiettivi bisogna discutere cosa si è disposti a condividere e che cosa ci si aspetta che il partner metta sul tavolo. Non sempre infatti è possibile disporre delle competenze che un'alleanza richiederebbe. Per motivi organizzativi, strategici, di riservatezza o altre contingenze, le aziende che intraprendono un percorso di partenariato devono fare i conti con ciò che sono disposte a mettere in gioco. Ci sono delle *capabilities* indispensabili perché la logica dell'alleanza funzioni. Se due aziende non sono in grado di mettere a disposizione queste loro risorse, allora l'alleanza non può funzionare. Ci sono invece anche delle capabilities accessorie: dei processi, delle attività, delle risorse che, se condivise, migliorerebbero il risultato dell'alleanza. In questo caso starà alla negoziazione definire come e se sviluppare il rapporto andando ad includere anche linee di attività accessorie. Ci sono infine le competenze che le aziende partner considerano critiche per il proprio business. Queste non possono essere condivise, pena la perdita di indipendenza o la condivisione di informazioni e risorse strategiche che l'azienda fa bene a tenersi per sé. Un esame di quali siano queste competenze è fondamentale per intraprendere un rapporto di partenariato, anche per comprendere quali sono i nostri limiti, la linea da tracciare e da non oltrepassare. Chiaramente potremmo essere anche a conoscenza di competenze critiche per il nostro partner, che diventano per noi importanti. In questo caso l'unica strada per avere accesso a queste competenze potrà essere l'acquisizione.

Allineamento dei modelli di business. Un'altra regola d'oro nell'intraprendere un'alleanza è quella di non considerarsi "i più furbi di tutti". O quanto meno, non è consigliabile comportarsi come tali. Tradotto in termini più formali, è fondamentale che nella definizione di un'alleanza si identifichi un modo in cui i modelli di business dei vari partner siano allineati: deve esistere cioè una logica secondo la quale se ognuno fa il proprio dovere apportando quanto gli viene richiesto – ammesso che le circostanze esterne coincidano con quanto preventivato – tutti ci guadagneranno. Altrimenti, se non esistesse questa situazione win-win, perché i soggetti partner rimarrebbero al tavolo? È probabile che se una soluzione win-win non si intravede, i veri *pay-off* dei partner non siano quelli dichiarati. Magari la logica dell'alleanza non è stata esplicitata fino in fondo e in questa zona d'ombra si annidano le insidie, sia per il successo dell'alleanza che per i singoli partner. Anche in questo caso bisogna tenere conto del fatto che, una volta identificati i giusti obiettivi e le giuste competenze da richiedere all'alleato, può rivelarsi infruttuosa la ricerca di un fattivo allineamento dei modelli di business. In questo caso, l'alleanza non funzionerà secondo quanto previsto dagli accordi.

Tuttavia, anche quando i modelli di business appaiono ben allineati, non è detto che ciò comporti necessariamente l'assenza di sorprese negli sviluppi del partenariato. Anzi, uno dei due partner, nella realizzazione delle condizioni di win-win, potrebbe arrivare alla realizzazione dei suoi obiettivi in una maniera totalmente inaspettata e magari sproporzionata rispetto alla remunerazione richiesta per l'impegno degli altri partner. In questi casi è probabile che si entri in una fase di rinegoziazione.

Identificazione di sviluppi futuri. Come già sottolineato, un rapporto di partenariato è per definizione rischioso e ricco di imprevisti, capovolgimenti di fronte, previsioni che vengono disattese e modelli applicati solo a metà. È dunque consigliabile che un progetto di partenariato sia caratterizzato da passaggi successivi, da *milestone* che segnano alcune fasi fondamentali: dei momenti di verifica in cui i soggetti coinvolti possono decidere di accelerare, modificare il percorso, identificare nuovi obiettivi. È chiaro che la conoscenza e la positiva esperienza con un partner nuovo porta, progressivamente, a livelli di fiducia sempre maggiori, che possono determinare possibilità di sviluppo del rapporto in direzioni prima non contemplabili. Se prima, per esempio, alcune capabilities erano considerate critiche e dunque non condivisibili, con il tempo queste competenze potrebbero essere rimesse in gioco e costituire la base per la riqualificazione del rapporto e per progetti più ambiziosi.

3.7
La nuova soluzione: combinare prodotto e servizio

Una volta definite risorse disponibili, asset complementari a cui accedere e avendo chiaro il problema da cui si era partiti, è il momento di tratteggiare una possibile configurazione per una nuova offerta da portare sul mercato. Molto spesso oggetto della commercializzazione tramite un nuovo modello di business sarà la combinazione di un prodotto con un servizio. Su questo argomento, diversi contributi in questo libro possono essere d'aiuto nell'indirizzare le scelte di business development, a cominciare dal capitolo di Dalli-Lanzara e di Merli. Alcuni utili spunti possono essere poi trovati nel libro di Henry Chesbrough (2011) su Open Service Innovation. Qui vorremmo soffermarci su un elemento fondamentale nel continuum prodotto-servizio, senza ripetere questioni già chiarite altrove.

Più precisamente, quale rapporto può esserci tra la base rappresentata da un prodotto e i servizi che attorno ad esso vengono definiti? In un processo di terziarizzazione del modello di business aumenta la percentuale del valore aggiunto della componente "servizio" e diminuisce di conseguenza la percentuale della componente "prodotto". Ma molto spesso il punto di partenza è il cliente di un prodotto già esistente, e dunque delle caratteristiche di questa sua domanda non è prudente dimenticarsi.

Particolarmente utile al riguardo è lo schema proposto da Oliva e Kallenberg (2003) nella loro analisi della transizione di un'offerta orientata al prodotto ad una orientata al servizio. Questi autori identificano il punto di partenza nell'*installed base*, cioè i clienti che al momento utilizzano i nostri prodotti ed identificano due movimenti fondamentali nell'evoluzione di un modello di business nell'ottica dei servizi. Utilizziamo la Figura 3.6 per discutere questo concetto.

	Servizi focalizzati sul prodotto	Servizi focalizzati sul processi dell'utente finale
Servizi transazionali	*Servizi di base per gli utenti* Gestione del documenti/pratiche, trasporto, installazione, corsi di formazione di base/aggiornamento, help desk, ispezioni, diagnosi, riparazioni	*Servizi professionali* Ingegnerizzazione del processi, R&S basata sui processi, servizi di formazione avanzata
Servizi relazionali	*Servizi di manutenzione* Manutenzione preventive, monitoraggio, gestione del ricambi, contratti di manutenzione	*Gesione delle Operazioni* Gestione della funzione di manutenzione, gestione in outsourcing delle funzioni

Figura 3.6 Espansione dell'offerta di servizi (tradotto da Oliva e Kallenberg 2003)

Se vogliamo innovare partendo da quanto abbiamo oggi a disposizione, anche quando vogliamo introdurre degli elementi particolarmente nuovi, dirompenti, unici e differenzianti, possiamo provare a porci due domande:

a) I servizi che stiamo proponendo sono indirizzati alla fruizione di un prodotto oppure sono finalizzati all'integrazione con i processi del cliente?
b) I servizi che stiamo proponendo si vendono su una base "transazionale" oppure il nostro è un rapporto "relazionale" con i nostri clienti?

Dall'incrocio di queste due dimensioni otteniamo la matrice rappresentata nella Figura 3.6. Servizi che si orientano al prodotto su base transazionale sono servizi di base, che assistono la nostra *installed base* nella fruizione di un particolare prodotto. Esempi di questi servizi sono il supporto documentale, l'installazione, l'assistenza a distanza e la fornitura di pezzi di ricambio. Servizi che si orientano sul prodotto ma che però proponiamo ai nostri clienti su base relazionale sono veri e propri servizi manutentivi, di monitoraggio, di gestione completa del corretto funzionamento di un dato prodotto, come ad esempio di un macchinario complesso.

Tornando alla fornitura di tipo transazionale, ma orientata ai processi del nostro cliente e non dunque più ad un singolo prodotto, troviamo attività che funzionano nell'ottica dei servizi professionali. Si tratta di prestazioni *on demand* che magari si appoggiano a strumentazioni e prodotti, ma che vanno ad impattare e spesso a riprogettare attività del nostro cliente. Si tratta, ad esempio, di consulenze, attività di formazione, test e reingegnerizzazione, ecc. Infine, se questa ultima attività non viene fatta su base transazionale ma relazionale, allora ci stiamo prendendo la responsabilità di intere operazioni del nostro cliente, in maniera continuativa. Potremmo per esempio arrivare a gestire interamente alcune sue operations, un suo particolare bisogno.

Il passaggio da fornitura transazionale a relazionale e il passaggio dall'attenzione su un prodotto alle operations del cliente rappresentano le due evoluzioni fondamentali per un modello di business nell'ottica della terziarizzazione. Si tratta di un processo che non deve trascurare il punto di partenza dell'azienda, su cui essa fonda il suo vantaggio competitivo attuale. È chiaro che non tutti i modelli, non tutte le attività si prestano a tale operazione, ma comunque, ciò detto, bisogna impegnarsi per trovare nuove strade e nuove soluzioni, nell'ottica dell'upgrade progressivo, piuttosto che del radicale sconvolgimento dell'identità dell'azienda. Questo è un concetto che è valido sia per il mondo B2B che per quello B2C. Anche in questo secondo caso è infatti possibile citare aziende che hanno saputo ri-orientare una loro proposta basata esclusivamente sulla vendita di un prodotto, fino a farsi carico quasi interamente di un bisogno di un loro cliente.

3.8
Value Proposition

Arriviamo dunque ad un punto del nostro percorso in cui è necessario sintetizzare la nuova proposta, con concetti chiari, sempre più precisi, dove si cominciano ad intravedere rischi e potenzialità, ma anche la *bottom line* per l'azienda.

Diventa indispensabile, in questa fase, definire una value proposition, che rappresenta il nucleo centrale per la definizione di documenti strategici di rilevanza interna ed esterna. Da un punto di vista interno, la value proposition ha come finalità quella di preparare il terreno per la discussione sull'opportunità di investimento e dunque, nell'ottica del *business development*, arriverà il momento in cui il project management dovrà preparare una presentazione per i vertici aziendali, al fine di ottenere il loro via libera all'operazione. Questo passaggio sarà necessario, in particolare, per spiegare la fattibilità dell'operazione, la coerenza con i valori e la mission dell'organizzazione, oltre che la congruenza del ROI atteso.

Da un punto di vista esterno, la value proposition costituirà invece il nucleo di partenza che dovrà contribuire alla definizione del piano marketing in cui verrà descritto il valore aggiunto per il cliente finale.

È utile in questo stadio del processo aprire i lavori dei gruppi di business development alla più ampia condivisione con il resto dell'azienda ed eventualmente con soggetti esterni in grado di contribuire a questa fase del percorso di innovazione del modello di business che deve essere da una parte estremamente creativa, ma dall'altra anche molto realistica, in linea con valori e possibilità dell'azienda. Infatti, nel momento in cui andiamo a presentare un messaggio nuovo al cliente, dobbiamo essere soddisfatti della presa che questo messaggio avrà, ma non possiamo dimenticarci della coerenza con i contenuti fino ad ora trasmessi, e soprattutto è estremamente azzardato andare a spendere il nome dell'azienda su promesse irrealizzabili.

La parola d'ordine, per arrivare a realizzare un nuovo modello di business, è dunque quella di arrivare a sintetizzare in maniera efficace, da un punto di vista comunicativo, un'idea di business in linea con i valori aziendali e realistica nella possibile implementazione. Ma arrivare ad una sintesi di un processo creativo non è banale. Probabilmente esistono molte idee/visioni, alcune delle quali complementari, altre in netto contrasto tra loro, e questo fervore è il risultato di un processo creativo che ha ben funzionato. Un esercizio che può portare alla necessaria sintesi di una value proposition è quello di provare a costruire quello che gli americani chiamano l'*elevator's pitch*, cioè una breve, brevissima presentazione che in pochi concetti spiega gli elementi essenziali del nuovo modello di business. Il *pitch* è composto da una sequenza logica molto lineare. Esso deve contenere riferimenti a:

a) *Target market:* per chi è pensato questo nuovo prodotto/servizio? Si tratta di un segmento di mercato particolarmente sensibile alla nostra offerta. In un secondo tempo potrebbero svilupparsi altri mercati, ma per la fase iniziale di lancio questa categoria sarà la prima a venire interessata dalla nostra offerta.
b) *Caratteristica del target:* quale tra le tante caratteristiche di questo segmento di mercato è particolarmente interessante per la nostra offerta?

c) *Identificazione dell'offerta:* come caratterizziamo la nostra offerta? Qui è importante partire da una categoria merceologica nota: per essere capita, la nostra offerta deve assomigliare per certe sue caratteristiche di fruizione a qualche cosa che già esiste.
d) *Key benefit:* la nostra offerta però si distingue dal prodotto/servizio a cui la abbiamo identificata perché fa qualche cosa che gli altri non possono fare.
e) *Confronto:* in ottica comparativa, il pitch spiega il beneficio della nostra offerta confrontandolo con il valore generato da altre offerte presenti sul mercato.
f) *Elemento di differenziazione:* per ogni offerta presente sul mercato il pitch spiega la differenza sostanziale che qualifica il nostro *Key Benefit* agli occhi dei clienti.

Se pensiamo, per esempio, di avere inventato il concetto di fast food, il nostro servizio troverà innanzitutto il gradimento di un pubblico molto giovane (*target market*), che desidera un cibo economico, gustoso e sfizioso (*caratteristica del target*). La nostra sarà magari una catena di punti di ristoro – di proprietà o in franchising – che distribuiscono un menù modulare composto principalmente da un contorno (patatine o insalata), un hamburger con una serie di condimenti alternativi e una bibita (*identificazione dell'offerta*). Questo menù si compone di elementi precotti, può essere assemblato e segnato in meno di un minuto dall'ordinazione, arriva a costare massimo 10 euro (*key benefit*).

A differenza di un servizio di ristorazione tradizionale o di un veloce panino al bar *(confronto)* il nostro prodotto può essere preparato per l'asporto, è veloce da mangiare, ma rimane un menù completo: si propone di essere il più economico e sfizioso pasto caldo disponibile sul mercato (*differenziazione*).

È chiaro che questi concetti, espressi o rappresentati in una serie di slide, con un video o quant'altro, apriranno la strada ad un dibattito e daranno luogo a richieste di informazioni aggiuntive. Ma l'obiettivo della *value proposition* non è tanto quello dell'esaustività, quanto quello della chiarezza e della persuasione, per poi proseguire con approfondimenti specifici, magari riguardanti un piano di investimento, un piano marketing o più in generale i passi successivi per arrivare all'implementazione del nuovo modello di business.

3.9
Conclusioni

Arrivati a questo punto, ogni gruppo di lavoro dovrebbe aver raccolto sufficienti informazioni per riempire la struttura di modello di business in Figura 3.3. Questa sintesi finale permette di comunicare in maniera efficace il lavoro svolto e il nuovo punto di arrivo, nella combinazione di prodotto/servizio che meglio si presta a rispondere al problema iniziale. Riempire il business model canvas è un esercizio utile per chiarire le idee sui risultati conseguiti e anche per avere in mano uno strumento illustrativo piuttosto efficace.

È chiaro che questo punto di arrivo potrebbe anche rappresentare il punto di partenza di un nuovo percorso. I modelli di business, infatti, non rispondono a leggi matematiche e la loro validità si basa su ipotesi comunque rischiose e raffigurazioni di scenari tutt'altro che completi. Bisogna essere pronti ad un piano B da tenere pronto nel momento in cui le ipotesi su cui si poggiava il ragionamento di partenza del nuovo modello di business cominciassero a scricchiolare. Nell'analisi di diversi nuovi business, Mullins e Komisar (2009) ci confermano che non è tanto al primo, quanto al secondo o al terzo tentativo che un'azienda trova il successo sperato.

Chiudiamo dunque questo capitolo sottolineando nuovamente come anche nel settore dei servizi la realizzazione di un'innovazione di modello di business necessita la presenza di un soggetto imprenditoriale che si accolla il rischio innato in ogni progetto innovativo. È compito degli analisti tentare di trovare quelle logiche che minimizzano il livello di rischio di una nuova impresa commerciale ed è a questo scopo che abbiamo presentato in questo capitolo uno schema per guidare il percorso di innovazione.

Bibliografia

Carr NG (2004) Does IT Matter? Harvard Business School Publishing Corporation, Boston
Chesbrough H (2003) Open Innovation. HBS Press, Cambridge
Chesbrough H (2004) Managing Open Innovation: Chess and Poker. Research-Technology Management 47: 13–16
Chesbrough H (2008) Open: Modelli di business per l'innovazione. Egea, Milano
Chesbrough H (2011) Open Services Innovation – Competere in una nuova era. Springer, Milano
Garvin D A, Levesque L C (2006) A note on scenario planning. Harvard business School, Boston
Mullins J, Komisar R (2009) Getting to Plan B: Breaking Through to a Better Business Model. Harvard Business Press, Boston
Oliva R, Kallenberg R (2003) Managing the transition from products to services. International Journal of Service Industry Management 14(2): 160–172
Osterwalder A (2010) Business Model Generation: A Handbook for Visionaries, Game Changers, and Challengers. John Wiley & Sons, Hoboken

ESPERIENZA INNOLAB
Info mobilità/Open Innovation

Master MAINS, a.a. 2007/2008
Soggetti coinvolti nell'InnoLab:
Allievi – Filippo Barra, Roberta Ghedini, Francesco Inguscio, Donato Mazzeo e Alice Orlich
Aziende – Centro Ricerche Fiat, Elsag Datamat, IBM Italia, Tiscali e Xerox
Docenti – Riccardo Giannetti e Paola Miolo Vitali

1. Il problema ...
Il laboratorio si è concentrato sulle opportunità emergenti nell'ambito dei servizi d'infomobilità con l'obiettivo di identificare un servizio innovativo e analizzare il relativo modello di business.

L'infomobilità come area di ricerca e sviluppo tecnologico può essere definita come l'utilizzo di tecnologie ITS – "Intelligent Transportation Systems" (riguardanti cioè i Sistemi Intelligenti di Trasporto) per migliorare la gestione della mobilità pubblica e privata, ridurne la congestione e l'impatto ambientale e quindi migliorare la qualità della vita dei cittadini.

I servizi innovativi che possono essere realizzati in quest'area hanno una significativa ricaduta in termini economici e sociali. La complessità implicita nell'identificazione di servizi d'infomobilità e dei relativi modelli di business risiede sia nella corretta individuazione dei reali bisogni degli utenti sia nella corretta analisi degli ecosistemi di business che tali servizi possono attivare. L'interazione tra i diversi attori di questi ecosistemi va analizzata definendo per ciascuno di essi i nuovi processi di business e le competenze necessarie a realizzarli.

Il servizio e il relativo modello di business proposto dal laboratorio, valorizzando al meglio le core competences delle aziende partner, avrebbero dovuto far leva su un ecosistema aperto mettendo in pratica la filosofia della "Open Innovation", teorizzata dall'economista Henry Chesbrough.

Per realizzare l'analisi degli ecosistemi di business alla base dei servizi studiati è stato posto come vincolo metodologico del laboratorio l'utilizzo della metodologia del " Component Business Modeling" – CBM, introdotta da IBM. Il CBM nasce come framework per mappare i business components ricomponendoli al fine di concentrare le risorse aziendali su quelli a maggior valore aggiunto, massimizzando così il valore creato dall'azienda. L'obiettivo finale è stato quello di completare il modello di business con una proposta di business case in grado di evidenziare la sostenibilità economica della soluzione individuata.

2. Modalità di sviluppo del lavoro

Il lavoro si è svolto in due fasi principali:

a) mappatura dell'intera gamma dei servizi d'infomobilità;
b) individuazione di un'area specifica da analizzare con metodologia CBM proponendo, al suo interno, un servizio innovativo del quale tracciare modello di business e relativo business case.

Nella prima fase sono stati studiati i principali rapporti del settore e la mappatura ha permesso l'individuazione di macro-famiglie di servizi insieme alla descrizione delle principali classi di servizio al loro interno. Ne sono state quindi individuate cinque: a) gestione del trasporto individui, b) gestione del trasporto merci, c) gestione del traffico e sicurezza, d) pagamenti per la mobilità, e) controllo avanzato dell'autoveicolo.

L'analisi di ciascuna famiglia è stata compiuta prendendo in considerazione le seguenti variabili: ambito applicativo e funzionalità dei singoli servizi, relativi bisogni soddisfatti, tecnologie, tasso di adozione, trend attuali, principali benefici per l'azienda che adotta la tecnologia, freni all'adozione, attori dell'ecosistema e *case histories*.

La mappatura ha portato alla scelta dell'analisi sui sistemi di pagamento delle soste. Gli studi sugli ecosistemi di business legati ai sistemi di pagamento della sosta non si sono rivelati né numerosi né approfonditi. La natura e l'oggetto della ricerca hanno quindi spinto all'utilizzo di una metodologia basata su case study esplorativo. La scelta è stata quella di focalizzare lo studio sul case history di gestione del pagamento sosta rappresentato dal Comune di Pisa, analizzando i dati empirici relativi ai diversi metodi di pagamento adottati.

Per il case study si è ricorsi all'utilizzo di interviste alla società per i servizi alla mobilità di Pisa (PISAMO S.p.A.), l'analisi della carta servizi e di altri documenti aziendali PISAMO e la consultazione di documentazione accessoria (presentazioni ACI, ecc.).

Sono stati individuati diversi metodi di pagamento intorno ai quali è stata poi strutturata l'analisi: a) moneta, b) abbonamento, c) tessera elettronica Europark, d) gratta e sosta, e) sistema di mobile-payment tramite cellulare.

Si sono quindi mappati i *business processes* relativi al funzionamento di ciascun metodo ed è infine stato tracciato il *Component Business Model* relativo alla realtà pisana dei pagamenti sosta, cercando poi di generalizzare l'analisi sulla base della documentazione disponibile. In questo contesto il CBM è stato utilizzato al fine di individuare i business components mappando l'ecosistema in cui interagiscono le aziende.

Fra i principali attori coinvolti nell'ecosistema, si è identificato il ruolo centrale della società per i servizi alla mobilità, affiancata da diversi attori complementari: il fornitore dei parcometri, la società degli ausiliari preposti al controllo del traffico e delle infrazioni al codice della strada, la banca (coinvolta soprattutto per l'attività di conta del metodo "moneta"), nonché diversi altri soggetti con ruoli secondari. Per ciascun attore sono stati individuati i business components rilevanti, evidenziando le maggiori inefficienze per metodo e attore di riferimento.

In parallelo è stato effettuato uno *scouting* sulle innovazioni tecnologiche più promettenti nel settore dei pagamenti per la mobilità avvalendosi delle competenze strategiche e tecnologiche delle aziende partner.

Attraverso un'analisi dettagliata dei bisogni *consumer* e *business* espressi e/o impliciti degli utenti dei sistemi di pagamento sosta – in particolare gli automobilisti da un lato e la società di gestione della mobilità urbana dall'altro – è stata costruita una griglia di valutazione grazie alla quale sono stati classificati, in base al valore creato per gli utenti, i cinque metodi adottati. La griglia è stata inoltre utilizzata per individuare, fra i possibili metodi di pagamento basati su tecnologie innovative, quello in grado di apportare il maggior numero di benefici al pubblico e alle imprese. Così facendo il laboratorio ha assunto un punto di vista *demand pull* sull'introduzione dell'innovazione.

3. Soluzione proposta

La soluzione proposta come servizio di pagamento sosta innovativo è basata sull'installazione di sensori stradali sulle piazzole di parcheggio. L'idea è stata battezzata "iPark" al fine di evidenziare l'"intelligenza" incorporata nei sensori al fine di rilevare l'occupazione della piazzola di sosta. Infatti i sensori stradali in questione sarebbero progettati per dialogare con appositi sensori da installare a bordo dell'autoveicolo attivando in automatico i processi di pagamento sosta.

Da un punto di vista di marketing, iPark è in grado di eguagliare e superare i benefici per i cittadini e la società di gestione della mobilità conseguibili attraverso altri metodi di pagamento. Inoltre, sono stati individuati ulteriori benefici conseguenti all'adozione di tale servizio: il sistema sarebbe in grado di abilitare la prenotazione e il pagamento in tempo reale per gli automobilisti e favorire il decongestionamento del traffico permettendo alla società di gestione della mobilità la modulazione delle tariffe di parcheggio in maniera dinamica.

Grazie alla costruzione del CBM, la principale novità che è emersa nell'ecosistema di business è la presenza di un attore nuovo che è stato denominato "società di gestione della sensoristica", preposto all'implementazione e alla gestione del sistema di sensori nonché di tutta l'infrastruttura necessaria e dei dati prodotti in tempo reale dal sistema. Va inoltre sottolineata l'eventuale introduzione di nuove attività per attori già presenti nell'ecosistema e l'efficientamento dei processi da essi implementati grazie all'introduzione del nuovo metodo. Un esempio significativo in tal senso è dato dai miglioramenti che verrebbero apportati al processo di rilevamento delle infrazioni grazie alla possibilità di segnalazioni "mirate".

Fra i principali benefici emersi dalla mappatura dei processi di business attivabili ci sarebbe inoltre la possibilità di abilitare nuovi servizi agli utenti attraverso la stessa infrastruttura iPark (es. esponendo i dati di occupazione parcheggio *real time* come contenuti verso società di navigazione satellitare, ecc.).

Il modello che è stato adottato per testare la sostenibilità economica del servizio parte dall'assunzione che l'investimento nell'infrastruttura sia realizzato da parte della società di gestione della sensoristica e che l'uso dell'infrastruttura venga offerto, sotto forma di servizio, alla società comunale di servizi per la mobilità urbana. Il *business case* è stato realizzato utilizzando ipotesi conservative sia sul numero di piazzole attrezzate con la sensoristica, sia in termini di migrazione degli utenti al nuovo metodo di pagamento. Attraverso la quantificazione di benefici quali la riduzione dei costi e l'incremento dei ricavi associati alla migrazione dai vecchi metodi di pagamento verso iPark, è stato possibile dimostrare il vantaggio dell'investimento per la società comunale per la mobilità già dal primo anno. Nel caso della società di gestione sensoristica le stesse assunzioni dimostrano la possibilità di raggiungere il *break-even* entro quattro anni e la forte redditività dell'investimento negli anni successivi.

La trasformazione del modello di business: il *Business Modelling*

G. Merli

La riconfigurazione del modello di business di un'impresa, specialmente per attivare capacità per nuovi business e/o per operare in logica di "Open Business", richiede know how organizzativo e attrezzi di lavoro un po' diversi da quelli tradizionalmente utilizzati. La logica di rappresentazione delle attività aziendali utile a tale scopo è quella della mappatura delle Attività/Competenze di cui ha bisogno l'impresa per partecipare all'ecosistema di business in cui opera. Ciò per capire quali attività sono necessarie per realizzare nuove value propositions e/o per garantire vantaggio competitivo-differenziazione e/o per valutare possibilità di esternalizzazione. Tale logica è comunque fondamentale per poter riallineare continuamente la propria organizzazione sui segmenti della catena del valore a maggior valore aggiunto o a maggior proteggibilità/unicità, individuando nel contempo possibilità di riduzione di costi strutturali. Questa "mappatura" delle attività di business rappresenta di fatto il modello di business dell'Impresa. IBM ha sviluppato a tal riguardo una specifica metodologia: il Component Business Modelling (CBM).

4.1
La necessità di trasformare il modello di business dell'impresa

Nello scenario evolutivo attuale, la trasformazione del modello di business dell'azienda è un passaggio obbligatorio[1]. Essa consente infatti di:

a) abilitare le *nuove capacità di business* individuate come necessarie (ad esempio per dar corpo a value proposition più innovative o a nuove attività di servizio);
b) attivare *nuovi percorsi del valore* (cioè nuovi percorsi per la generazione di fatturati e margini o nuove posizioni lungo la catena del valore);
c) realizzare *organizzazioni più flessibili e snelle* e/o *ridurre i costi fissi* aziendali liberando *risorse finanziarie* (aspetto molto importante nelle situazioni di difficoltà di breve termine).

Attivare nuove capacità di business significa dotarsi di nuove capacità strategiche, gestionali e operative per dar corpo a nuove value proposition e/o nuove modalità per

---

[1] Vedi su questo punto i Capitoli 1 e 3 del volume.

Cinquini L., Di Minin A., Varaldo R.: Nuovi modelli di business e creazione di valore: la Scienza dei Servizi   DOI 10.1007/978-88-470-1845-7_4
© Springer-Verlag Italia 2011

proporle o portarle al mercato. Tale evoluzione può essere conseguente alla necessità di allinearsi alla concorrenza o, meglio, per anticipare la concorrenza su offering innovativi. Ciò consentirebbe di creare una situazione di "Surpetition", cioè di deciso vantaggio competitivo, che può togliere l'azienda dalla necessità di dover competere con i prezzi sulle stesse value proposition dei concorrenti. Nel caso della decisione strategica di "servitizzare" un prodotto/servizio già esistente da parte di un'azienda tradizionalmente manifatturiera (vedi Cap. 2), il primo passo consiste di solito nella creazione di un'entità organizzativa separata con competenze specifiche. Ciò viene mantenuto fino a quando le competenze di servizio diventano pervasive all'interno dell'azienda e le offerte completamente integrate e completamente servitizzate. Così è successo nel settore dell'auto o dei macchinari in generale: all'inizio del percorso di evoluzione verso i servizi, le aziende hanno creato vere e proprie *business unit* praticamente indipendenti per veicolare, ad esempio, servizi finanziari o servizi di manutenzione *post sale* (attraverso la vendita di flotte gestite). Successivamente le offerte si sono via via integrate sino ad avere un'unica forma di vendita del prodotto servitizzato, e le nuove capacità di business sono diventate inscindibili rispetto a quelle precedenti. Nuove capacità, nuove competenze o nuove attività potranno ovviamente essere attivate all'interno dei confini dell'impresa o presso partner o fornitori. Si tratta comunque di una modificazione (spesso arricchimento/ampliamento) del modello di business dell'azienda. Sicuramente importante è poi l'impatto sui processi di business e di supporto.

Creare nuovi percorsi del valore significa attivare nuovi segmenti di business a fronte delle nuove value proposition di cui sopra, oppure per volontà di occupazione di nuovi "anelli" della catena del valore cui si partecipa (ad esempio spostandosi a valle verso il cliente o a monte verso il fornitore) o, infine, occupare "nodi" a valore aggiunto di business nell'ambito dell'ecosistema in cui si opera (ad esempio sfruttare o acquisire una nuova tecnologia per servire un'altra catena del valore su business in un qualche modo "parenti"). Società nel campo manifatturiero si trovano così a vendere servizi di manutenzione anche per macchinari della concorrenza. Servizi nati a supporto del business diventano entità di business autonome e indipendenti e nuove fonti di ricavo e profitto per le aziende. Società di servizi finanziari spesso nascono all'interno di grandi gruppi per fornire servizi finanziari alle società del gruppo e poi in molti casi evolvono ed erogano servizi finanziari sul mercato esterno. Zara integra al suo interno competenze e capacità di lavorazione del tessuto e del pellame, acquistando il prodotto in anticipo per avere la possibilità di reagire in tempi rapidi alla verifica dei gusti dei clienti che viene effettuata nello *store*.

Aziende tradizionalmente manifatturiere si integrano a valle diventando veri e propri *retailer*, creandosi uno sbocco sul mercato. Giovanni Rana ha creato una catena di ristoranti con i quali portare in giro per il mondo la qualità del cibo italiano e partecipa anche a iniziative nel mondo americano per spingere l'ecosistema del cibo alimentare italiano. Le catene di retailer aprono stazioni di servizio, occupando un "nodo" prima non presidiato nell'ecosistema della relazione con il consumatore finale. Anche in questo caso occorre mettere mano al modello di business dell'azienda nei termini già citati. Innovare il ruolo/posizione della propria azienda nella catena del valore significa sapersi concentrare/focalizzare sui segmenti della catena del valore in cui si ha maggior capacità competitiva/distintiva (ad esempio l'engineering o il manufacturing) e/o su quelli più importanti per il governo totale della stessa (ad esempio la commercializzazione/*dealership*, o il *concept*/design di prodotto se si ha un brand forte), o semplicemente su quelli più facilmente difendibili. Oppure può significare semplicemente la possibilità di modificare la propria supply chain, coinvolgendo eventualmente anche concorrenti, con configurazioni diverse per ogni prodotto/servizio, per perseguire la massima efficacia ed efficienza operativa (fatto oramai normale, ad esempio, nell'engineering e nella produzione di auto).

Il saper creare organizzazioni più snelle, reattive e ridurre i costi fissi aziendali, liberando nel contempo risorse finanziarie, costituisce un aspetto molto importante nelle situazioni di crisi economico-finanziaria (come quella del 2008-2010) e in tutte le situazioni di difficoltà di breve termine dell'impresa. Tale orientamento significa sostanzialmente saper ridurre il numero delle attività svolte internamente dall'impresa, esternalizzando tutte quelle che non danno un diretto apporto a ciò che viene percepito come valore da parte del cliente (in passato si diceva "a valore aggiunto per il cliente") o che non costituiscono fattori di vantaggio competitivo per il business dell'azienda. Ciò non significa ovviamente eliminarle, ma darle in gestione ad altre aziende, magari specializzate su tali ambiti. Il tutto ovviamente va combinato con un contemporaneo sviluppo/potenziamento di quelle attività che invece danno vantaggio competitivo/differenziazione all'azienda, per evitare situazioni di avvitamento negativo (continuando solamente a ridurre le attività interne e quindi, prima o poi, depauperando anche la capacità competitiva). Il concetto che sottende tale logica è quello che (ovviamente) conviene investire la propria disponibilità finanziaria nelle attività in cui l'azienda "è brava e vince" e non in quelle che "non fanno la differenza" e tengono occupate risorse finanziarie a bassa leva di business. La necessità di revisionare il modello di business in tal senso è spesso coniugata con quella che segue.

Creare nuove organizzazioni di business più flessibili può significare un drastico cambiamento della strategia organizzativa dell'impresa, perseguendo la capacità di creare/riconfigurare la propria organizzazione in funzione delle opportunità e delle minacce e dei problemi di business che via via si generano nello scenario. Il fatto di saper reagire ad essi prima dei concorrenti, magari in modo proattivo, può costituire un deciso vantaggio competitivo. Tale capacità organizzativa strategica dovrà ovviamente poi trovare una gestione operativa dinamica (processi di management) che sappia riconfigurarsi anch'essa continuamente in funzione dello specifico business/opportunità, contemplando anche tutte le opzioni di sourcing (*outsourcing, insourcing, co-sourcing, near-shoring, off-shoring*, ecc.). Questa strategia di flessibilizzazione del proprio modello di business può coesistere con tutte le rimodellazioni di cui sopra, costituendo vantaggio competitivo su una dimensione trasversale sempre vincente, quella della velocità/flessibilità. È questa in effetti una necessità di tipo generale, considerando che il business viene sempre più realizzato in sistemi di business (*Ecosistemi di Business*) sempre più ampi ed aperti (*Open Business*), con continue nuove opportunità di riposizionamento strategico e di utilizzo di partner per sviluppare velocemente nuovi business.

4.2
La focalizzazione sulle attività core

Buona parte degli argomenti citati a fronte delle motivazioni e delle modalità per rivedere il modello di business dell'impresa richiamano l'importanza da parte de lla stessa di sapersi concentrare e saper sviluppare quelle attività che le danno, o le daranno, chiaro vantaggio competitivo.

Per differenza, occorre avere ben chiaro quali sono le altre attività, quelle che cioè non danno effettivo vantaggio competitivo, che non sono qualificanti per il successo dell'impresa. Il fatto che siano necessarie o indispensabili per la realizzazione della propria supply chain o catena del valore, non significa infatti che siano fattori di vantaggio competitivo. Il trasporto di un'auto o la sua fatturazione non sono fattori distintivi per avere il successo sul mercato. La sua progettazione certamente sì, la sua produzione... forse. Il voler utilizzare una strategia di focalizzazione interna sulle attività core, con contemporaneo ricorso a specialisti terzi per le attività non core, può essere definito come la strategia della specializzazione. Tale strategia assume che l'ideale per un'impresa sarebbe potersi specializzare e concentrare su quelle competenze e/o attività in cui riesce a realizzare il miglior vantaggio competitivo/differenziazione, mentre dovrebbe ricorrere invece ad "altri" (fornitori e/o partner) per realizzare le altre attività necessarie per il suo business. La possibilità di realizzare una strategia di specializzazione è oggi decisamente maggiore che in passato. Ciò grazie al fatto che gli ecosistemi di business stanno migliorandosi in tutto il mondo e soprattutto perché quasi tutti i contributi ritenuti non core sono oggi molto più facilmente fruibili (grazie all'informatica, a internet e alla tecnologia in generale). Anche i costi transazionali si sono decisamente ridotti e in molti casi sono oggi vicini allo zero. Le barriere "tempo" e "distanza" sono diventate trascurabili per molte attività. Il mondo è diventato molto più piccolo. Le operations e i *financial* sono più visibili e i rischi delle collaborazioni si sono ridotti notevolmente. È ora molto più facile trovare le *best practice* e usarle, anche se fisicamente distanti.

In conclusione, per realizzare questa strategia, un'azienda dovrebbe concentrarsi sulle sue "specializzazioni", dove riesce cioè ad esprimere vantaggio competitivo (specializzazione "interna") ed avvalersi di contributi di un network di specialisti "esterni" (probabilmente dello stesso settore) per realizzare quella reattività/flessibilità e quella efficienza che possono rendere più competitiva la sua supply chain. Dovrebbe infine mettere a fattor comune tutte le attività di supporto (HR, IT, ecc.), realizzando migliori economie di scala. Tali attività possono essere gestite ancora internamente realizzando Shared Service Center, oppure in *co-sourcing* con altri (anche competitor), oppure in *outsourcing* (eventualmente *near-shoring o off-shoring*), oppure addirittura in *in-sourcing*, nel caso si abbiano abilità tali da rendere tali servizi interessanti anche per altri (in questo caso vanno gestiti come Centri di Profitto o Società a sé stanti). Sicuramente più "gettonata" è la soluzione di farle gestire anch'esse a specialisti esterni (in genere si tratta di partner/fornitori "trasversali", non specifici di Industry) che possono realizzare elevate economie di scala utili a ridurre i costi di tali attività "non differenzianti" (essi possono contare su maggiori volumi, mettendo insieme le attività di più clienti). Rientrano in tali categorie di attività la gestione dei *payroll*, dei *benefit*, della logistica (sia in entrata che in uscita e magari anche i trasporti interni), dell'IT, dei *call center*, dell'assistenza tecnica, ecc. È con questa strategia che si possono peraltro perseguire contemporaneamente obiettivi di aumento di competitività, di riduzione dei costi fissi strutturali e di aumento della flessibilità operativa, come auspicato da altre argomentazioni strategiche precedenti.

4.3
La capacità di riconfigurazione continua

La capacità di riconfigurazione del modello di business di un'impresa richiede un know how organizzativo e attrezzi di lavoro un po' diversi da quelli a cui siamo ricorsi fino ad oggi per realizzare i tradizionali progetti di riorganizzazione aziendale. Sarebbe infatti difficile affrontare un tema così articolato e delicato semplicemente ragionando su organigrammi, o funzioni, o centri di costo. Essi infatti mal interpretano quella logica e quella granularità che sono necessarie per decidere ad esempio "quale capacità/attività differenzia e/o dà vantaggio competitivo" all'impresa o "quale attività si potrebbe effettuare in outsourcing". Ma sarebbe ugualmente difficile farlo anche utilizzando tutto il know how più sofisticato dell'organizzazione per processi. I processi e i loro sottoprocessi rappresentano infatti sequenze di attività a valore aggiunto finalizzate alla produzione di qualche output. Il know how che si è sviluppato a riguardo è stato concepito per presidiare, governare, gestire, migliorare i flussi di attività necessari per il loro funzionamento. Se prendiamo, ad esempio, un processo di Engineering, esso rappresenta tutte le attività che devono tradurre un progetto in una Distinta Base di produzione. Già nelle realtà di oggi esso difficilmente coincide con attività tutte espletate all'interno di un'organizzazione, dati i continui ricorsi ad apporti esterni e alle uscite-entrate di informazioni a riguardo. Nelle situazioni cui ci riferiamo ora sarebbe ben difficile far parlare un imprenditore/direttore generale con un organizzatore e un progettista su cosa si potrebbe esternalizzare sulla base dei processi/sottoprocessi di Engineering. Molto più opportuno e adeguato sarebbe il poter parlare dell'Engineering di un sottoassieme o di una competenza/capacità progettuale o meglio ancora di un ufficio che potrebbe ingegnerizzare ciò di cui parliamo. Tale ufficio non è una tradizionale funzione né un processo/sottoprocesso (seppure può esplicarlo), ma più propriamente "un'entità operativa capace di rappresentare un'attività a senso compiuto/valore percepito reperibile sul mercato". In tale logica esempi di "entità a senso compiuto" su cui si può ad esempio valutare se "sappiamo farla" e/o possiamo esternalizzarla o acquisirla, sono l'attività legale o la logistica in uscita o un'intera fabbricazione. Logica e granularità di tali entità sono dunque finalizzate essenzialmente alle domande: "è strategico per il mio vantaggio competitivo?", "lo tengo o lo esternalizzo?".

La logica di rappresentazione delle attività di business che serve a questo scopo è dunque quella della mappatura delle Attività/Competenze in chiave di vantaggio competitivo-differenziazione ed esternabilità delle stesse. Ciò è fondamentale per poter concettualmente riallineare continuamente la propria impresa sui percorsi, o meglio sui segmenti, della catena del valore a maggior valore aggiunto o a maggior proteggibilità/unicità. Ma è anche fondamentale per saper individuare velocemente di quali attività ci si può privare internamente per ridurre i costi fissi strutturali senza intaccare la competitività dell'azienda. Una "mappatura" delle attività di business con tale logica può essere individuata come modello delle attività o dei componenti di business.

4.4
Il modello delle attività di business

Una metodologia sviluppata da IBM per affrontare il tema del Business Modelling utile per le finalità descritte al paragrafo precedente è quello del Component Business Modelling (CBM). Per componente di business si intende un gruppo di attività di business omogenee, corredate del proprio sistema informativo, dei propri processi, organizzazione e indicatori di performance, capace di generare uno specifico valore aggiunto per il business dell'impresa. Tali componenti sono caratterizzabili per tipologia di contributo al business (core, non core, di vantaggio competitivo, di supporto, ecc.) anche in modo variabile nel tempo. La ricerca della "granularità necessaria e sufficiente" per individuare l'elemento organizzativo elementare può essere individuata nel principio "trasferibilità dello stesso ad altra organizzazione senza intaccare la funzionalità del resto del modello". Esempi di ciò possono essere la funzione "Legale" o "Comunicazione", o parte delle attività che da queste funzioni sono svolte, ma anche una funzione più legata al business, tipo "Acquisti". Tali attività possono essere considerate "componenti", in quanto trattabili autonomamente ed esternalizzabili in "service" senza particolari vincoli, se non esistono controindicazioni di business. In un modello "per processi", esse non potrebbero affatto essere individuate come unità processo (in quanto in generale proprio non lo sono). In logica "processi" esse vengono considerate attività funzionali a processi del tipo "gestione del contenzioso", "processo di comunicazione", "procurement". I processi, infatti, integrano/coinvolgono più funzioni/attività. Il processo di acquisto, ad esempio, viene in genere realizzato con il contributo delle seguenti funzioni/attività: sviluppo prodotto, ingegnerizzazione/tecnologia, programmazione di prodotto e di produzione, qualità, logistica/accettazione, contabilità fornitori, ecc.

Con quest'ultimo esempio si possono meglio mettere a fuoco le due principali differenze tra componente processo/sottoprocesso e componente di business: "granularità" e "natura".

La diversa "granularità". In genere un componente di business (ad esempio l'attività di "Gestione operativa degli acquisti") risulta di dimensioni inferiori rispetto ai processi che la "usano" (ad esempio il processo complessivo degli Acquisti, dalla strategia all'impostazione dei piani di acquisto, alla operatività, alla consuntivazione e controllo degli acquisti), ma ha comunque un valore aggiunto ben definito ed è comunque (o addirittura più facilmente) autonomamente gestibile.

La diversa "natura". Il processo prevede sempre attività "concatenate" lungo una catena del valore o catena di alimentazione (supply chain), mentre il componente può essere anche un'attività/funzione (quale gli acquisti) in "service" (anche *n-off*) a qualche componente di business operante sulla catena del valore come processo/attività core.

4.5
La struttura del Component Business Model (CBM)

Il modello CBM organizza tutti i componenti dell'azienda secondo due dimensioni:
a) il livello di "importanza/gestione" del componente;
b) l'area di attività.

Il livello di importanza/gestione del componente identifica il tipo di attività che viene svolto ed il livello di "responsabilità" dell'attività. Può così essere individuata come un'attività di tipo Direzionale/Strategico, un'attività di tipo Gestione e Controllo, un'attività di tipo Operativo/Esecutivo. L'area di attività indica la natura dell'attività e raggruppa attività omogenee per competenze e risorse. Le aree di attività sono collegate al tipo di business e al settore nel quale l'azienda opera. Aree di attività tipiche nel settore delle aziende di largo consumo sono ad esempio: l'area Prodotto, l'area Operations, l'area Mercato/Cliente, l'area Supply Chain, l'area Business Administration & Support (che include tutte le attività tipicamente di supporto quali le attività di amministrazione, finanza e controllo, le attività di gestione dell'Information Technology, le attività di gestione delle risorse umane, ecc.). Ogni settore è caratterizzato da attività specifiche. In un settore quale l'Energy & Utilities, ad esempio, si identificano aree di attività legate alla gestione e manutenzione della rete, alla produzione di energia, alla distribuzione dell'energia, ai rapporti con il gestore della rete, in funzione del ruolo dell'azienda nell'ecosistema complessivo (produttore, distributore, ecc.). Il modello viene dettagliato al livello adeguato per essere rappresentativo della realtà aziendale. All'interno del modello vengono poi specificate le attività peculiari del settore. Nel settore bancario, ad esempio, ci sono modelli per il retail banking e altri per il private banking e vengono dettagliate attività peculiari del settore quali ad esempio il risk & financial management. A partire da modelli di settore, si disegna quindi la mappa specifica della singola azienda; il livello di gestione del componente è riportato sulle righe mentre le aree di attività rappresentano le colonne, come illustrato in Figura 4.1. Mettendo insieme le due dimensioni (livello di gestione e area di attività) si identificano quindi per ogni area di attività i componenti necessari per i diversi livelli di gestione. I componenti di tipo direzionale/strategico sono quindi componenti che includono attività di impostazione delle linee guida e delle strategie con cui le diverse aree dell'azienda

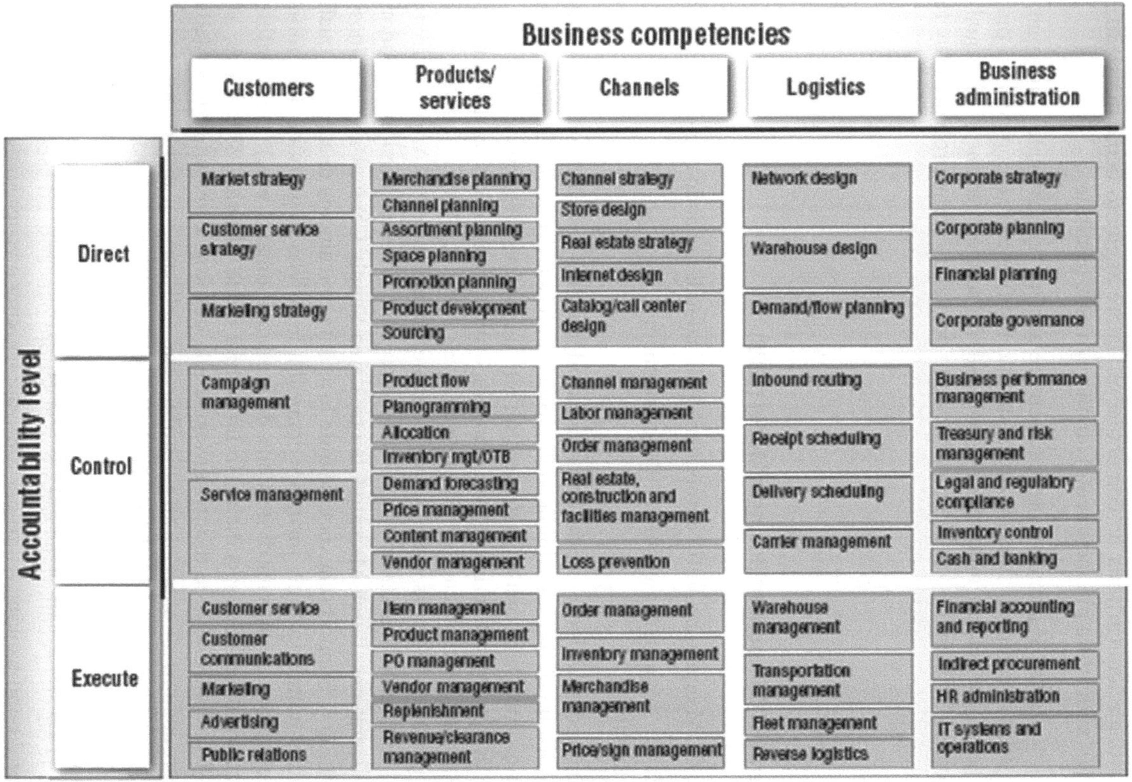

Figura 4.1 Un esempio di mappatura di un modello di business in logica CBM (azienda operante nel settore Retail (fonte IBM-IBV)) (tratto da Pohle et al. 2005, http://www-935.ibm.com/services/us/imc/pdf/g510-6163-component-business-models.pdf)

devono essere condotte. Alcuni esempi: la strategia di mercato e canale, la strategia industriale nell'area operations, la corporate governance, ecc. I componenti di tipo Gestione e Controllo, come già identifica il termine, includono attività di tipo pianificazione, management e controllo. Tali attività si caratterizzano per singola area di business dell'azienda. Alcuni esempi: la pianificazione e il monitoraggio delle attività commerciali (campagne, promozioni, ecc.) nell'area commerciale dei diversi settori, la pianificazione e il controllo degli acquisti, la pianificazione e il controllo della produzione, la pianificazione e il controllo della gestione degli asset e della rete per un distributore di energia, la pianificazione e il controllo dei claim in una società di servizi assicurativi, ecc. I componenti di tipo Esecutivo includono attività di tipo operativo. Attività che possono essere di produzione in un contesto manifatturiero e industriale, di esecuzione operativa di campagne commerciali, di gestione operativa delle chiamate telefoniche in e outbound di un contact center nell'area Relazione con il cliente di un operatore telefonico, di gestione operativa dell'infrastruttura informatica o delle facility dell'azienda, di gestione operativa della manutenzione della rete in un operatore telefonico o in un distributore di energia, di gestione operativa della liquidazione dei premi in una società di servizi assicurativi, ecc. Si sottolinea che le colonne non rappresentano funzioni organizzative; possono però in molti casi coincidere. L'evoluzione strategica del modello di business verso una maggiore flessibilità e reattività complessiva può portare a una coincidenza tra componente ed entità organizzativa nel momento in cui il componente diventa realmente un'insieme di attività completamente "trasferibili". Con queste precisazioni ben si capisce che una rappresentazione del business aziendale in logica risponde essenzialmente a logiche molto pragmatiche di modularità finalizzate alla facile gestione/riallocazione delle attività. Esso si basa su una costruzione articolata in componenti di business (gruppi di attività omogenee) che possano essere velocemente/facilmente trasferiti all'esterno o riportati all'interno o aggregati ad altri (all'interno o all'esterno), a seconda delle priorità strategiche, o anche tattiche, del momento. Tale costituzione consente dunque di rimodellare continuamente i confini dell'impresa (un'azienda "ameba"), presidiando direttamente all'interno ciò che è considerato più importante al momento per avere successo sul mercato (e/o per gestire al meglio i costi delle operation) ed esternalizzando il resto. Si possono così realizzare le auspicate "configurazioni flessibili". Ciò consente una gestione concettualmente "in tempo reale" di decisioni su *outsourcing, insourcing, co-ourcing, off-shoring, nearshoring* dei componenti di business. Come già detto, con tale approccio, i componenti-processi individuati risultano avere una diversa granularità rispetto alla configurazione per processi, in quanto ricercano l'unità elementare a senso compiuto "gestibile" autonomamente, non un processo o sottoprocesso in quanto tale. Si ribadisce che in genere tale granularità risulta inferiore a quella dei processi usualmente considerati, ma non è la norma. Può infatti essere vero, anche se raramente, anche il contrario. Infatti il "senso compiuto gestibile autonomamente" può intrinsecamente o pragmaticamente (per comodità o omogeneità gestionale) comprendere più processi. Può, ad esempio, risultare più comodo/facile ai fini delle decisioni di outsourcinginsourcing, considerare tutta l'attività di HR (pay roll, amministrazione del personale, ecc.) come un unico componente da gestire in modo integrato, che doversi accollare la maggior complessità componentistica associata a una maggior granularizzazione dello stesso. La metodologia CBM risulta particolarmente utile quando si deve disegnare un nuovo Business Model, quello necessario per nuove configurazioni di business. Si parla in tal caso di Business Model "to be". Esso va poi confrontato con il Business Model "as is" per individuare le differenze di attività/performance da colmare e impostare quindi il piano di trasformazione necessario (il Business Transformation Plan). Un governo della propria organizzazione in logica CBM è tanto più necessaria quanto più l'azienda deve continuamente fronteggiare necessità di cambiamento. È però metodologicamente molto utile anche per un progetto *one shot* di riorganizzazione aziendale. Interessante a riguardo l'affermazione di Bruce Wright, Senior Vice-President di Bank of America Cards Services: "Il CBM è un approccio radicalmente nuovo, intrinsecamente adattabile, capace di far fronteggiare i continui cambiamenti dello scenario di business [...]. Potente strumento per collegare business e tecnologia [...]. È un processo metodologico che fa arrivare velocemente alle decisioni [...]. Consente di partire in piccolo, anche da un solo componente, ottenendo veloci successi utili a far decidere trasformazioni più importanti".

Per quanto riguarda l'articolazione e le caratteristiche delle responsabilità operative dei componenti di business, si tratta in genere di ruoli più ampi e più "imprenditoriali" di quelli tradizionali (sono infatti unità a senso di business compiuto).

4.6
Pianificare e gestire la trasformazione del modello di business

Come già argomentato la capacità di sapere e potere riconfigurare il modello di business per interpretare al meglio le mutazioni del contesto esterno è un importante vantaggio competitivo per un'impresa. La trasformazione del modello di business va però accuratamente impostata per creare la capacità di perseguire contemporaneamente obiettivi di breve, medio e lungo termine. La rivisitazione del modello di business dovrebbe in realtà essere, come già detto, un'attività continua, con continui affinamenti e con momenti di profondi *breakthrough*. È dunque importante avere una metodologia efficace e snella per gestire tale processo. Approfondiamola.

Il primo passo metodologico per impostare una trasformazione del modello di business, consiste nel creare la mappa delle attività dell'azienda secondo il modello "CBM", cioè "spacchettare" l'azienda nei suoi componenti fondamentali. Tipicamente il numero di componenti complessivo di un'azienda da considerare per questo scopo varia dai 50 ai 70. Spingersi oltre nella granularità non sarebbe strategicamente e metodologicamente significativo, in quanto porterebbe a una analiticità non efficace ai fini dell'obiettivo e addirittura ostativa di una valutazione strategica del modello di business dell'azienda.

Il secondo passo prevede l'individuazione dei componenti più importanti. Nel caso di volontà di attivazione di nuove attività (ad esempio di servizio o "servitizzanti" prodotti già esistenti) occorre aggiungere anche componenti di business nuovi rispetto a quelli già esistenti e mappati. In tale caso infatti il modello di business attuale può non avere ancora al suo interno attività necessarie alle scopo.

Occorre in genere individuare dunque quattro tipologie di componenti:

a) i nuovi componenti necessari;
b) i componenti differenzianti;
c) i componenti che abilitano un modello flessibile e reattivo;
d) i componenti strategicamente e operativamente determinanti per il raggiungimento degli obiettivi più importanti sul breve, medio e lungo periodo.

Il terzo passo consiste nella valutazione del livello attuale di energia (delle competenze, energia organizzativa, emozionale) dell'azienda e del suo indice di rinnovabilità.

Il quarto passo rappresenta la sintesi delle valutazioni effettuate precedentemente. Dall'incrocio delle valutazioni effettuate, nel confronto tra il "dove vogliamo andare" e "qual è l'attuale livello di energia", emerge la configurazione che si vuole perseguire (il CBM "to be"). Si identificano quindi le iniziative necessarie per realizzare tale configurazione competitiva e si delinea la roadmap di trasformazione relativa.

Illustriamo qualche elemento operativo relativo a come procedere nell'individuazione/valutazione delle quattro tipologie di componenti. Si tratta di fatto di rispondere a quattro domande specifiche:

a) Vogliamo realizzare nuove value propostions? Se sì, quali nuove attività servono?
b) Quali sono i componenti che differenziano/differenzieranno l'azienda nel mercato rispetto ai concorrenti?
c) Quali sono i componenti che danno/daranno all'azienda la capacità di riconfigurarsi facilmente su nuovi assetti (fattori di flessibilità)?
d) Quali sono i componenti/attività che più abilitano il raggiungimento degli obiettivi di business?

La *prima domanda* è strettamente legata alle decisioni dell'azienda a riguardo delle proprie strategie di revisione delle proprie value propositions (se non ci sono cambiamenti si passa subito alla seconda domanda).

La *seconda domanda* indirizza le aree su cui l'azienda non può che essere forte, strutturata, visibile nel mercato e all'interno. Per fare questo l'approccio prevede l'individuazione dei fattori differenzianti e la valutazione del contributo dei vari componenti a riguardo. Nel caso di un'azienda che identifica come fattore differenziante l'innovazione, lo sforzo deve essere teso a identificare i componenti più rilevanti ai fini dell'innovazione. Se un fattore differenziante è la capacità di relazione con il cliente in tutte le sue forme, è necessario identificare i componenti che abilitano tale fattore. I componenti "differenzianti" possono essere di tipo strategico/direzionale e/o di pianificazione e controllo e/o operativo. In effetti anche alcuni componenti operativi possono essere differenzianti. Ad esempio, per una società di prenotazioni on-line, uno dei componenti differenzianti del modello potrebbe essere l'attività operativa di gestione del cliente da parte del contact center. La valutazione è comunque prevalentemente di tipo qualitativo e deve essere effettuata in una logica "imprenditoriale" (cioè con intuizione più che in modo scientifico/analitico). Può comunque essere resa quantitativa utilizzando una scala di valori, ad esempio da 1 a 4, dove 1 indica un componente il cui contributo verso la direzione desiderata è basso o inesistente e 4 indica un componente in cui il contributo è massimo. La valutazione può essere ulteriormente sofisticata e resa maggiormente oggettiva identificando il peso percentuale relativo di ogni elemento. In questo modo la valutazione dei componenti diventa maggiormente modulata ed è più immediato distinguere il contributo relativo di ogni componente verso l'obiettivo finale.

La valutazione può essere effettuata direttamente dai vertici dell'azienda o dal team di manager di primo livello o anche insieme a un team di talenti presi dalle diverse aree dell'azienda. Di notevole aiuto può essere un supporto esterno, ciò sia nel caso l'azienda necessiti di un "occhio esterno" o, comunque, per una guida metodologica "imparziale"[2].

La scelta dell'approccio dipende dalla tipologia degli obiettivi, dalle caratteristiche dell'azienda, dal momento nel quale si trova, dal tempo a disposizione e, soprattutto, dalla sua cultura. Se l'azienda è in un momento di cambiamento, sta "mutando pelle" in modo rilevante dietro la spinta forte del top management, spesso risulta efficace una valutazione dei componenti effettuata direttamente dal top management, eventualmente supportato da un nucleo molto ristretto di collaboratori fidati. In casi in cui la situazione è meno critica, la cultura aziendale e il momento nel quale si trova l'azienda permettono una maggiore condivisione e tempi più lunghi, abbiamo visto essere molto efficace anche un percorso che coinvolga numerosi attori dell'azienda di livelli gerarchici e aree aziendali differenti. Si possono ad esempio, creare due gruppi di lavoro: uno composto dai top manager e uno composto da talenti dell'azienda presi da funzioni aziendali diverse. Si assegna in parallelo la valutazione dei componenti differenzianti e si confrontano poi i risultati in una sessione congiunta. Questa modalità presuppone un'apertura dell'azienda e del top management al confronto e al dialogo aperto. Esistono anche altre opzioni. La strada migliore, come detto, va scelta in relazione alla cultura dell'azienda, alle caratteristiche, al momento in cui si trova, al tempo a disposizione, agli obiettivi. Il risultato di questa attività è una valutazione di quali sono gli elementi realmente differenzianti per l'azienda, cioè quelli sui quali occorre investire per consolidare e sviluppare i suoi vantaggi competitivi.

La risposta alla *terza domanda* prevede di identificare quali sono componenti più rilevanti per un modello di business flessibile e reattivo. L'approccio alla valutazione è simile a quello appena descritto; cambiano ovviamente i parametri da considerare per valutare i componenti. Flessibilità e reattività vanno connotate per il contesto nel quale l'azienda si sta muovendo e vanno declinate in qualche elemento che consenta di effettuare una valutazione accurata. La flessibilità può essere cercata, ad esempio, nella produzione, con modelli produttivi scalabili, o nella forza di vendita, con strutture bilanciate tra componenti variabili e fisse, nella capacità di veicolare il prodotto sul mercato, nella capacità di elaborazione di un processo amministrativo. Ovviamente tutto è collegato al tipo di business e alle sue caratteristiche. Per identificare le aree che richiedono una flessibilità del modello di business è bene partire

---

[2] Per ragionare sull'obiettivo finale può essere particolarmente utile il percorso di brainstorming che in questo libro viene proposto da Chesbrough, Di Minin e Piccaluga nel Capitolo 3.

dall'individuazione dei fattori che connotano la flessibilità e la reattività nell'ecosistema nel quale l'azienda si muove. Si identificano quindi i fattori chiave ai fini della flessibilità e reattività. Tipicamente si tratta di 5-6 fattori orientati alla capacità dell'azienda di rispondere in tempi rapidi al contesto mutevole e al livello di permeabilità con l'esterno. Questi fattori si declinano nelle diverse aree aziendali in vari elementi, ad esempio nella capacità di introdurre un nuovo prodotto/servizio sul mercato in tempi rapidi e/o nella capacità di cogliere opportunità di nuovi business o nel livello di permeazione con l'esterno. È anche importante arrivare a definire su quali componenti occorre agire per rendere "rinnovabile" la capacità del modello di essere flessibile: con il contesto di oggi, ma anche con lo scenario di domani.

La risposta alla *quarta domanda* porta la dimensione "obiettivi" all'interno dell'analisi. Gli obiettivi sono collegati ovviamente alla situazione dell'azienda, alle sue contingenze, agli orizzonti di breve e medio periodo. Possono essere obiettivi di tipo finanziario, economico, di mercato, ambientale, sociale. Le "lenti" con cui analizzare il modello di business dell'azienda vanno quindi individuate a seconda di quali sono gli obiettivi prioritari. Facciamo qualche esempio. Se l'azienda ha l'obiettivo di ridurre i costi, la "lente" da utilizzare è proprio l'assorbimento dei costi da parte del componente. Se l'obiettivo è la riduzione del capitale circolante, la lente sarà vedere quali componenti contribuiscono maggiormente a generare immobilizzazioni, ritardi nei pagamenti, ecc. Se l'obiettivo è migliorare l'efficienza energetica, l'analisi si concentra sull'identificazione di quali componenti contribuiscono maggiormente al raggiungimento di quell'obiettivo. In generale il punto di partenza di tale analisi è rappresentato dalla declinazione di primo livello delle strategie e degli obiettivi di competitività e performance finanziaria dell'impresa. Una modalità molto utilizzata è quella di prendere come riferimento i fattori critici di successo dell'azienda in tale momento. Alcuni potrebbero essere relativi a capacità competitive (*time to market* o innovazione), altri a performance operative (costi operativi, efficienze, volumi di vendita, ecc.), altri ad aspetti finanziari (capitale circolante, ecc.), altri ancora ad aspetti di *Corporate Social Responsibility* (emissioni di anidride carbonica, ecc.). Una volta consolidata la valutazione sui tre aspetti fondamentali, occorre definire la direzione verso la quale il modello deve dirigersi per impostare la trasformazione. Occorre quindi valutare lo stato attuale delle performance del modello di business per capire quali iniziative di trasformazione è necessario attuare. Questo tipo di analisi può essere più o meno quantitativa in relazione a diverse variabili:

a) il tipo di informazioni;
b) il tempo;
c) gli obiettivi dell'analisi.

Per essere in grado di effettuare una valutazione di tipo "imprenditoriale", il livello di analiticità deve essere adeguato allo scopo. Non eccessivo, perché porterebbe troppo dispendio di energia e richiederebbe tempi troppo lunghi. Non troppo approssimativo perché porterebbe a delle indicazioni non corrette. È evidente che è opportuno sfruttare le informazioni esistenti. Se, ad esempio, un'azienda è già strutturata con un modello di *Activity Based Costing*, risulta facile allocare le attività e i costi nella mappa dei componenti che si è disegnato. Se non è così, e questo capita per la maggior parte delle aziende, è molto efficace procedere attraverso assunti di base ragionevoli per ricollocare le attività e i costi collegati. La valutazione può essere fatta anche in modo qualitativo e non in ottica assoluta ma relativa. L'obiettivo è infatti identificare quali aree assorbono più costi o necessitano di potenziamento e quindi in quali è necessario intervenire. L'analisi può essere completata con un confronto (un *benchmark*) con altre aziende dello stesso settore o anche di settori differenti. La valutazione include anche le attività, l'organizzazione, la tecnologia, le competenze, le persone e l'"energia" disponibile. La valutazione di queste variabili è collegata ai diversi aspetti del modello che occorre impostare. Facciamo un esempio. Se l'obiettivo è ottenere un modello flessibile in una certa area, la valutazione dell'energia esistente e disponibile per la trasformazione deve essere fatta attraverso questa "lente". I principali passi di valutazione (o autovalutazione) dei componenti possono essere i seguenti:

a) definizione di una scala per la valutazione qualitativa del livello di prestazione dei componenti, ad esempio da 1 a 5 (insufficiente, appena sufficiente, discreto, buono, eccellente);
b) identificazione delle sottodimensioni di analisi della flessibilità e reattività del modello: le dimensioni di analisi sono identificabili con le energie dell'azienda, ma possono essere personalizzate in relazione all'obiettivo;
c) valutazione e mappatura dei risultati sulla mappa CBM: ogni componente viene analizzato e valutato sulle dimensioni identificate e viene poi effettuata la mappatura sul modello CBM.

Una volta consolidata l'analisi sulle dimensioni identificate, i dati vengono poi incrociati con i risultati ottenuti dalla trasposizione sulla mappa degli obiettivi di flessibilità e degli obiettivi di business di breve e medio termine. L'analisi dei risultati, come detto, evidenzia le aree sulle quali l'azienda deve investire per trasformare il suo modello e le iniziative collegate. Vengono alla fine individuati i componenti su cui è prioritario intervenire: i cosiddetti Componenti "hot". Sulla loro prioritaria trasformazione viene impostato il piano di trasformazione (Fig. 4.2).

4.7
Integrazione negli ecosistemi di business

Le imprese, per operare nel nuovo scenario competitivo, devono assumere una configurazione capace di integrarsi in ecosistemi di business "aperti" (Open Business) con una logica di tipo "organico", coerentemente con quanto Chesbrough, Di Minin e Piccaluga descrivono nel loro percorso in questo libro (Cap. 3).

Non ci si può dunque più riferire, sia a livello di disegno organizzativo che di processi gestionali, a modelli meccanicistici. L'azienda sempre più opera come un organismo, in un ambiente aperto che sempre più si comporta anch'esso come un sistema organico. Per integrarsi in tale contesto e operarvi con capacità competitiva occorre cambiare i modelli di riferimento e i paradigmi operativi della propria

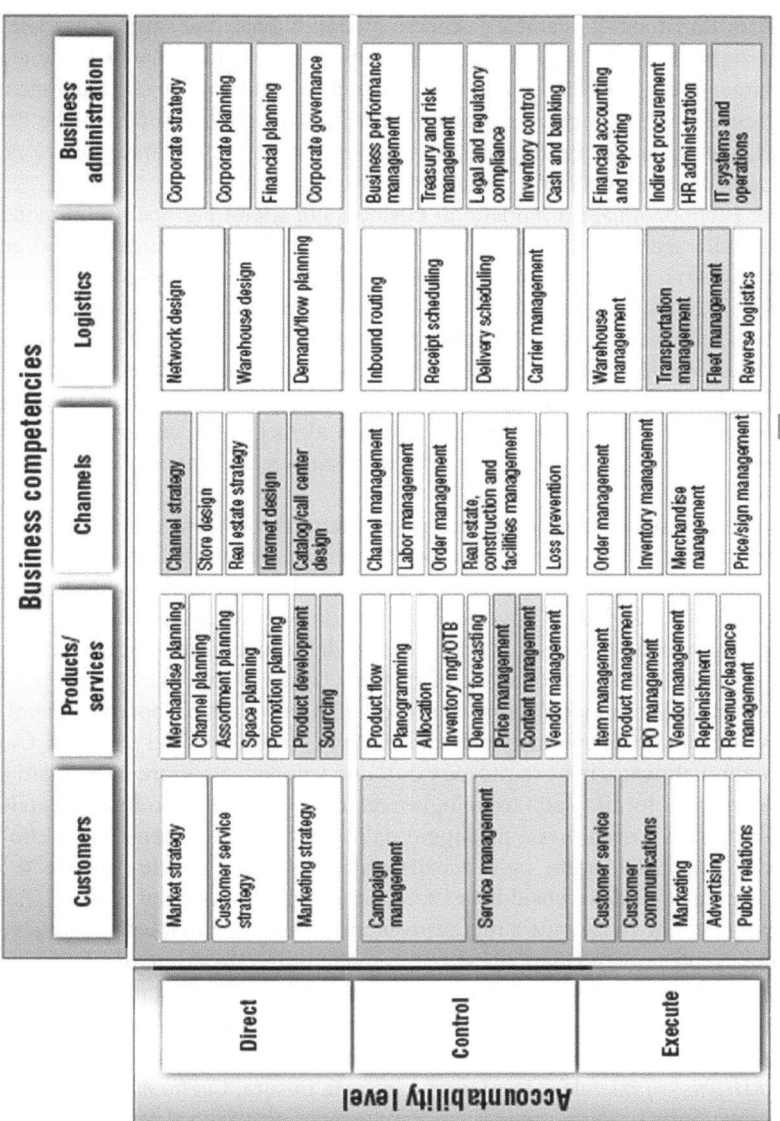

Figura 4.2 L'individuazione dei componenti "hot" (tratto da Pohle et al. 2005, http://www-935.ibm.com/services/us/imc/pdf/g510-6163-component-business-models.pdf)

impresa. Vista l'analogia "organica", occorre probabilmente fare sempre più riferimento al comportamento degli ambienti naturali. Per quanto riguarda l'azienda al comportamento degli animali complessi. Per quanto riguarda l'organizzazione e il management e il modo di gestire, probabilmente conviene trarre spunti anche dai modelli della medicina (disciplina che da sempre ha come obiettivo l'interpretazione e la gestione della salute del corpo umano, sistema organico).

In effetti, per individuare il modello di business più adatto per operare in modo competitivo nello scenario atteso, occorrerebbe dapprima analizzare dall'alto (con una *elicopter overview*) l'ecosistema di business in cui si vuole operare. Ciò consentirebbe di individuare quali sono le attività e gli snodi di tale ecosistema che consentono di realizzare i maggiori vantaggi competitivi e/o di condizionare maggiormente le catene del valore che si potranno creare. Sulla base di tale valutazione e dell'analisi del modello di business di ecosistema si potrebbe decidere su quali ruoli/componenti di business puntare per sfruttare al meglio lo scenario in cui si opera (considerando anche le possibilità di creare "barriere all'ingresso" ai possibili concorrenti).

Ciò che sta avvenendo a riguardo degli ecosistemi di business e del funzionamento delle imprese al loro interno è quanto veniva già previsto dagli studi del DoD (Dipartimento della Difesa Americano) e del MITI (Ministero dell'Industria giapponese) già all'inizio degli anni novanta. Tali studi davano per certo il superamento delle tradizionali modalità di gestione delle catene del valore basate su rapporti *one to one* tra aziende fornitrici e clienti con rapporti "quasi stabili" nel tempo. Essi avrebbero dovuto essere superati da nuovi modelli di riferimento più aperti e dinamici. Era prevista una decisa evoluzione in tal senso per i primi anni del Duemila. Ciò è avvenuto puntualmente, ma ora procede con una velocità superiore al previsto a causa dell'*overboost* fornito dalla tecnologia e da internet. Un aspetto fondamentale di tale evoluzione è costituito dal passaggio dalla logica delle "catene del valore" a quella dei "sistemi del valore": gli "ecosistemi di business". In tale contesto si è assistito alla creazione delle cosiddette "aziende a rete" in ambiente globale. Tali configurazioni evolute di aziende a rete venivano in tali studi individuate con nuove terminologie. Negli ambienti giapponesi veniva molto utilizzato a riguardo il termine "azienda olonica", in USA quella di "azienda virtuale". Altre definizioni, più o meno in sovrapposizione, sono state l'*open system enterprise* (imprese a "sistema aperto"), le aziende *plug and run/click and run* ("attacca la spina e vai", "clicca e vai"), le *extended enterprises* (aziende estese) e, in una certa misura, l'*agile manufacturing* (la "produzione agile"). Oggi viene più comunemente utilizzato il termine "Open Business". Nel libro "L'azienda olonico virtuale" (Merli e Saccani 1994) gli autori avevano proposto di utilizzare la denominazione combinata di "sistema olonico-virtuale". La parola "olonico" enfatizza l'importanza di un sistema strutturale di base necessario per attivare le nuove modalità di business. La parola "virtuale" enfatizza il "modus operandi", cioè come il valore viene creato operativamente attraverso la combinazione dei partecipanti che operano come fossero un'unica azienda. Il fatto che la cultura giapponese utilizzasse prevalentemente il primo termine conferma il suo orientamento prioritario ai pre-requisiti (le "cause"), mentre il fatto che la cultura americana utilizzasse prevalentemente il termine "virtuale" conferma il suo orientamento prioritario all'operatività, al modo di operare di fatto (l'"effetto"). Il fatto che noi europei parliamo più volentieri di "modello di riferimento" (che contempla sia gli aspetti abilitanti che quelli operativi), conferma il nostro orientamento cartesiano agli approcci per modelli in gerarchia di sistemi. Per inciso, il modello attivato dalla Toyota quando, a fronte della sua decisione strategica di diventare la leader mondiale nel suo settore, ha voluto diventare un'azienda globale e multilocale insieme ricercando anche maggior flessibilità operativa, contiene buona parte dei requisiti che vengono qui di seguito descritti.

Si tratta di una sorta di organizzazione a "meta-rete", che coinvolge unità organizzative e persone su base variabile in funzione dei volumi produttivi necessari e delle contingenze operative del business (una decisa evoluzione rispetto ai tradizionali sistemi chiusi giapponesi del decennio precedente).

L'assunto di base del modello organico "olonico-virtuale" è che questi ecosistemi economico-produttivi necessitano di elevati livelli di flessibilità e di un elevato grado di autonomia e creatività anche a livello operativo. Ciò per far fronte ai continui cambiamenti dei bisogni del mercato e dei clienti, dell'ambiente, della tecnologia, delle strategie di business. Per soddisfare tali requisiti occorre disporre di strutture caratterizzate da:

a) un'articolazione delle organizzazioni in piccole unità operative;
b) il ricorso a network informatici "orizzontali" e non gerarchici;
c) l'uso "attivo" del cervello delle persone in tutte le posizioni operative.

Uno stesso gruppo di persone deve essere in grado di produrre e/o integrare sia il software sia l'hardware di un prodotto/processo. L'aggregazione di persone in funzione dei problemi/opportunità può avvenire anche a lunga distanza grazie a internet (social network) e intranet, creando gruppi ad hoc per ogni esigenza. Le stesse aziende possono combinarsi tra loro in vario modo in funzione delle necessità del momento. Così una azienda può anche essere indifferentemente cliente o fornitrice di un'altra, oppure concorrente o alleata, a seconda dell'"oggetto" di business del momento e, a volte, della geografia del business. La "piccola scala" diventa la norma, dall'interazione stretta e dalla mutua dipendenza di produttori e consumatori, più vicini grazie alla tecnologia e internet. Occorre anche un'elevata capillarità strutturale di sistema con sviluppo dei distretti industriali geografici verso vicinanze "virtuali" anziché fisiche. L'organizzazione aziendale si basa su numerosi nuclei interattivi articolati in gruppi e sottogruppi che sanno rispondere creativamente ai continui cambiamenti di scenario o mercato. L'azienda "organico-virtuale" che si va a creare in questo contesto può essere definita nel modo seguente: "Un insieme di unità operative autonome che agiscono in modo integrato e organico, nell'ambito di un ecosistema, per configurarsi ogni volta al meglio come catena del valore più adatta per perseguire le opportunità di business che il mercato presenta". Le "unità operative autonome" qui citate possono essere piccole aziende o parti di azienda, ma anche singole persone.

Le aziende organico-virtuali si materializzano sulla base di stimoli provenienti dal mercato per soddisfare bisogni o singole opportunità. Possono quindi essere di tipo permanente (ad esempio, legate alla vita di un prodotto) o spot (ad esempio, per la realizzazione di una commessa). Non possono essere configurate a priori, ma solamente ipotizzate, e devono svilupparsi sulle contingenze in modo autonomo (e nel tempo in modo "darwiniano"). È quindi fondamentale avere un approccio pragmatico che porti a configurare e sviluppare le proprie attività e competenze in funzione degli stimoli provenienti dal contesto e dei suoi segnali deboli. Nell'ecosistema organico-virtuale si possono distinguere tre tipi fondamentali di ruoli:

a) l'azienda *"risorsa chiave"*;
b) l'azienda *"operativa"*;
c) l'azienda *"integratrice"*.

Le aziende "risorsa chiave" hanno il ruolo fondamentale di mettere a disposizione dell'ecosistema i fattori fondamentali per attivare la specifica "catena del valore". Tali fattori, presi singolarmente o combinati in modi diversi, possono essere individuati nei seguenti:

a) sviluppo e presidio del know-how di prodotto e/o servizio;
b) sviluppo delle persone capaci di erogare la prestazione oggetto di business;
c) sviluppo e presidio di eventuali specializzazioni necessarie;
d) conoscenza di mercato;
e) finanziamenti.

Le aziende "operative" sono dedicate essenzialmente alla gestione operativa del business. Tali unità possono essere distribuite lungo l'intera catena di business "in cascata" (una produce e l'altra commercializza) oppure possono essere verticalizzate in parallelo (producendo e commercializzando diverse linee di prodotto in parallelo). L'azienda "operativa" deve migliorare continuamente la sua competitività in termini di costi, qualità, flessibilità, affidabilità e tempi di risposta dell'attività a lei affidata. Le aziende "integratrici" assolvono il compito di combinare le attività di più aziende risorsa chiave e aziende operative (ad esempio integrando il software prodotto da un'azienda con l'hardware prodotto da un'altra, da fornire poi a un'unità commerciale, finalizzando così la catena del valore). L'azienda integratrice deve migliorare continuamente le sue capacità di conoscenza dell'ecosistema per garantire a tutta la catena il mantenimento dei livelli competitivi e una equa ripartizione dei margini. È sulla base di questa logica che un'azienda deve comprendere le sue capacità differenzianti e svilupparle per essere attrattiva per l'ecosistema.

Tenendo presenti tali logiche e dinamiche, un'impresa dovrebbe quindi analizzare gli ecosistemi in cui potrebbe/vorrebbe operare, individuando dei possibili ruoli di business ad alto valore e con elevata difendibilità. La metodologia CBM ben si presta anche a tale scopo, applicandola dapprima all'ecosistema di business e poi alla singola azienda. Nelle Figure 4.3 e 4.4 si può vedere un esempio di analisi in tal senso svolta sull'ecosistema infomobilità realizzata in un laboratorio del Master MAINS di Pisa. Tale modello si può analogamente utilizzare per individuare come far evolvere distretti industriali verso logiche più efficaci e competitive di ecosistemi di business operanti nell'ambiente di business globale.

4 La trasformazione del modello di business: il *Business Modelling* 113

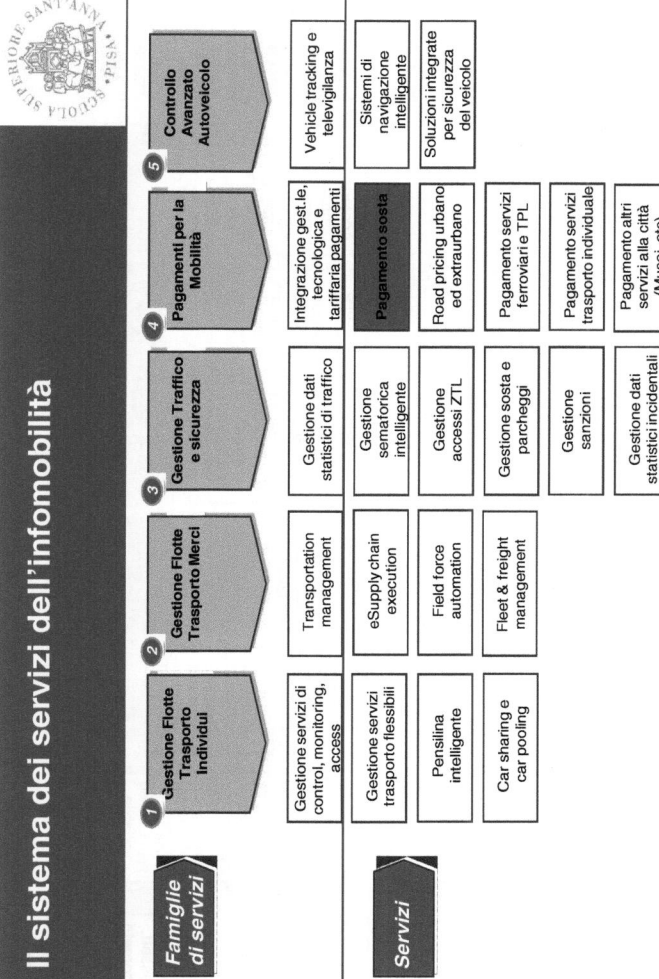

Figura 4.3 Ecosistema "Infomobilità" rappresentato in CBM (Laboratori Mains 2008, Pisa)

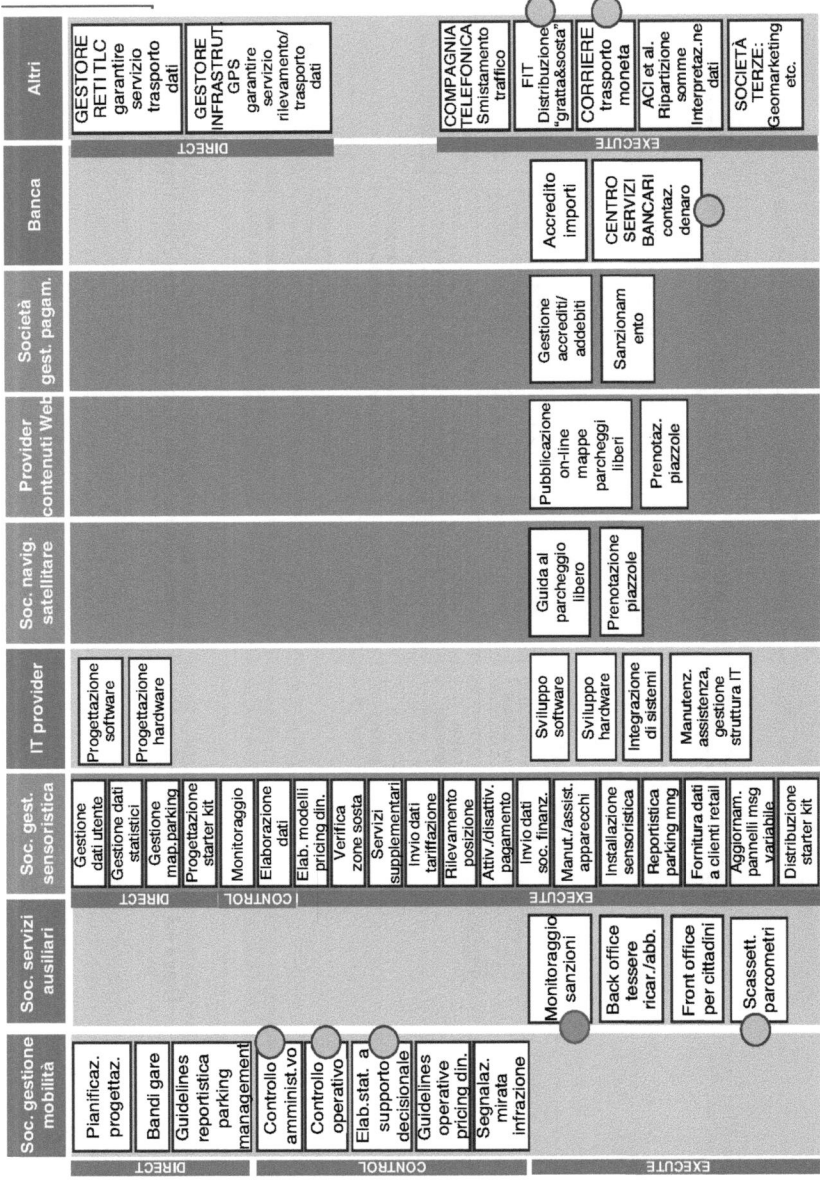

Figura 4.4 Analisi CBM dell'area di Business "Pagamento Sosta Parcheggi" (Laboratori Mains 2008, Pisa)

Bibliografia

Bauman Z (2002) Modernità liquida. Laterza, Milano
Butera F (2009) Il cambiamento organizzativo. Analisi e progettazione. Laterza, Milano
Butera F (2005) Il castello e la rete. Impresa, organizzazioni e professioni nell'europa degli anni '90. Franco Angeli, Milano
Chesbrough H (2006) Open Business Models: How to thrive in the New Innovation Landscape. Harvard Business School Press, Boston
Gallouj F (2002) Innovation in the service economy. Edward Elgar Publishing, Cheltenham, Northampton
Grant R (2010) Contemporary strategy analysis, 7a ed. Wiley, Hoboken
IBM Institute for business value (2010) Capitalizing on complexity. CEO Survey 2010
IBM Institute for business value (2008) The enterprise of the future. CEO Survey 2008
IBM Institute for business value (2008) Innovation. CEO Survey 2006
IBM Institute for business value (2010) The new value integrator. CFO Survey 2010
Mc Hugh P, Merli G, Wheeler B, (1996) Beyond business process reengineering. Wiley, New York
Merli G, Gelosa E, Fregonese M (2010) Surpetere, la competizione creativa efficace e sostenibile. Guerini e Associati, Milano
Merli G, Crippa A (2003) Business on demand. Il sole 24 ore, Milano
Merli G (2000) E-biz, come organizzarsi per la net economy. Il sole 24 ore, Milano
Merli G (1999) I nuovi paradigmi del management. Il sole 24 ore, Milano
Merli G, Saccani C (1994) L'Azienda olonico-virtuale. Il sole 24 ore, Milano
Merli G (1996) Managing by priority. Wiley, Chichester, New York
Merli G (1995) Breakthrough management. Wiley, Chichester, New York
Pohle G, Korsten P, Ramamurthy S (2005) Component Business Model: IBM Institute for Business Value, scaricabile da http://www-935.ibm.com/services/us/imc/pdf/g510-6163-component-business-models.pdf
Rullani E (2010) Modernità sostenibile. Idee, filiere e servizi per uscire dalla crisi. Marsilio, Venezia
Valdani E, (2009), Cliente & service management. Egea, Milano

Innovazione *User-Led*. Il coinvolgimento degli utilizzatori finali nella co-creazione di valore nel settore dei servizi

F.D. Sandulli

Vi è ormai ampio consenso sia tra professionisti che tra studiosi sul fatto che gli utilizzatori finali (end-users) possano contribuire in maniera sostanziale a creare nuovi beni e servizi. Le imprese di servizio stanno cominciando ad apprendere quali siano le modalità di coinvolgimento degli end-users nello sviluppo di nuovi servizi. In questo articolo viene presentato un caso di studio che spiega in che modo l'impresa abbia adottato una strategia più aperta nello sviluppare nuovi servizi. Quest'impresa è riuscita a ridurre la viscosità delle informazioni aumentando il livello d'interazione con l'end-user, fornendogli inoltre alcuni strumenti per sviluppare proprie applicazioni. Ha poi fatto emergere i benefici derivanti dal contributo dell'end-user, rafforzando il processo di identificazione organizzativa mediante la creazione di un sistema di reputazione. Tali iniziative hanno consentito di migliorare le capacità di rilevare e filtrare le richieste degli utilizzatori, ma anche di offrir loro un più ricco portfolio di servizi ed una migliore analisi e capacità di elaborazione delle informazioni; questo ha altresì consentito all'impresa di differenziarsi in maniera decisiva dalle imprese d'investimento concorrenti.

5.1
User Innovation nelle imprese di servizio

Negli ultimi anni un numero sempre crescente di imprese sta modificando il proprio modello di innovazione. Tradizionalmente, le imprese adottavano modelli di innovazione chiusa, in cui cioè i flussi di conoscenza che portavano all'invenzione del prodotto, alla sua progettazione e alla successiva produzione erano vincolati ai confini dell'impresa. I sostenitori dell'Open Innovation spiegano che il paradigma dell'innovazione aperta coinvolge attori non solo interni ai confini dell'impresa, ma anche esterni, al fine di rafforzare la capacità d'innovare (Chesbrough 2003). Come risultato, le imprese hanno cominciato a guardare ad altri modi di aumentare l'efficienza e l'efficacia dei loro processi di innovazione attraverso la ricerca attiva di nuove tecnologie ed idee al di fuori dei confini dell'impresa e mediante la collaborazione con fornitori, concorrenti ed utilizzatori. L'adozione del paradigma dell'innovazione aperta è stata abbastanza eterogenea. Mentre è stato adottato dalle grandi imprese manifatturiere, la ricerca attuale su questo tema non ha ancora prodotto forti evidenze tali da convincere le piccole imprese manifatturiere e quelle di servizio di ogni dimensione ad abbandonare il loro vecchio modello di innovazione chiusa.

Tale riluttanza delle imprese di servizio può essere spiegata dal fatto che molte delle loro innovazioni si basano su esperienze, conoscenza tacita ed intangibile piuttosto che sulla funzionalità, conoscenza esplicita e strutturata, complicando ulteriormente lo scambio di conoscenze. Inoltre, le imprese di servizio sono più riluttanti a condividere la conoscenza perché incontrano molte difficoltà nel raggiungere condizioni di replicabilità, brevettabilità e protezione legale per le loro innovazioni. Tuttavia, ci sono alcuni casi di successo di innovazione aperta nei servizi. In questo capitolo, focalizzeremo la nostra attenzione su uno di questi casi nel settore dei servizi finanziari. Più precisamente, studieremo gli utilizzatori nel ruolo di co-creatori di nuovi servizi finanziari.

A partire dal lavoro seminale di Von Hippel (1986), si è creato ampio consenso tra professionisti e studiosi sul fatto che gli utilizzatori finali possano contribuire sostanzialmente ai progetti d'innovazione. Le imprese possono ottenere molti benefici dalla partecipazione degli *end-users* ai loro processi di innovazione. Tra questi, la letteratura evidenzia una più veloce diffusione delle innovazioni sull'intera base di utilizzatori, integrando i portfolio di innovazioni esistenti, coprendo le piccole nicchie con domanda latente lasciate aperte dalle imprese esistenti, riducendo l'asimmetria delle informazioni tra imprese ed utilizzatori, ottenendo l'accesso a risorse mancanti (tipicamente conoscenza), un più veloce sviluppo del prodotto e una potenziale riduzione di costi (Henkel, Von Hippel 2005; Enkel et al. 2005; Bitzer et al. 2007). Nonostante questi benefici, integrare gli utilizzatori nel processo di innovazione può diventare un compito impegnativo che coinvolge costi di transazione e agenzia relativi ai comportamenti opportunistici degli utilizzatori stessi, causando uno sviluppo prodotto inefficiente o un eccessivo orientamento alle nicchie di mercato (Athaide, Stump 1999; Brockhoff 2003; Jeppesen 2005; Alam 2006; Gassman et al. 2010). Inoltre, nel quadro specifico delle imprese di servizio, tali imprese possono misurare solo con difficoltà il contributo degli utilizzatori allo sviluppo di nuovi prodotti dal momento che l'output di questo processo non si collega a qualcosa di materialmente quantificabile. I pregiudizi sui sistemi di misurazione in relazione ai servizi sono alla base della stragrande maggioranza delle sottostime dell'innovazione (Gallouj, Savona 2009). Se le imprese non riescono a misurare appropriatamente il reale contributo degli end-users al processo di innovazione stesso, si troveranno ad affrontare grandi incertezze cercando di valutare il ritorno degli investimenti di quegli strumenti e meccanismi che promuovano l'innovazione end-user, discussi in seguito nel capitolo.

L'approccio tradizionale delle imprese di servizi verso la user innovation è in qualche modo limitato dalla concezione tradizionale di processo di sviluppo di nuovi servizi come processo *producer-centered*. In questa visione, il contributo principale degli utilizzatori alla creazione di nuovi servizi consiste nell'aiutare le imprese a discernere e comprendere i loro bisogni, siano essi articolati o meno. In questo contesto, le imprese non si avvalgono degli utilizzatori come risorse. Di conseguenza, il ruolo degli end-users nella creazione di nuovi servizi è spesso limitato o alle fasi iniziali del processo di creazione, o di generazione delle idee, oppure alle fasi finali di test e validazione della progettazione finale del servizio. Magnusson (2003) ha rilevato che il coinvolgimento degli utilizzatori nella generazione di nuove idee nel settore delle telecomunicazioni ha prodotto molte idee originali, ma ancora troppo difficili da implementare. Alam (2002) ha osservato che nel settore dei servizi finanziari il contributo più rilevante degli utilizzatori allo sviluppo di nuovi servizi è relativo ad attività di generazione di idee e test di nuovi servizi, come mostrato anche da Thomke (2003) nel caso della Bank of America, che utilizzava i clienti per testare i nuovi servizi. Tuttavia, di recente, alcune imprese di servizi stanno cominciando a guardare agli utilizzatori come co-creatori, partecipanti proattivi nella produzione di nuovi servizi (Nambisan, Nambisan 2009; Payne et al. 2008; Skiba, Herstatt 2009; Oliveira, Von Hippel 2009; Nambisan, Baron 2010). Non sempre però è semplice o conveniente per le imprese coinvolgere gli utilizzatori in efficaci relazioni di co-creazione. Il livello di coinvolgimento dipende dalla strategia adottata dall'impresa e dalla disponibilità dell'utilizzatore a cooperare.

L'obiettivo principale di questo capitolo è quello di mostrare con un caso d'impresa quali leve e strategie possono essere utilizzate per raggiungere il più alto livello di coinvolgimento degli users nella creazione di nuovi servizi. Nelle sezioni che seguono, studieremo l'influenza della viscosità delle informazioni e dei benefici attesi sulla disponibilità dell'end-user a cooperare. Nelle due sezioni finali, supportiamo il nostro modello con un caso d'impresa del settore dei servizi finanziari e ne delineiamo le conclusioni principali e le future linee di ricerca.

5.2
Disponibilità dell'utilizzatore a cooperare: viscosità delle informazioni

La letteratura sull'innovazione considera la disponibilità dell'utilizzatore a cooperare come funzione di due variabili: viscosità delle informazioni e benefici attesi (vedi per esempio Von Hippel 1994; Morrison et al. 2000; Franke et al. 2006). Von Hippel (1994) definisce il concetto di viscosità delle informazioni di una data unità di informazione come la spesa incrementale richiesta per trasferire quella determinata unità ad uno specifico locus, in una forma tale da essere utilizzabile da colui che cerca quelle informazioni. La viscosità delle informazioni può essere dovuta al modo in cui le informazioni stesse sono codificate oppure a particolari problemi di coloro che danno o cercano informazioni, come per esempio la non capacità di assorbire quella informazione (Cohen, Levinthal 1990). La viscosità delle informazioni comporta anche che gli utilizzatori o i fornitori del servizio comincino a basarsi in larga parte su informazioni che già possiedono più che su informazioni che devono reperire da fonti esterne. Questo significa che gli utilizzatori ed i fornitori di servizio tenderanno a sviluppare diverse *tipologie* di innovazioni. Generalmente gli utilizzatori hanno un modello molto più dettagliato dei loro bisogni se confrontato con quello dei fornitori di servizio; mentre i fornitori hanno una visione più ampia del sistema necessario a fornire una soluzione ai bisogni dei consumatori. Questa differenza è in particolar modo importante in quei servizi con una chiara distinzione tra *back-office* e *front-office*. Gli utilizzatori non sono di solito consapevoli di "cosa sta veramente accadendo" nel back-office dal momento che non sono in contatto con questa parte del sistema di servizio, e conseguentemente tendono a sviluppare innovazioni che sono funzionalmente nuove, più legate ai processi front-office del sistema di servizio e ai meccanismi di interazione tra utilizzatori ed imprese. Questi meccanismi tendono a richiedere una grande quantità di informazioni sui bisogni generati dell'utilizzatore e sul contesto di utilizzo per il loro sviluppo. Al contrario, i fornitori di servizio tendono a sviluppare innovazioni che sono miglioramenti di bisogni ben noti e che richiedono una comprensione completa dell'intero sistema per il loro sviluppo (Riggs, von Hippel 1994; Ogawa 1998). Quanto più l'opacità dei processi di back-office è alta, tanto meno il contributo dell'utilizzatore sarà importante. Von Hippel e Pereira (2009) mostrano questa relazione mediante il caso degli *sweep accounts*. Gli utilizzatori svilupparono solamente un prototipo o soluzione iniziale di questo nuovo servizio finanziario, ancora lontano dalla soluzione effettiva, in quanto di solito gli utilizzatori non comprendono a pieno le correzioni di cui i processi di back-office delle banche hanno bisogno affinché forniscano il nuovo servizio su larga scala. Nel processo di adattamento del prototipo dell'utilizzatore al servizio reale, la configurazione back-office delle banche creava alcune restrizioni alla progettazione del nuovo servizio. Queste limitazioni producevano una soluzione non ottimale che differiva dalla soluzione proposta dagli users dal momento che alcune delle funzionalità dei loro prototipi di servizi sweep non erano incluse nella progettazione finale. Perciò, in questo caso le banche dovrebbero aver predisposto alcuni meccanismi per ridurre la viscosità dell'informazione al fine di produrre una migliore soluzione. La letteratura ha fondamentalmente identificato due di questi meccanismi: aumentare le interazioni user-impresa oppure fornire agli users dei *toolkits*.

Per quanto riguarda l'interazione user-impresa, una più stretta interazione tra utilizzatori ed imprese riduce la viscosità delle informazioni. Per esempio, studi sui Knowledge Intensive Business Services (KIBS) hanno ampiamente osservato questo fenomeno. All'interno dei progetti KIBS, non è eccezionale che i clienti non solo esplichino i loro bisogni ma anche partecipino attivamente allo sviluppo o all'implementazione della soluzione. Con ciò, questi servizi predispongono forti meccanismi di interazione come squadre miste, interazioni *face to face* o programmi di formazione per ottimizzare i flussi di informazioni tra i KIBS e il cliente, e per ridurre la viscosità delle stesse. È a causa di questi meccanismi che la user innovation è così comune nei KIBS. Per esempio, Enos (1992) ha mostrato che quasi tutte le più importanti innovazioni nel settore della raffinazione petrolifera sono state sviluppate da imprese utilizzatrici, mentre Muller e Zenker (2001) trovarono che le piccole e medie imprese manifatturiere, interagendo con i KIBS, avevano molta più probabilità di innovare. A sua volta, la letteratura riconosce anche che i KIBS apprenderanno dai clienti e svilupperanno le loro capacità di innovazione ed i nuovi servizi a partire proprio da queste interazioni (Muller, Zenker 2001; Strambach 2001; Fosstenløkken et al. 2003; He, Wong 2009).

Ad ogni modo, gli alti livelli di interazione sono costosi per le imprese in termini di risorse interne e di costi di transazione. Per questa ragione, le imprese di servizi hanno creato un altro modo di ridurre la viscosità delle informazioni: i toolkits. Questi toolkits sono insiemi di strumenti di progettazione "user-friendly" che consentono agli utilizzatori di sviluppare innovazioni da sé. I toolkits sono di solito specifici alle sfide di progettazione di uno specifico campo o sottocampo, come la progettazione di circuiti integrati o la progettazione di un prodotto software. Con il toolkit, gli utilizzatori possono creare una progettazione preliminare, simularla o prototiparla, valutare il suo funzionamento nel proprio ambiente di utilizzo, e quindi migliorarla iterativamente fino ad essere soddisfatti. I toolkits riducono la viscosità di una determinata unità di informazione mediante conversione di parte della expertise da conoscenza tacita ad una più esplicita e facilmente trasferibile (von Hippel, Katz 2002).

L'incentivo ad investire nella riduzione della viscosità di una data unità di informazione varierà a seconda del numero di volte che uno si aspetta di trasferirla; quando il numero di trasferimenti è alto le imprese opteranno per i toolkits. Questo è il caso delle compagnie di telecomunicazione come Deutsche Telekom, Telefonica, Vodafone o Telecom Italia tra le tante altre che stanno aprendo le loro Application Programming Interfaces (API) e fornendo ai loro utilizzatori i Software Development Kits (SDK) al fine di promuovere lo sviluppo delle applicazioni da parte degli stessi. In questo caso, il vettore di telecomunicazioni si aspetta di avere le stesse informazioni tecniche chiamate più volte a risolvere *n* problemi di user application, e che ognuno di questi problemi coinvolga informazioni uniche dell'utilizzatore ma con specifiche tecniche similari. In questo caso, l'incentivo complessivo per rendere non-viscose le informazioni del fornitore del servizio in tutta l'intera serie di problemi dell'utilizzatore è più alto. In maniera molto simile, imprese nel settore dei servizi finanziari stanno cominciando ad incorporare dei software nelle loro macchine ATM che consentono ai loro clienti di creare le proprie applicazioni per interfacciarsi, tramite ATM stesso, con la propria banca. Questi due casi mostrano come i toolkits siano utili soprattutto quando i fornitori di servizi tentano di adottare un approccio teso a trovare una soluzione comune e replicabile ai diversi problemi applicativi dei molti ed eterogenei utilizzatori. Per esempio, con il toolkit le compagnie di telecomunicazione possono risolvere i diversi problemi di comunicazione degli utilizzatori che vanno dai medici che vogliono usare le open API per sviluppare una nuova applicazione mobile *e-heath*, a bambini che desiderano sviluppare un nuovo gioco per una piattaforma mobile. La comunanza negli approcci alla soluzione significa che la viscosità delle informazioni richiesta da un fornitore di servizio per risolvere ogni problema relativo alle nuove applicazioni tende ad essere la stessa, coinvolgendo aspetti legati alle proprietà ed alle limitazioni del tipo di soluzione. Al contrario, la diversità nelle applicazioni significa che la viscosità delle informazioni richiesta dagli utilizzatori tende ad essere nuova o ad avere nuove componenti. Perciò, più alta è l'eterogeneità dei bisogni del cliente incontrata dal fornitore di servizi, maggiore sarà il suo incentivo ad investire nei toolkits (von Hippel 1998). In casi come questi di alta eterogeneità dei bisogni degli users, le dimensioni del mercato potenziale sono generalmente piccole, e le imprese che sviluppano toolkits stanno seguendo un approccio all'innovazione di tipo *long tail*, in cui cercano di soddisfare più nicchie di mercato allo stesso tempo senza incorrere in alti costi, dal momento che una parte significativa delle attività d'innovazione sono svolte dagli users.

5.3
Disponibilità dell'utilizzatore a cooperare: benefici attesi

Gli users si aspettano di ricevere dalle loro innovazioni un mix di benefici estrinseci/intrinseci e collettivi/individuali. Questi benefici possono assumere diverse forme: denaro, migliore servizio o riconoscimento sociale. Nel caso specifico di utilizzatori finali, di fondamentale importanza sono i riconoscimenti intrinseci (Franke, Shah 2003). È molto probabile che gli utilizzatori finali cooperino nel processo di sviluppo di nuovi servizi affinché ciò apporti ulteriori miglioramenti al servizio stesso da parte di altri utilizzatori o del fornitore di servizi, produca uno standard a vantaggio di tutta la base di utilizzatori, crei basse condizioni di rivalità, o vi siano effetti di reciprocità e di reputazione positivi attesi (Harhoff et al. 2000). Il caso Glucoboy è un esempio di innovazione user-led motivata da benefici intrinseci. Questo gioco sviluppato da Nintendo e lanciato in Australia al World Diabetes Day nel 2009 rende divertente le pratiche di monitoraggio e di raggiungimento di determinati livelli di zucchero nel sangue. Ogni volta che un utilizzatore esegue il test del glucosio, vengono assegnati dei punti che gli consentono di sbloccare dei giochi. L'idea del Glucoboy è venuta in mente ad un utilizzatore finale, Paul Wessel, un ex Senior Sales Executive alla Honeywell Corporation, il quale notò che suo figlio di nove anni perdeva costantemente e deliberatamente il suo strumento di misurazione del glucosio in quanto odiava fare il test, ma mai il suo Gameboy. Il signor Wessel pensò che se avesse potuto combinare il test del glucosio nel sangue e le tecnologie videogames, forse suo figlio sarebbe stato molto più motivato nel fare il test. Per l'utilizzatore finale, l'obiettivo principale di questa innovazione non era quello di aspettarsi un guadagno da vendita di licenze. Infatti, ci sono voluti tre anni per convincere la Nintendo a sviluppare il nuovo servizio a causa del target di mercato relativamente piccolo, caratteristica comune a molte delle innovazioni generate dagli utilizzatori. Il signor Wessel disse di aver disegnato Glucoboy per aiutare gli altri genitori ad evitare quel che lui ha dovuto affrontare con suo figlio Luke. Aggiunse poi che il nuovo servizio era stato sviluppato con l'obiettivo di trasformare un regime giornaliero di puntura al dito e test del glucosio nel sangue, odiato dalla maggioranza dei bambini che hanno il diabete, in una motivazione a gestire la loro malattia.

In questo esempio, non solo possiamo vedere come siano rilevanti i ritorni intrinseci, ma possiamo renderci conto di quale sia l'importanza di comprendere il contesto sociale dell'utilizzatore finale. Gli utilizzatori finali devono essere considerati dal fornitore di servizi non come individui isolati, ma come individui facenti parte di una comunità di utilizzatori finali. In tal senso, l'innovazione dell'utilizzatore finale dipende dal valore di fiducia che s'instaura nella relazione. Tuttavia, la fiducia individuale è fortemente influenzata dalle attese degli altri utilizzatori nei confronti della relazione instauratasi con l'organizzazione. Nel momento in cui la user community percepisce che l'impresa agirà opportunisticamente e catturerà ingiustamente i benefici della innovazione *end-user* (Bradach, Eccles 1989; Gulati 1995), incoraggiare ulteriori innovazioni di utilizzatori sarà molto difficile. Questo è spiegato molto chiaramente in un caso studio di Heiskanen e Lovio (2007), in cui alcune imprese d'ingegneria non hanno avuto successo nello stimolare l'innovazione user-led per creare nuove soluzioni *home energy*, a causa della pessima reputazione diffusasi tra la gli utenti della user community.

Le imprese possono creare fiducia aumentando nel tempo il numero di interazioni di successo con gli utilizzatori. Mediante la continua interazione, le imprese e gli end-users apprendono l'un l'altro e sviluppano fiducia reciproca attorno a norme di equità o a sviluppare ciò che Shapiro et al. (1992) chiamano "fiducia basata sulla conoscenza". In questo senso la fiducia è un modo per creare una identificazione organizzativa tra end-users ed impresa. L'ampia letteratura sul comportamento organizzativo si è focalizzata proprio su questo problema evidenziando che l'identità sociale gioca un ruolo importante in questo senso. La teoria dell'identità sociale (Tajfel 1978; Tajfel, Turner 1979) postula che le percezioni ed i comportamenti individuali sono guidati dai processi di identificazione sociale: la tendenza degli individui a pensare di se stessi in termini di gruppi sociali o collettivi di cui fanno parte (Tajfel 1978; Tajfel, Turner 1979). L'identificazione organizzativa denota un'auto-definizione in termini dell'appartenenza all'organizzazione e riflette un senso di unità tra se stessi e l'organizzazione (Ashforth, Mael 1989; Dutton et al. 1994; van Knippenberg, Sleebos 2006). Quando l'organizzazione diventa parte integrante del concetto di sé dell'individuo, lo stesso individuo si sente incluso e parte dell'organizzazione.

L'identificazione organizzativa riveste un ruolo molto importante nell'innovazione end-user. Gli individui che più fortemente si identificano con un'organizzazione e vedono se stessi fortemente connessi all'organizzazione sono più motivati ad essere coinvolti per conto dell'organizzazione e nel mostrare comportamenti organizzativi, quali proporre innovazioni e aiutare l'impresa a migliorare i suoi servizi senza che venga richiesto (Ashforth, Mael 1989; Dutton, Dukerich, Harquail 1994; van Knippenberg, Sleebos 2006).

Per questo motivo è così importante che le imprese imparino come influenzare l'identificazione organizzativa. Le imprese possono influenzare l'identificazione organizzativa enfatizzando il collettivo nelle loro comunicazioni o mostrando pubblicamente i comportamenti *group-oriented* (Shamir et al. 1993). Per esempio, alcune imprese quali IBM o SUN sono positivamente identificate dagli sviluppatori open source. Inoltre, le imprese possono impattare positivamente sui sentimenti di identificazione organizzativa definendo una strategia comunicativa volta a creare la percezione tra gli users che le procedure e le regole in uso in un'organizzazione sono giuste e giustificate (Tyler 1999). Ancora più importante, l'impresa può anche fortemente influenzare l'identificazione con l'organizzazione mostrando rispetto per la persona e per le sue performance (De Cremer, Tyler 2005). In relazione a quanto appena detto, alcune imprese stanno cominciando a creare delle user community in cui la principale motivazione alla partecipazione degli user innovatori è il desiderio di essere riconosciuti dall'impresa (Jeppessen, Frederiksen 2006). In questo caso, i sistemi di reputazione adottati dall'impresa *host* sono di solito positivamente correlati con il contributo dell'utilizzatore. Inoltre, ricerche recenti hanno mostrato che non solo gli utilizzatori rivestono il ruolo di innovatori, ma possono anche istituire ed organizzare da sé comunità di innovazione (Lettl, Gemunden 2005).

5.4
Caso aziendale: ridurre la viscosità delle informazioni e rafforzare l'identificazione organizzativa nel settore dei servizi finanziari

Nell'odierno contesto economico così volatile, i professionisti dei servizi finanziari di successo sanno rapidamente rispondere alle fluttuazioni del mercato creando pacchetti agili e flessibili per analizzare le performance di mercato, e supportare portafogli di negoziazione e analisi di rischio. In questa sezione vedremo come un'impresa di servizi finanziari faccia leva sul potere dei toolkits per ridurre la viscosità delle informazioni a vantaggio della comunità favorendo la capacità degli end-users di creare nuovi servizi.

InvestGreat Group è un'impresa europea di servizi finanziari fondata nel 1987 e posseduta al 100% da Grupona (pseudonimo) (una delle imprese leader nel campo delle infrastrutture, energia e servizi spagnola, membro Ibex+35). L'impresa al momento gestisce più di 6 miliardi di euro attraverso sei fondi comuni d'investimento, 33 Sicavs e tre fondi pensione; conta più di 32.000 clienti, inclusi alcuni promotori finanziari. L'impresa ha costruito un brand forte riconosciuto dal mercato grazie alle solide performance dei loro Fondi e dei Sicavs durante il crash del mercato azionario degli anni 2000-2002. Nel 2002 il loro fondo azionario spagnolo ottenne un rendimento dell'8% contro la caduta del 28% del mercato azionario spagnolo. L'impresa attualmente ha il secondo fondo azionario spagnolo. Tuttavia, le ultime turbolenze del mercato finanziario hanno colpito gravemente l'impresa. Hanno perso circa 13.000 clienti dalla fine del 2007, durante il 2008 i loro fondi hanno perso tra il 45% ed il 3%, la più alta perdita nella storia dell'azienda che la collocava tra i 10 peggiori fondi azionari spagnoli. Il valore del loro asse si era ridotto da circa 4 miliardi di euro ad 1,5 miliardi di euro in quindici mesi.

Finita la parte peggiore della crisi, il CEO della InvestGreat decise di focalizzarsi sulla ottimizzazione delle operations interne dell'impresa, trascurate durante gli anni di rapida crescita precedenti la crisi. Durante quel periodo infatti la gestione dell'impresa era orientata alla massimizzazione del valore finanziario degli assets gestiti. I assets managers dell'impresa trascorrevano il 95% del loro tempo alla ricerca di imprese, valutandone il loro valore oggettivo. A tal fine, utilizzavano un ampio numero di fonti: visite alle imprese, pubblicazioni industriali, contatti con altri dirigenti all'estero, stampa straniera, reportistica, ecc. Per determinarne il valore oggettivo, prendevano in considerazione sia le caratteristiche chiave del business (ciclico, stabile, capital intensive, ecc.), sia l'abilità e l'onestà del loro team di gestione. Tuttavia, durante la crisi scoprirono che questo forte focus sulla valutazione degli assets aveva inciso negativamente sulle performance di alcuni processi amministrativi e commerciali, soprattutto sulla gestione delle relazioni con i clienti, considerata secondaria rispetto al processo core di analisi finanziaria. Tra le tante iniziative, l'impresa decise di focalizzarsi sull'innovazione e sul miglioramento delle relazioni con i suoi clienti. A questo proposito, sono stati avviati due progetti nel 2009: un portale on-line per agevolare le operazioni dei clienti, e la creazione di una comunità on-line di utilizzatori per migliorare l'interazione dei clienti.

Attraverso la community, accessibile solo su invito, l'impresa cerca di costruire una relazione più forte con i propri clienti. La comunità on-line consentiva agli utilizzatori di sfruttare a proprio vantaggio sia dalla conoscenza che gli altri investitori avevano deciso di condividere, sia dalle informazioni esterne che l'impresa rendeva disponibili. Gli investitori presenti nella community ricevono sulle loro personali homepage le opinioni degli altri membri della community, informazioni relative ai prezzi azionari forniti da Thomson Reuters, e notizie da riviste finanziarie ed economiche. Inoltre la community forniva agli utilizzatori degli strumenti per sviluppare servizi personalizzati per gestire le informazioni relative ai loro investimenti. Infatti, attraverso connessioni sicure ai siti web delle loro banche, l'impresa predispone un *financial aggregator* che utilizzando un adeguato livello di sicurezza mette insieme tutti gli account d'investimento e dispone ogni operazione in categorie flessibili. Ma la *killer feature* compare laddove il ritorno medio sugli investimenti di un utilizzatore è al di sotto delle probabilità relative ad altri utenti con le stesse caratteristiche. Inoltre, gli users possono facilmente e rapidamente predisporre da sé nuove applicazioni personalizzate per gestire le informazioni riguardanti i loro investimenti. Alcuni esempi di nuovi servizi sviluppati dagli users sono relativi alla valutazione storica dei loro investimenti, aggiornamenti a cadenza giornaliera del valore dei loro investimenti, e-mail o SMS sullo stato degli investimenti, applicazioni per organizzare le informazioni sugli investimenti in diversi portfolio indipendentemente dalle banche in cui sono sostenuti, strumenti analitici personalizzati per confrontare la performance dei loro investimenti con gli indici leader di mercato, e altri nuovi servizi. Di tale innovazione ne godranno i benefici non solo i clienti che l'hanno creata, ma anche il resto della community. Infatti, l'impresa ha cominciato ad esaminare le applicazioni sviluppate dagli users, in cerca di nuovi servizi che sarebbe stato interessante replicare e rendere accessibili al resto della community.

L'aspetto di rilievo di questo caso di studio sta nel fatto che InvestGreat abbia combinato toolkits e gestione della community. Altre imprese hanno fornito solamente i toolkits, come l'Automated Trading di XTB, o solo la community di investitori come XtraInvestor. Lo sviluppo della comunità di utilizzatori ricade tra le strategie di cui abbiamo già parlato, atte ad aumentare l'innovazione end-user. In primo luogo, la comunità riduce la viscosità delle informazioni riducendo l'opacità dei processi di back-office dell'impresa. A tal proposito, i manager di InvestGreat condividono ad oggi con i loro clienti le fonti di informazioni utilizzate per gestire i loro fondi. D'altro canto, gli utilizzatori possono usare i loro miniblogs per esplicitare meglio i loro bisogni. Inoltre, i manager di InvestGreat hanno dei sistemi per filtrare questi bisogni.

Infatti, possono identificare le richieste di nuovi servizi più rilevanti filtrandole in base al numero di richiedenti, in base al numero di utilizzatori che hanno sviluppato la loro applicazione per risolverlo, oppure in base al tipo di utilizzatore che sta richiedendo quel servizio, dal momento che l'impresa ha sviluppato un algoritmo di reputazione per rilevare i *lead users*. In secondo luogo, la comunità ha ridotto la viscosità delle informazioni fornendo agli utilizzatori dei toolkits per sviluppare le proprie applicazioni. Come spiegato prima nell'inquadramento teorico, l'impresa ha applicato un approccio risolutivo comune, l'aggregazione delle informazioni dalle banche, ad un insieme eterogeneo di clienti con diverse richieste. Durante i primi sei mesi di operazioni della comunità, più di 300 clienti hanno sviluppato le loro applicazioni. L'impresa studierà successivamente quali di queste applicazioni possono essere interessanti da estendere a tutta la base di clienti. Il manager della community identifica quelle applicazioni che possono essere d'interesse per il resto della community ed insieme al personale IT ne valuta l'idoneità tecnica. In terzo luogo, ha rinforzato la fiducia dei loro clienti nell'impresa. La viscosità delle informazioni è stata ridotta, dal momento che gli investitori conoscono quali fonti informative sono state utilizzate per prendere decisioni di investimento con il loro denaro. Mentre prima la comunicazione tra i manager di GreatInvest si riduceva ad una newsletter mensile o al contenuto del sito web, nella nuova user community i manager hanno il loro blog personale, dove giornalmente possono condividere opinioni con i lori utilizzatori.

Questo nuovo canale di comunicazione aumenterà il grado di interazione tra gli utilizzatori e l'impresa e di conseguenza i livelli di fiducia dei clienti stessi. Infine, abbiamo osservato che la community ha anche agevolato l'identificazione organizzativa degli end-users con l'impresa. Gli utilizzatori possono avere il loro proprio blog utilizzando il look e la grafica di GreatInvest, creando una identificazione visuale tra utilizzatori ed impresa. Nei primi sei mesi, circa 1.200 utilizzatori hanno creato i loro blog e hanno cominciato a condividere opinioni o informazioni con gli altri utilizzatori. Inoltre, per promuovere i contributi degli utilizzatori, l'impresa ha costituito un algoritmo di reputazione basato sui commenti che gli altri utilizzatori pubblicano nel blog personale di un altro utilizzatore. L'analisi empirica dei contributi ha mostrato che gli utilizzatori con una più alta reputazione contribuiscono molto di più alla community, e questo incrementa i punteggi di reputazione per un dato utilizzatore che a sua volta accresce la probabilità che questo utilizzatore contribuisca in maniera significativa alla community. Come risultato complessivo di queste iniziative volte alla costruzione della fiducia, un risultato preliminare dell'implementazione della nuova strategia è stato quello di ridurre di due punti il *churn rate* in confronto alla media dei precedenti quattro semestri.

Dal punto di vista dei nuovi servizi, l'impresa sta attualmente offrendo due nuovi servizi sviluppati dagli users: un'applicazione per sviluppare un grafico dell'IRR, ed uno per mappare la posizione dell'investimento globale sintetizzando la valutazione del portfolio, con l'opzione di considerare o meno valutazioni di mercato.

5.5
Conclusioni

Le imprese possono beneficiare dai contributi degli end-users nel creare nuovi prodotti. Tali contributi sono tanto più significativi per il modello di business dell'impresa quanto più gli users sono motivati e coinvolti nel processo di sviluppo. Per ottimizzare tale coinvolgimento, le imprese devono predisporre strategie per ridurre la viscosità delle informazioni ed aumentare i benefici attesi dell'innovazione. Le imprese possono ridurre la viscosità delle informazioni intensificando le interazioni con gli users. Tuttavia, queste interazioni sono costose. Per questa ragione, le imprese stanno cominciando ad inglobare conoscenza nei toolkits, i quali sono molto efficienti nei casi in cui le imprese possono impiegare informazioni riservate e tecnicamente omogenee per risolvere un set di bisogni eterogenei sollevati da differenti users. Studi passati hanno mostrato che la partecipazione degli users nella creazione di nuovi prodotti dipende fortemente dai benefici intrinseci degli users e dalla fiducia nell'impresa. Inoltre, le imprese devono comprendere che gli users non sono individui isolati ma membri di una community. Le strategie volte a costruire un clima di fiducia ed a favorire benefici intrinseci devono essere predisposte a livello di community piuttosto che a livello individuale. Nel complesso, nel caso che abbiamo descritto sopra, l'impresa ha adottato una strategia più aperta nello sviluppo di nuovi servizi. L'impresa ha volutamente ridotto la viscosità delle informazioni aumentando il grado di interazione tra essa stessa e gli end-users, e fornendo a quest'ultimi strumenti per sviluppare le proprie applicazioni. L'impresa ha anche rafforzato la visibilità dei benefici impliciti dovuti ai contributi degli users, ed il processo di identificazione organizzativa, creando un sistema di reputazione. Queste iniziative hanno portato a migliori capacità di rilevare e filtrare le richieste degli utilizzatori, ma anche ad una più grande differenziazione dalla concorrenza offrendo un portfolio di servizi più ampio ed una più forte capacità di analisi ed elaborazione delle informazioni agli end-users. Malgrado le forti sinergie derivate dal combinare le strategie di toolkit e le strategie di costruzione delle community, le imprese devono essere consapevoli delle particolari condizioni iniziali che hanno bisogno di considerare per massimizzare i ritorni di queste combinazioni. In primo luogo, le imprese che adottano questa strategia combinata potrebbero risolvere bisogni eterogenei per un set di users che condividono alcune caratteristiche, e perciò possono unirsi in una community. Cioè, gli users devono condividere un'identità organizzativa. Se gli users sono eterogenei, sarà più difficile creare una identità organizzativa comune, limitando quindi la replicabilità e la scalabilità dei nuovi prodotti e servizi e la capitalizzazione dei benefici intrinseci. In secondo luogo, le imprese dovrebbero essere in grado di risolvere problemi eterogenei utilizzando un set omogeneo di conoscenze e risorse. Se le imprese hanno bisogno di far riferimento ad altri tipi di conoscenza o ad altre risorse, i toolkits e gli approcci community-based non sono efficienti; sarebbe consigliabile invece seguire interazioni one-to-one con gli users. In terzo luogo, le imprese devono essere consapevoli che la user innovation porta di solito a nuovi prodotti che possono essere interessanti solo per nicchie di mercato. Per questo motivo, devono adottare un approccio di tipo long tail, almeno per i processi di innovazione aperta. Questo approccio può essere appropriato solo se le imprese e gli users condividono il rischio, i profitti e le risorse per creare nuovi prodotti. Gli users sono una fonte di conoscenza poco utilizzata, rappresentano risorse che le imprese devono cominciare a capire come sfruttare in un nuovo scenario competitivo di continua reinvenzione del loro modello di business.

Bibliografia

Alam I (2002) An Exploratory Investigation of User Involvement in New Service Development. Journal of the Academy of Marketing Science 30(3): 250–261

Alam I (2006) Removing the fuzziness from the fuzzy front-end of service innovations through customer interactions. Industrial Marketing Management 35(4): 468–480

Ashforth B E, Mael F (1989) Social identity theory and the organization. Academy of Management Review 14(1): 20–39

Athaide G A, Stump R L (1999) A taxonomy of relationship approaches during product development in technology-based, industrial markets. Journal of Product Innovation Management 16(5): 469–482

Bitzer J, Schrettl W, Schröder P J H (2007) Intrinsic Motivation in Open Source Software Development. Journal of Comparative Economics 35: 160–169

Bradach J L, Eccles R G (1989) Price, authority, and trust – from ideal types to plural forms. Annual Review Of Sociology 15: 97–118

Brockhoff K (2003) Customers' perspectives of involvement in new product development. International Journal of Technology Management 26(5–6): 464–481

Chesbrough H (2003) Open Innovation: the new imperative for creating and profiting from technology. Harvard Business School Press, Cambridge

Cohen W, Levinthal D (1990) Absorptive Capacity: A new perspective on learning and innovation. Administrative Science Quarterly 35(1): 128–152

De Cremer D, Tyler T R (2005) Managing group behaviour: The interplay between fairness, self, and cooperation. Advances in Experimental Social Psychology 37: 151–218

de Jong J P J, Vermeulen P A M (2003) Organising successful new service development: A literature review. Management Decision 41(9): 844–858

Dutton J E, Dukerich J M, Harquail C V (1994) Organizational images and member identification. Administrative Science Quarterly 39(2): 239–263

Enkel E, Kausch C, Gassmann O (2005) Managing the risk of customer integration. European Management Journal 23(2): 203–213

Enos J L (1962) Petroleum Progress and Profits: A History of Process Innovation. MIT Press, Cambridge

Fosstenløkken S M, Løwendahl B R, Revang Ø (2003) Knowledge development through client interaction: A comparative study. Organization Studies 24(6): 859–879

Franke N, Shah S (2003) How Communities Support Innovative Activities: An Exploration of Assistance and Sharing Among End-Users. Research Policy 32(1): 157–178

Franke N, von Hippel E, Schreier M (2006) Finding commercially attractive user innovations: A test of lead user theory. Journal of Product Innovation Management 23(4): 301–315

Gallouj F, Savona M (2009) Innovation in services: a review of the debate and a research agenda. Journal of Evolutionary Economics 19(2): 149–172

Gassman O, Kausch C, Enkel E (2010) Negative Side Effect of Customer Integration. International Journal of Technology Management 50(1): 43–62

Gulati R (1995) Does familiarity breed trust – the implications of repeated ties for contractual choice in alliances. Academy Of Management Journal 38(1): 85–112

Harhoff D, Henkel J, von Hippel E (2000) Profiting from Voluntary Information Spillovers: How Users Benefit from Freely Revealing Their Innovations. MIT Sloan School of Management, Cambridge

He Z L, Wong P K (2009) Knowledge interaction with manufacturing clients and innovation of knowledge-intensive business service firms. Innovation, management, policy and practice 11(3): 264–278

Heiskanen E, Lovio R (2007) User knowledge in housing energy innovations. Proceedings of the Nordic Consumer Policy Conference, 3–5 ottobre, Helsinki

Henkel J, von Hippel E (2005) Welfare Implications of User Innovation. The Journal of Technology Transfer 30(2_2): 73–87

Jeppesen L B (2005) User toolkits for innovation: Consumers support each other. Journal of Product Innovation Management 22(4): 347–362

Jeppesen L B, Frederiksen L (2006) Why do users contribute to firm-hosted user communities? The case of computer-controlled music instruments. Organization Science 17: 45–63

Lettl C, Gemünden H G (2005) The entrepreneurial role of innovative users. Journal of Business and Industrial Marketing 20: 339–346

Magnusson P R (2003) Managing User Involvement in Service Innovation: Experiments with Innovating End-Users. Journal of Service Research 6(2): 111–124

Morrison P D, Roberts J H, von Hippel E (2000) Determinants of User Innovation and Innovation Sharing in a Local Market. Management Science 46(12): 1513–1527

Muller E, Zenker A (2001) Business services as actors of knowledge transformation: the role of KIBS in regional and national innovation systems. Research Policy 30(9): 1501–1516

Nambisan P, Nambisan S (2009) Models of consumer value co-creation in healthcare. Health Care Management Review 34(4): 334–343

Nambisan S, Baron R (2010) Different roes, different strokes: Organizing virtual customer environments to promote two types of customer contributions. Organization Science 21(2): 554–572

Ogawa S (1998). Does sticky information affect the locus of innovation? Evidence from the Japanese convenience-store industry. Research Policy 26(7/8): 777–790

Oliveira P, von Hippel E A (2009) Users as Service Innovators: The Case of Banking Services. Research Paper, MIT Sloan School of Management, Cambridge

Payne A F, Storbacka K, Frow P (2008) Managing the co-creation of value. Journal of the Academy of Marketing Science 36(1): 83–96

Riggs W, von Hippel E (1996) A lead user study of electronic home banking services: Lessons from the learning curve. Working Paper, MIT Sloan School of Management, Cambridge

Shamir B, House R, Arthur M B (1993) The motivational effects of charismatic leadership: a self-concept based theory. Organizational Science 4(4): 577–594

Shapiro D, Sheppard B H, Cheraskin L (1992) Business on a handshake. Negotiation Journal 8(4): 365–377

Skiba F, Herstatt C (2009) Users as sources for radical service innovations: opportunities from collaboration with service lead users. International Journal of Services Technology and Management 12(3): 317–337

Strambach S (2001) Innovation Processes and the Role of Knowledge-Intensive Business Services (KIBS). In: Koschatzky K, Kulicke M, Zenker A (eds), Innovation Networks. Concepts and Challenges in the European Perspective. Physica-Verlag, Heidelberg

Tajfel H (ed) (1978) Differentiation between social groups: Studies in the social psychology of intergroup relations. Academic Press, Londra

Tajfel H, Turner J C (1986) The social identity theory of inter-group behavior. In: Worchel S, Austin L W (eds), Psychology of Intergroup Relations. Nelson-Hall, Chicago

Thomke S (2003) R & D comes to services: bank of America's pathbreaking experiments. Harvard Business Review 81(4): 71–79

Tyler T R (1999) Why people cooperate with organizations: an identity-based perspective. Research in Organizational Behavior 21: 201–246

van Knippenberg D, Sleebos E (2006) Organizational identification versus organizational commitment: Self-definition, social exchange, and job attitudes. Journal of Organizational Behavior 27(5): 571–584

von Hippel E (1986) Lead Users: A Source of Novel Product Concepts. Management Science 32(7): 791–805

von Hippel E (1988) The Sources of Innovation. Oxford University Press, Londra

von Hippel E (1994) Sticky Information and the Locus of Problem Solving: Implications for Innovation. Management Science 40(4): 429–439

Von Hippel E, Katz R (2002) Shifting Innovation to Users Via Toolkits. Management Science 48(7): 821–833

ESPERIENZA INNOLAB
Marketing & Strategy: impatto economico dello sviluppo di un NGN sul sistema Paese. Scenari di convergenza tra Telco e Broadcast TV

Master MAINS, a. a. 2008/2009
Soggetti coinvolti nell'InnoLab:
Allievi – Giulia Crespi, Fabrizio Falchi e Giacomo Sorbi
Aziende – Ericsson Telecomunicazioni, Telecom Italia e Vodafone
Docenti – Daniele Dalli e Riccardo Lanzara

1. Il problema ...

Per New Generation Network (NGN) si intende comunemente la creazione e lo sviluppo di reti di telecomunicazioni verso una tipologia comune che consenta il trasporto e l'erogazione di tutti i servizi di TLC (voce, dati, comunicazioni multimediali, giochi, advertising, ecc.) incapsulando le informazioni in pacchetti e, nella maggior parte dei casi, affidando la loro gestione al protocollo IP.

Più nel dettaglio, si tratterebbe di reti a commutazione di pacchetto (come nel caso della rete internet e differentemente dalle vecchie reti di telefonia analogica, a commutazione di circuito) in grado di fornire servizi a prescindere dalle tecnologie sottostanti l'infrastruttura a banda larga. Un NGN può inoltre offrire accesso non soltanto ai singoli utenti, ma anche a diversi service provider (quali advertiser, broadcaster e pubblica amministrazione); la fornitura di servizi dovrebbe poi estendersi dal landline (la linea fissa delle vecchie reti) al mobile (la connettività di rete sviluppata principalmente oggi per la telefonia cellulare).

Da un punto di vista architetturale la realizzazione di un NGN implica una spesa rilevante: la copertura di circa il 50% della popolazione italiana in modalità Fiber To The Home (FTTH) è attualmente stimata in un costo di 13 miliardi di euro ripartiti su 10 anni. Esiste inoltre un vivace dibattito riguardo le modalità operative da scegliersi, anche a seconda del costo di manutenzione, della qualità del servizio o delle effettive possibilità di unbundling offerte dalle diverse soluzioni, che hanno coinvolto tanto l'incumbent Telecom Italia che gli altri maggiori carrier, vale a dire Fastweb, Tiscali, Vodafone e Wind.

Successivamente anche gli operatori minori (cd. "OLO") si sono fatti avanti proponendo un consorzio tra tutti gli operatori e la possibilità di avere quote partecipative direttamente proporzionali all'impiego della rete stessa che si intende poter utilizzare, fatta salva naturalmente la possibilità di comprare, affittare o vendere quote tra operatori. Fonti ministeriali e private stimano le ricadute di una simile operazione nel range tra i 40 e i 420 miliardi di aumento del fatturato per tutta la filiera nel corso di oltre 10 anni, oltre che la creazione di nuovi 250–300.000 posti di lavoro nell'IT.

Sia alla luce dei costi che delle possibili ricadute, e stante l'impossibilità pratica di creare più NGN "paralleli", appare chiara la criticità tanto di definire in tempi utili standard e strategie di impiego comuni, che lo sviluppo di prodotti e formule di business tali da sfruttare al meglio questa opportunità destinata a incidere in maniera sempre più rilevante sul PIL, anche considerando il fatto che l'It alia ha iniziato a muoversi tra gli ultimi rispetto al resto dell'UE che può già vantare cablature, diffusioni ed esperienze commerciali di un certo livello.

2. Modalità di sviluppo del lavoro

Terminata la fase preliminare di *recognition* del mercato, delle tecnologie, degli operatori e delle infrastrutture sottostanti, il team si è poi concentrato su uno studio più specifico inerente lo sviluppo e la commercializzazione di formule e prodotti inerenti l'*Internet Protocol Television* (IPTV), ovvero la tv via cavo che sfrutta per la trasmissione di dati non una rete ad hoc ma la stessa impiegata dalla rete internet.

Tra le prime criticità immediatamente emerse le più importanti sono risultate:

a) la necessità di trovare esperienze di mercato quanto più affini alla situazione italiana per poterne studiare l'evoluzione;
b) il ruolo e il peso dei vari operatori della filiera, sia a livello organizzativo/creativo che a livello di value chain allargata;
c) la possibilità di implementare più business model, non necessariamente in mutua esclusione tra loro, ma quasi necessariamente più o meno remunerativi per un anello o l'altro della value chain.

La prima parte del lavoro si è incentrata sull'analisi di altre esperienze di successo per l'introduzione e la diffusione dell'IPTV, facendo una prima cernita sui casi che potevano risultare più interessanti.

Andando a lavorare per macroaree, il team ha identificato come interessanti e particolarmente paradigmatici alcuni player degli Stati Uniti, il più grande mercato mondiale e con una forte tradizione di via cavo tradizionale che sta lentamente ma inesorabilmente venendo convertita all'NGN; non è potuta poi mancare l'analisi del mercato francese, al momento il più grande mercato IPTV al mondo, anche per le pionieristiche scommesse di alcuni operatori che sono state analizzate. Il gruppo di lavoro ha infine analizzato il comportamento dei big dell'IPTV in Giappone e Corea del Sud, Paesi lontani sotto molti aspetti, ma affini per alcuni caratteri econometrici e per la morfologia del territorio su cui implementare l'NGN. Questa prima fase del lavoro è stata ulteriormente soggetta a filtri e rifiniture.

Tutte le informazioni vagliate sono state dunque raccolte e analizzate alla luce delle contingenze e del mercato italiano in cui, ad esempio, un piano unico per il passaggio all'NGN non era ancora stato fermamente delineato e in cui l'esperienza forse più vicina, la *pay-per-view* via satellite, aveva impiegato circa 5 anni per raggiungere la quota di 1 milione di sottoscrittori.

Dalla fase precedente sono emersi nuovi spunti e nuovi interrogativi, come, ad esempio:

a) Quale potrebbe essere in Italia l'attore principale per muovere e organizzare l'intera filiera verso lo sviluppo e il migliore sfruttamento delle NGN?
b) Le modeste sperimentazioni di IPTV finora realizzate, che esiti hanno dato e quali feed hanno rivelato gli operatori coinvolti?
c) Quali tecnologie e quali tempistiche per adattare la rete a standard di trasmissione ed erogazione dei servizi accessori?
d) Che tipo di *device*?
e) Commercializzato con quali formule?
f) Chi e quanto far pagare?
g) Come dividere le revenue lungo tutta la value chain?
h) Quali *newcomer* rispetto all'*industry* delle TLC potrebbero far ingresso nel mercato?

Per poter rispondere al meglio a questi quesiti, il team si è mosso lungo tre direttive principali: in primis il gruppo ha beneficiato del supporto di professionisti e ricercatori del CNIT che hanno fornito una visione più completa e aggiornata sulle opportunità e le sfide dello scenario italiano.

In secondo luogo sono state condotte interviste ad altri professionisti del settore, quali un conferenziere e autore sul tema delle NGN, operatori dell'infrastruttura di rete, competitor dei partner aziendali e broadcaster nazionali. Particolarmente rilevante è stata anche quest'ultima esperienza, parlando con il responsabile nuove tecnologie di uno dei maggiori network televisivi nazionali e scoprendo che sono già allo studio da qualche anno format e dispositivi per valorizzare le possibilità di interazione con l'end-user. Particolarmente spinosa poi la questione della pirateria, specie considerando il livello qualitativo che potrebbe andare ad avere la trasmissione di prodotti cine-televisivi, equivalente o perfino superiore a quella ottenibile comprando o noleggiando gli stessi prodotti su supporto ottico.

Sono emersi inoltre da parte di tutti gli opinion leader intervistati diversi *concern* riguardanti tematiche operative, legali ed economiche di un'offerta di IPTV: distribuzione del valore, modalità di business, servizi aggiuntivi, trasparenza o meno rispetto ai *device*, pirateria e altro ancora sono solo alcuni tra gli scogli da superare per poter raggiungere una meta ancora all'orizzonte che con la piccola base utenti attualmente supportata mostra sì grandi potenzialità, ma anche le prime problematiche da superare.

Una terza via di attività del team, parallelamente alle interviste ai grandi nomi della possibile scena IPTV, è consistita nella creazione di un *panel* di qualche decina di lead user a cui è stato sottoposto un questionario standard per individuare caratteristiche salienti: partendo da fattori quali l'*awareness* rispetto a questa realtà negli intervistati e nella loro cerchia di pari, si è arrivati a proporre loro diversi scenari di fruizione, con differenti approcci tecnologici, di pricing e di servizi erogati.

Tutti i dati raccolti sono stati ulteriormente vagliati in una riunione finale tra allievi del master, tutor accademici e partner aziendali per arrivare all'elaborazione definitiva dei risultati della ricerca.

3. Soluzione proposta

Il risultato finale del lavoro di ricerca è stato una proposta previsionale e dunque strategica di commercializzazione e di relative *revenue* che si muove nella quanto più possibile stretta forbice di un minimo e un massimo di diffusione entro i 5 anni futuri.

Conseguentemente alle previsioni per i *subscriber* raggiungibili, sono state inoltre formulate ed esplicitate assunzioni sulle formule commerciali e relativi fatturati del settore, da ripartirsi poi a seconda dei modelli di business che si sarebbe andato a creare e proporre al mercato.

Non è infine mancata un'analisi meno "numerica" ma più strategica riguardo le numerose criticità emerse nel corso del lavoro, particolarmente nelle interviste a opinion leader e lead user, la soluzione di alcune delle quali (si pensi, a titolo di esempio, alla gestione dell'*advertising*, alla creazione di formati specifici per le potenzialità dell'IPTV o all'implementazione di efficaci misure per regolare la tutela del diritto d'autore) esulava probabilmente dagli scopi originari, dai tempi e dai mezzi del lab, ma che si crede, vista la sua criticità, sarà oggetto di approfondimenti futuri.

6
Modelli di misurazione della performance e del valore nel sistema dei servizi

R. Barontini, L. Cinquini, R. Giannetti, A. Tenucci

L'emergere della scienza dei servizi offre nuovi e rinnovati interessi di ricerca al *management accounting* ed al *performance management*. Sul versante del *management accounting*, le prospettive della co-creazione di valore e della servitization spingono verso oggetti di analisi che considerano maggiormente il cliente. Secondariamente la tendenziale dissociazione tra investimenti (costi) e fonti dei ricavi mette in dubbio la validità della tradizionale logica del *costing for pricing* nel contesto della *service science*. Infine si assiste ad una crescente problematicità nella ripartizione dei costi e dei ricavi tra partner co-produttori in un sistema di servizi. Sul versante del *performance management* lo sviluppo di modelli di business nei quali cresce l'importanza della componente di servizi impone una riflessione su quali tecniche innovative di misurazione del valore possano essere appropriate, anche nella prospettiva di definire sistemi di incentivazione orientati alla creazione del valore.

6.1
Il "servizio" come oggetto di misurazione

Come ampiamente illustrato nel Capitolo 1, il concetto di servizio presenta molteplici dimensioni ed interpretazioni ed è stato soggetto ad una evoluzione connessa alle trasformazioni sia a livello microeconomico che macroeconomico. L'evoluzione del concetto in questi ultimi anni è strettamente connessa all'impatto profondo e pervasivo della diffusione dell'Information and Communication Technology (ICT) in tutti i campi dell'azione umana, che nell'ambito dell'attività economica ha rivoluzionato i concetti di spazio e di tempo, di prodotto e delle modalità organizzative per ottenerlo (Normann 1996). Le emergenti tecnologie hanno aperto il nuovo mondo dell'economia dei "rendimenti crescenti" dei prodotti basati sulla conoscenza, profondamente diversa da quella tradizionale dei "rendimenti decrescenti" dei prodotti materiali, nella quale le regole strategiche, operative e manageriali risultano profondamente differenti (Arthur 1996).

Cinquini L., Di Minin A., Varaldo R.: Nuovi modelli di business e creazione di valore: la Scienza dei Servizi   DOI 10.1007/978-88-470-1845-7_6
© Springer-Verlag Italia 2011

Per dare un sintetico inquadramento al problema nella prospettiva di analisi di questo capitolo, possiamo classificare le interpretazioni di "servizio" esistenti in letteratura in quattro categorie (Normann 1984; Grönroos 1998/2008), che vengono sinteticamente presentate secondo una sequenza che esprime l'evoluzione subita nel tempo dal concetto:

a) il servizio definito in base alle caratteristiche discriminanti rispetto ai beni;
b) il servizio come processo o attività;
c) il servizio come prospettiva di business;
d) il sistema dei servizi nella prospettiva della *Service Science*.

6.1.1
Le principali "4 caratteristiche" (IHIP) come fattori di differenziazione tra i beni e servizi

La ricerca sui servizi si è storicamente basata principalmente sulle caratteristiche di distinzione tra servizi e beni fisici. In genere, una distinzione che costituisce un punto di riferimento fondamentale è riconducibile a Shostack (1977), che ha descritto le differenze riconosciute tra i prodotti (beni) e i servizi dal punto di vista del *marketing management* in quattro aspetti: intangibilità (*Intangibility*), eterogeneità (*Heterogeneity*), inseparabilità (*Inseparability*), deperibilità (*Perishability*), da cui l'acronimo IHIP.

1) Intangibilità: i servizi sono immateriali e non sostanziali, non possono essere toccati, afferrati o manipolati. In tal senso per essi non c'è bisogno di trasporto, immagazzinamento o stoccaggio.
2) Eterogeneità: ogni servizio è unico. Viene generato istantaneamente, reso e consumato e non può mai essere ripetuto esattamente poiché il momento temporale, il luogo, le circostanze, le condizioni, le configurazioni attuali delle risorse assegnate sono diversi da erogazione a erogazione, anche se lo stesso cliente richiede lo stesso servizio. Va osservato che l'ICT facilita la standardizzazione di alcuni servizi (es. servizi *internet-based* e di telecomunicazioni o bancari ATM) e questa caratteristica non può quindi essere generalizzata (Lovelock, Gummesson 2004).
3) Inseparabilità: il prestatore di servizi è indispensabile per l'erogazione dei servizi, poiché deve prontamente generare e rendere il servizio per i consumatori che lo richiedono. In molti casi l'erogazione del servizio viene eseguita automaticamente, ma il fornitore di servizi deve preventivamente assegnare risorse e sistemi e mantenere attivamente un'adeguata capacità di risposta ed efficacia nell'erogazione del servizio. Inoltre, il consumo del servizio è inseparabile dalla sua fornitura, perché il cliente risulta coinvolto nell'erogazione, a partire dalla domanda fino al consumo delle prestazioni. A ciò va aggiunto che il momento della produzione del servizio e del suo consumo da parte del fruitore sono simultanei[1].

---

[1] Su questo punto, tuttavia, Lovelock e Gummesson (2004) hanno osservato che molti servizi sono parzialmente o integralmente prodotti in modo indipendente dal cliente, che non viene coinvolto direttamente

4) Deperibilità: i servizi sono deperibili per due aspetti:
   - Le risorse, i processi e i sistemi rilevanti per l'erogazione di un servizio sono assegnati nel corso di un determinato periodo di tempo. Se il cliente non richiede di consumare il servizio durante questo periodo, esso non può essere reindirizzato verso altri clienti. Dal punto di vista del fornitore del servizio ciò determina la criticità della fase di programmazione dell'impiego della capacità disponibile, poiché il servizio non può essere prodotto in anticipo ed immagazzinato per essere venduto successivamente. Ad esempio, un posto vuoto su un aereo non può mai essere utilizzato dopo il decollo, un hotel non può recuperare i ricavi persi dal mancato utilizzo delle camere, un consulente senza clienti perde per sempre la possibilità di fatturare il tempo trascorso;
   - Quando il servizio è stato completamente reso al consumatore che richiede il servizio, esso scompare in modo irreversibile, perché è stato consumato da parte del cliente. Ad esempio: il passeggero è stato trasportato al luogo di destinazione e altri clienti non possono essere trasportati di nuovo in quella posizione in quel momento.

Negli ultimi dieci anni, le caratteristiche IHIP sono state spesso criticate, sia per il loro sviluppo non sistematico, come pure per la loro complessità e soggettività (Grönroos 1998; Lovelock, Gummesson 2004; Vargo, Lusch 2004). Il problema fondamentale consiste nel fatto che le caratteristiche IHIP sono presentate come una definizione di servizio quando in realtà sono solo un insieme di caratteristiche, spesso debolmente connesse (*loosely coupled*: Laine et al. 2009).

6.1.2
Il servizio come processo o attività

Il servizio è interpretato anche come un processo o una serie di azioni (attività) che lo distinguono dai prodotti fisici (output), ossia le azioni complessivamente intraprese per dare una soluzione ad un problema del cliente (Grönroos 2008). Secondo Hill (1977) servizio significa "un cambiamento della condizione o stato di un'entità economica (od oggetto) causato da un altro soggetto od entità. [...] Un'attività di servizio è una operazione destinata a determinare un cambiamento di stato in una realtà C che è di proprietà di [un cliente] B effettuata da un fornitore di servizi A" (Hill 1977; Araujo, Spring 2006). In questa definizione, il servizio sembra essere ben focalizzato in relazione ai processi e alle esigenze dei clienti; sono i processi realizzati dal fornitore di servizi che consentono le modifiche desiderate nel mondo del cliente. Occorre osservare che la realtà C, di proprietà del cliente, può essere costituita non solo da beni ma anche da "condizioni" o "status" che potrebbero essere migliorati dal fornitore del servizio.

Il punto di partenza è comunque che il cliente consuma servizi, indipendentemente dal fatto che acquisti "beni" o "servizi" (Vargo, Lusch 2004/2008): secondo questa

---

(si pensi, ad esempio, alla riparazione di un'auto, all'informazione, ai servizi finanziari, al trasporto di beni) con la conseguenza che produzione e consumo possono anche non essere simultanei.

impostazione, i clienti possono creare valore unicamente mediante il consumo di servizi, che nel caso di beni risultano impliciti nel loro uso.

6.1.3
Il servizio come logica di business: Service-Dominant Logic

Il recente approccio *service-dominant logic* amplia ulteriormente l'interpretazione di servizio. Vargo e Lusch (2004), riferendosi in particolare agli studi di marketing, sostengono che "Nuove prospettive convergono a formare una nuova logica dominante per il marketing, in cui la prestazione di servizi, piuttosto che dei beni, è fondamentale per lo scambio economico." Le relazioni con i clienti, i beni immateriali e la co-creazione di valore con il cliente formano infatti la base della produzione di servizi (Vargo, Lusch 2004). In questa prospettiva, tutte le imprese sono in ultima analisi imprese di servizi e quindi obbediscono alla *service-dominant logic*[2].

Vargo e Lusch (2004/2008) definiscono i servizi come "l'applicazione di competenze specialistiche (conoscenze e abilità) mediante azioni, processi e prestazioni a favore di un'altra entità o dell'entità stessa". In tale approccio, il servizio (piuttosto che il prodotto) è ciò che crea vantaggio per il cliente e, di conseguenza, i beni vengono interpretati come semplici strumenti o meccanismi di distribuzione della fornitura del servizio. Il servizio, pertanto, costituisce il caso generale, il denominatore comune del processo di scambio; in realtà è il servizio che viene sempre scambiato, mentre i beni, quando sono utilizzati, costituiscono dei supporti per il processo di erogazione dei servizi.

Conseguentemente Vargo e Lusch (2008) pongono alcune fondamentali asserzioni a fondamento della logica emergente dominata dal servizio (*Service-Dominant Logic*: SDL) che si contrappone alla tradizionale logica dominata dai beni (*Goods-Dominant Logic*: GDL):

- Sul piano del sistema economico il servizio è la fondamentale base di scambio (si scambiano servizi per servizi, il servizio rappresenta la ricchezza, il bene fisico è solamente il suo involucro); i beni fisici non sono che meccanismi per la distribuzione dei servizi, nel senso che derivano il loro valore dall'utilizzo, ossia dal servizio che forniscono, e quindi tutte le economie sono fondamentalmente economie di servizi.
- Il cliente è co-creatore di valore, nell'ambito di un processo interattivo con il fornitore del servizio. Quest'ultimo non è in grado di creare valore da solo, ma offre le sue risorse in modo collaborativo e contribuisce al valore a seguito della accettazione da parte del cliente di tale offerta di interazione. In altri termini,

---

[2] La qualità dell'interazione con il cliente è fondamentale per il successo competitivo delle imprese contemporanee. Con il concetto di co-creazione di valore si intende la partecipazione del cliente e la considerazione del suo contributo in una delle fasi che caratterizzano la realizzazione dell'offerta (*value proposition*): progettazione, realizzazione, assistenza post-vendita. Il coinvolgimento può avere conseguenze riguardo l'esplorazione delle tendenze, la creazione del bisogno, la sua soddisfazione e contribuisce all'accettazione ed al successo della *value propostion* di un'impresa (Merli et al. 2010, pp. 128 e segg.).

l'impresa può solo fare una "proposta di valore" (*value proposition*) al cliente, la cui adesione è condizione per la effettiva creazione di valore.
- Il servizio è determinato dall'interazione con il cliente e pertanto è intrinsecamente orientato al soddisfacimento dei suoi specifici bisogni.

6.1.4
Il sistema dei servizi nella prospettiva della Service Science

Il concetto di servizio, come risulta della recente letteratura, non può essere definito in modo chiaro ed univoco, a causa probabilmente dell'eterogeneità tra le caratteristiche delle diverse tipologie di servizio.

Tuttavia, la rapidità e la profondità del mutamento nel contesto economico e tecnologico, nel quale i servizi ricoprono indubbiamente un ruolo crescente, hanno imposto un ripensamento degli approcci ai problemi di modellizzazione e gestione del business e dei fabbisogni in termini di competenze necessarie per il loro governo[3].

In particolare, sono stati individuati alcuni elementi che sono comuni rispetto alle diverse tipologie di servizi (Chesbrough, Spohrer 2006):
- la presenza in generale di una stretta interazione tra fornitore e cliente;
- la natura della conoscenza creata e scambiata;
- la simultaneità della produzione e del consumo;
- la combinazione di conoscenza che si determina all'interno di sistemi a seguito delle interazioni tra le loro componenti;
- lo scambio come processo e come esperienza;
- il ruolo dell'ICT ed il suo apporto alla trasparenza del processo di scambio.

In questo contesto IBM dal 2003 ha iniziato un'importante riflessione, che ha portato alla ribalta un nuovo approccio. Facendo perno sul servizio come oggetto centrale nelle moderne configurazioni di business, si propone un'integrazione tra discipline scientifiche, manageriali ed ingegneristiche che sia in grado di offrire le soluzioni efficaci ai moderni problemi delle imprese: gli oggetti di analisi fondamentali nel nuovo contesto divengono i "sistemi di servizi" (*service systems*) (IBM 2004).

Un sistema di servizio è qualsiasi entità che produce e consuma servizi, avendo riguardo sia alla struttura interna che al sistema esterno (Spoher 2008; Katzan 2008)[4]. In questa prospettiva possono essere osservate quattro tipologie di entità: le famiglie, le imprese, le città e le nazioni. A loro volta in ciascuna di esse interagiscono un numero considerevole di strutture interne che consentono di parlare di "componenti" o "sistemi interni di servizi". Un sistema di servizi viene quindi definito come una configurazione di co-produzione di valore formata da (a) persone, (b) tecnologie,

---

[3] Possiamo indicare sinteticamente i tre trend fondamentali che connotano l'evoluzione degli scenari strategici e gestionali per le imprese (Merli 2003): a) cambiamenti nella struttura del business, relativi ai rapporti strutturali tra imprese (network), b) cambiamenti negli scenari di business, che riguardano la globalizzazione, la convergenza (di nuovi attori che operano sulla piattaforma della rete globale con nuove modalità di collaborazione), la tecnologia e il ruolo della finanza, c) l'evoluzione dell'e-business connessa alle opportunità di business generate/alimentate dalle nuove possibilità tecnologiche. Si veda anche Freeman (2006).
[4] Si veda il Cap. 1.

(c) altri sistemi interni od esterni di servizi e (d) informazione condivisa (linguaggi o norme) (Maglio, Spoher 2008). La progettazione, realizzazione e gestione in ottica di miglioramento continuo dei servizi richiede pertanto competenze specialistiche sul cambiamento organizzativo (fattori umani), sulla progettazione del business (fattori economici e manageriali) e sulla progettazione ed implementazione della tecnologia (fattori ingegneristici).

Tra le condizioni che rendono possibile la realizzazione di sistemi di servizi, due in particolare risultano di fondamentale importanza: la modularità e la standardizzazione (Baldwin, Clark 2000; Gallinaro 2009). Questi concetti, mutuati dagli ambienti industriali, possono essere applicati al prodotto/servizio o all'organizzazione: in quest'ultima prospettiva "un'organizzazione modulare è un sistema di attività e processi modulari *loosely coupled* – essendo quei medesimi processi in parte indipendenti e in parte interdipendenti" (Gallinaro 2009, p. 7). In particolare la modularità dei processi si applica alla dimensione interaziendale, realizzabile mediante l'uso comune di piattaforme o il collegamento tra moduli appartenenti a differenti organizzazioni mediante interfacce standardizzate (Pekkarinen, Ulkuniemi 2008)[5].

Considerando gli elementi precedenti, alcuni fondamentali temi di ricerca nella prospettiva della *Service Science* (Scienza dei servizi) aventi implicazioni per la misurazione della performance sorgono dalle seguenti domande (IfM, IBM 2008):

a) Come possono le diverse architetture e componenti di base spiegare le origini, il ciclo di vita e la sostenibilità delle performance dei sistemi di servizi?
b) Com'è possibile ottimizzare il funzionamento dei sistemi di servizi per farli interagire a co-creare valore?
c) In che modo e a quali condizioni certe interazioni che intervengono all'interno e tra i sistemi di servizi conducono a particolari risultati?

Considerata la complessità del servizio come "oggetto di misurazione", l'approfondimento sul tema che svolgeremo nei prossimi paragrafi è riferito a processi, sistemi e modelli di business che si presentano particolarmente innovativi, sia per l'offerta nei confronti del mercato o verso altre imprese, sia per le logiche ed i meccanismi di funzionamento e di gestione.

6.2
Il *management accounting* e la misurazione della performance nei servizi

Il tema dei servizi nella sua accezione più moderna è emerso progressivamente nelle ricerche di *management accounting* a partire dagli anni novanta, al fine di colmare un gap che tradizionalmente è stato presente negli studi a seguito della prevalenza dell'attività manifatturiera come oggetto di analisi. Tale ambito infatti costituisce il contesto di sviluppo originario degli strumenti di analisi dei costi e di controllo direzionale.

---

[5] Una trasposizione in termini di analisi strategica della modularità dei sistemi di servizi avviene mediante l'approccio *Component Business Modelling* (CBM) (cfr. Cap. 4).

Le principali limitazioni rispetto all'applicabilità dei tradizionali approcci sviluppati nel management accounting per il supporto alle decisioni ed il controllo di gestione nei servizi, legati alle caratteristiche richiamate nel paragrafo precedente, riguardano (Amigoni 1986/2000; Dearden 1978; Modell 1996; Fitzgerald et al. 1998):

a) L'inutilità dell'allocazione dei costi sul prodotto finale finalizzata alla valorizzazione delle rimanenze di magazzino per l'assenza di scorte nelle aziende di servizi; viene pertanto meno la distinzione classica tra "costi di prodotto" e "costi di periodo".

b) La difficoltà nella misurazione dell'output in termini qualitativi e quantitativi, a seguito della sua intangibilità, complica notevolmente rispetto ai beni fisici sia la valutazione dei benefici da parte dei clienti, sia l'effettivo valore delle risorse impegnate per i servizi erogati; la loro misurazione implica necessariamente un riferimento alle attività e ai processi svolti per l'erogazione dei servizi e spesso la loro specificità rispetto al cliente li rende largamente disomogenei.

c) L'intangibilità dell'asset fondamentale impiegato nei servizi, il capitale umano, e la difficoltà nella sua espressione in termini monetari, con conseguenze rilevanti per la misurazione del valore economico delle imprese di servizi.

d) La presenza del "processo di co-creazione di valore" e del coinvolgimento del cliente all'interno del processo inseriscono forti elementi di incertezza nella progettazione e gestione dei sistemi di controllo, dovuti al comportamento dei clienti ed alla definizione dei confini di responsabilità interna. La variabilità nei bisogni e nelle aspettative dei clienti induce variabilità nella risposta dell'azienda di servizi; l'ambiguità nella effettiva controllabilità dei processi da parte dei responsabili si traduce in difficoltà significative nelle attività di valutazione delle performance individuali. Questi aspetti si riflettono sull'efficacia dei sistemi di pianificazione e controllo. Inoltre l'interazione tra organizzazioni diverse nella realizzazione dei sistemi di servizi pone fortemente il problema del controllo a livello interorganizzativo.

L'evoluzione intervenuta negli strumenti di misurazione dei costi e delle performance (si pensi ad esempio all'*Activity-Based Costing* e al *Balanced Scorecard*) ha costituito e costituisce per le aziende di servizi un'opportunità di innovazione e di miglioramento dei sistemi di management accounting, in quanto interiorizzano da un lato la centralità di un approccio per attività e processi alla gestione – fondamentale per l'analisi ed il governo dei servizi –, dall'altro l'esigenza di metriche non finanziarie che si integrino con quelle economiche per una corretta individuazione delle cause ultime (driver) della performance, per l'orientamento dell'organizzazione verso gli obiettivi e per una valutazione efficace dei risultati (Brimson, Antos 1994; Kaplan, Cooper 1998; Kaplan, Norton 2008).

L'evoluzione dei sistemi di servizi nella prospettiva in precedenza delineata sollecita le ricerche di *management accounting* in particolare rispetto ad alcuni ambiti rilevanti, che di seguito descriviamo.

Innanzitutto la prospettiva della co-creazione di valore e di *servitization* (rispetto ai manufatti: cfr. Cap. 2) spinge verso oggetti di analisi che considerano (anche) il cliente. Non è più rilevante unicamente il "costo di produzione" o "di prodotto", ma assume rilievo il "costo di utilizzo" complessivo nell'ambito del ciclo di vita del prodotto. In altri termini l'attenzione si sposta verso un'analisi dei costi dei servizi offerti dall'artefatto (prodotto fisico) e del loro mantenimento nel tempo. In questo modo è possibile supportare strategie innovative di progettazione dell'offerta che colleghino i costi sostenuti (o da sostenere) all'utilità per l'utilizzatore (Normann 2002, pp. 150–153).

In questa prospettiva assumono sempre più rilevanza i sistemi di *costing* capaci di rilevare il "costo totale del possesso" (*Total Cost of Ownership* – TCO). L'analisi del TCO è nata con riferimento ad una valutazione più accurata dei costi di fornitura nell'ambito della supply chain, che consentisse di comprenderne l'onerosità – al di là del prezzo di transazione – per tutta la durata di utilizzo del bene o del servizio[6]. Un tale approccio, tuttavia, può essere applicato anche rispetto al cliente finale, per capire la natura e l'efficacia dei servizi svolti dal produttore/fornitore ed agire sia sul piano del miglioramento della prestazione che su quello della efficienza in ottica di co-creazione di valore. Questa evoluzione si collega al progressivo spostamento di attenzione strategica (soprattutto per le imprese industriali) dai processi di produzione fisica ai processi di utilizzo di ciò che viene prodotto (Normann 1984); lo spostamento nell'oggetto della valorizzazione dei costi (dal prodotto all'utilizzo) può supportare decisioni finalizzate a ridurre i costi di utilizzazione per il cliente mediante l'innovazione nella progettazione dell'offerta. In tal modo può migliorare il rapporto prestazione/costo e quindi il valore per il cliente; tale beneficio può essere quantificato determinando la riduzione degli *outflow* monetari del cliente che possiede il prodotto/servizio. Nel caso di Elsag Datamat di seguito descritto, il TCO si presenta come strumento che facilita l'interazione tra cliente e fornitore sia per l'impostazione del rapporto commerciale che per migliorarne nel tempo le caratteristiche prestazionali.

CASI AZIENDALI

ElsagDatamat è il centro di eccellenza del gruppo Finmeccanica per specifiche tecnologie e competenze in ambito ICT, Automazione e Sicurezza. Sviluppa inoltre un'offerta integrata nelle soluzioni di controllo e sicurezza fisica per i mercati civili (Oil&Gas, Transportation, Metro & Railways, Power generation, Marine & off shore) e nelle soluzioni di sicurezza logica. ElsagDatamat ha adottato il TCO a partire dal 1999-2000 spinta dalla

---

[6] Il TCO è uno strumento di *cost management* che mira a determinare per l'impresa/soggetto acquirente quei costi considerati rilevanti o significativi nell'acquisto, possesso e utilizzo ed eliminazione di un bene o di un servizio. Rispetto ad un fornitore, il TCO di un acquirente comprende, oltre al prezzo del bene/servizio acquistato, i costi per la gestione dell'ordine, per la ricerca e qualificazione del fornitore, per il trasporto, il ricevimento, l'ispezione, l'eventuale restituzione, immagazzinamento e smaltimento. Un'analisi di questo tipo può essere rilevante non solo per valutare i rapporti di fornitura, ma anche per le decisioni di *outsourcing*. Sulle caratteristiche e modalità di applicazione dello strumento si vedano (Ellram 1993; Ellram, Siferd1998; Pitzalis 2009)

necessità di disporre di uno strumento che permettesse di ottenere informazioni da utilizzare per valutare la convenienza delle scelte di outsourcing. Attualmente il TCO è utilizzato per gestire la relazione con i fornitori e con i clienti. Nel primo caso vi è un utilizzo interno (tipico) del TCO al fine di avere una visione ampia dei costi di fornitura che vada oltre il costo di acquisto dei vari fattori produttivi. Il secondo tipo di impiego riguarda la relazione con i propri clienti. L'offerta di ElsagDatamat di servizi come, ad esempio, quello di SAP Hosting, pone il cliente dinanzi all'alternativa di continuare a svolgere in proprio tali servizi oppure delegarli ad ElsagDatamat. Il TCO in questo caso permette di comunicare al cliente i benefici economici derivanti dalla scelta di attribuire ad ElsagDatamat lo svolgimento di determinati servizi. Il TCO, infatti, consente di mostrare al cliente i costi che sosterebbe continuando a svolgere il servizio per conto proprio rispetto all'alternativa di pagare ad ElsagDatamat il prezzo per l'esternalizzazione del servizio. ElsagDatamat propone al cliente, quindi, di confrontare in un arco temporale di tre o cinque anni il TCO, ovvero il costo che continuerebbe a sostenere se scegliesse di mantenere il "possesso" del servizio rispetto all'ipotesi di delegarlo ad ElsagDatamat. Il TCO spinge a tenere conto di elementi e di configurazioni di costo (come ad esempio l'energia e i costi ambientali) che, molto probabilmente, il cliente trascurerebbe se svolgesse una tradizionale analisi differenziale di tipo "make or buy". La determinazione del TCO "nella prospettiva del cliente" può essere svolta da ElsagDatamat con diversi gradi di coinvolgimento del medesimo: si va da situazioni nelle quali vi è una pressoché totale disponibilità del cliente a condividere con ElsagDatamat informazioni sui costi in modo da permettere un'accurata determinazione del TCO, a situazioni nelle quali, invece, ElsagDatamat stima i costi sulla base della conoscenza delle attività del settore. Il TCO, in entrambi gli utilizzi appena descritti, fornisce informazioni utili anche per una possibile riduzione dei costi. Più in particolare esprimendo il peso che le specifiche voci/aggregati di costo hanno sul totale del TCO, oltre a conoscere come si modifica nel tempo la loro incidenza, si ottengono informazioni utili per orientare iniziative di riduzione del TCO (ovviamente agendo sulle variabili controllabili dall'azienda come la scelta dei fornitori).

Tra gli sviluppi che in ElsagDatamat si prospettano per il TCO sembra particolarmente interessante l'adattamento di tale strumento al *cloud computing*. Il cloud computing si riferisce all'utilizzo di risorse hardware e software in remoto da parte del cliente il quale utilizza, ad esempio, un software che si trova su un server senza la necessità di scaricarlo. Ne derivano interessanti prospettive di applicazioni del TCO sia dalla parte del cliente (utilizzatore del servizio), sia da parte del fornitore poiché entrambe le parti sono interessate a conoscere come cambiano i costi del possesso di determinati servizi di ICT nel caso di una configurazione di questo tipo.

Un secondo aspetto riguarda la sempre più frequente dissociazione tra investimenti (costi) e fonti dei ricavi che si evidenzia rispetto ai servizi più innovativi forniti ai clienti dalle piattaforme della rete e che pone nuovi problemi nella logica del *costing for pricing* tradizionalmente inteso (Bhimani, Bromwich 2010). In tali contesti il *pricing* ed il *costing* non seguono modelli tradizionali del tipo *cost-plus* o *market based*. Il *pricing* si lega piuttosto alla strategia dell'impresa ed alle dinamiche di generazione dei ricavi, le quali si presentano sempre più spesso dissociate da un prodotto di cui si misura il costo. Nei servizi *internet-based* (ad es. *social networks* o piattaforme *marketplace* tipo eBay) i prodotti digitali includono funzionalità ma anche divertimento personale legato ad una esperienza che il consumatore sperimenta nell'utilizzo del servizio. Spesso tali piattaforme sono strumentali alla creazione autonoma del "prodotto" da parte del cliente nella logica di co-creazione (es. Facebook).

Il volume di utenti diventa in questi casi il più importante driver dei ricavi e della profittabilità, in quanto attrattore di investimenti pubblicitari mirati ad intercettare l'attenzione del cliente. È in tal modo che si creano le condizioni di copertura della mole di investimenti (costi fissi) in infrastrutture ICT legate allo sviluppo delle applicazioni software; si perde però il legame diretto tra costi e prezzi che ha caratterizzato il mondo delle imprese immerse della *goods dominant logic*, dove il nesso causale costi-prezzi deriva dalla focalizzazione sui processi diretti che creano i prodotti o i servizi, nell'assunzione che debbano essere i produttori a gestire le risorse di loro proprietà. Nel mondo dei servizi, invece, è il processo di co-creazione di valore che è la fonte ultima della profittabilità e che deve essere monitorata e gestita.

Se in particolare consideriamo le aziende di servizi *internet-based*, osserviamo come nei sistemi di controllo la previsione dei ricavi futuri (e non tanto dei costi) abbia la preminenza; infatti il valore di tali imprese che si riflette nella quotazione delle azioni è sostanzialmente *revenue driven* ed il numero di clienti – per quanto prima detto – è considerato il più importante *leading indicator* dei ricavi futuri (Sjoblom 2003). In questa prospettiva si comprendono fenomeni di *discounting* di prezzo per prodotti o servizi, talvolta innovativi, che possono giungere fino alla gratuità (Amigoni 2000) per l'attrazione di quote rilevanti di mercato che sono fondamentali nel business dei servizi di rete (es. per un browser od un motore di ricerca come Google) o l'utilizzo del prezzo come semplice strumento per attirare l'attenzione del consumatore su un prodotto indifferenziato ("commodizzato") (Bertini, Wathieu 2010). In entrambi i casi si va ben oltre la tradizionale logica del *costing for pricing*.

Un terzo ambito rilevante nel quale riteniamo che la scienza dei servizi influenzi lo sviluppo delle ricerche di management accounting riguarda il problema della ripartizione e della misurazione di costi e ricavi tra co-produttori/co-creatori di valore in un sistema di servizi. In questo ambito torna ad essere rilevante l'aspetto di co-creazione di valore con il cliente, inteso sia nelle relazioni business to business che in quelle business to consumer. In questa ottica, evidentemente, il valore non è più solamente derivante dall'efficienza interna dell'azienda e calcolabile, secondo l'ottica della catena del valore di Porter (1980), come differenza fra ricavi delle vendite e costi delle attività "strategicamente rilevanti" costituenti la catena. Nella logica *service-oriented* l'obiettivo dell'azienda è rappresentato dalla reciproca creazione di valore sia per l'azienda stessa che per il proprio cliente ed il servizio rappresenta un fattore di mediazione in tale processo (Gronroosm, Ravald 2009). In altri termini, il valore che un'azienda può creare dalla relazione con un cliente dipende dal valore che lo stesso cliente può creare dal coinvolgimento nella relazione. In questo senso si parla di *mutua creazione di valore* (*mutual value creation*): il cliente agisce come co-produttore all'interno del processo del fornitore e contemporaneamente il fornitore agisce all'interno del corrispondente processo di creazione del valore del cliente ed è coinvolto in modo attivo (Gronroos, Helle 2010, p. 570). Un passo verso la misurazione del valore in tale logica viene compiuto da Gronroos e Helle (2010), i quali propongono un modello di valutazione in cui si considera la produttività congiunta fornitore-cliente e come questa derivi dall'efficienza, e l'efficacia della relazione stessa. Risulta evidente che la capacità di realizzare tale misurazione dipenda dalla disponibilità di dati basati su costi e flussi di cassa attesi oltre che dal grado di fiducia e dalla disponibilità all'apertura reciproca delle contabilità da parte degli attori coinvolti nella relazione[7].

In un'ottica similare alla logica della "mutua creazione di valore" il modello di Pardo et al. (2006) sostiene l'esistenza di tre categorie di valore: il *valore di scambio*, che trova origine nelle attività dell'azienda ed è consumato dal cliente; il *valore di proprietà*, creato e consumato esclusivamente dall'azienda in quanto realizza le attività secondo criteri di efficienza ed efficacia; il *valore relazionale*, co-creato dall'azienda e dal cliente derivante dalle attività di confine a cavallo fra i due attori. È quest'ultimo che influisce sulla *relationship performance*, misura del valore formato nella relazione cliente-fornitore nel tempo, e determina come questa *performance* si suddivide fra l'azienda (sotto forma di valore catturato – *value capture*) e il cliente (valore creato – *value creation*). In quest'ottica, e focalizzandosi sulla parte di valore catturato dal fornitore del servizio, Storbacka e Nenonen (2009) suggeriscono che il value capture possa essere misurato come attualizzazione dei profitti futuri derivanti dalla relazione con il cliente, e sostengono inoltre che tale valore possa essere impiegato come *proxy* della creazione di valore per gli azionisti. Il valore della relazione di lungo termine fra cliente e fornitore (Ravald, Gronroos 1996), specialmente nelle aziende di servizi, diviene così oggetto non solo ad uso esclusivo del marketing ma campo di lavoro in cui anche il management accounting può fornire un contributo sostanziale[8].

6.3
Il ruolo delle tecnologie e dei processi di analisi dei dati nel management accounting dei servizi

Infine sembra rilevante esaminare alcuni possibili impatti che l'ICT insieme ai processi di analisi dei dati potrebbero avere sui sistemi di management accounting e di misurazione/gestione delle performance utilizzati nei servizi. Come noto, i pro-

---

[7] In questo senso si parla spesso di *interorganizational cost management* (Cooper, Slagmulder 1999; Hoffjan, Kruse 2006) e di *open book accounting* (Hakansson, Lind 2007; Giannetti 2009a).
[8] Il ruolo del management accounting nelle aziende di servizi va dunque oltre la semplice misurazione dell'efficienza interna che contraddistingue le aziende di produzione (Lowry 1993).

gressi e la diffusione dell'ICT hanno permesso di codificare, archiviare, elaborare e rendere disponibile per successive applicazioni una quantità di conoscenza che in precedenza rimaneva tacita, poiché incorporata nei comportamenti delle persone e/o nei manufatti (Chesbrough, Spohrer 2006). L'incremento della conoscenza disponibile permette la progettazione e lo sviluppo di nuovi servizi, inoltre la tecnologia informatica, insieme a metodi di analisi quantitativa e qualitativa, consente di svolgere analisi dei dati e delle informazioni che possono contribuire in maniera rilevante alla generazione di vantaggi competitivi ed alla loro sostenibilità. L'uso esteso di dati, l'analisi predittiva ed esplicativa mediante modelli statistici ed econometrici al fine di prendere decisioni e svolgere azioni, è denominata *analytics* (o informazione analitica) (Davenport, Harris 2007, p. 7)[9]. Evidentemente l'analytics riguarda non solo i servizi "intesi in senso stretto", ma anche i beni che, come detto in precedenza, possono però essere considerati un mezzo per consentire l'erogazione dei servizi. Ciò premesso considereremo alcuni impatti che l'analytics potrebbe avere sui sistemi di management accounting e sulla misurazione delle performance nei servizi, facendo riferimento a: lo sviluppo dei nuovi servizi, la progettazione e l'utilizzo *dei sistemi di misurazione delle performance* e degli strumenti di *cost management*.

L'analytics può essere utilmente impiegata nella fase di sviluppo dei nuovi servizi, aprendo interessanti scenari d'integrazione con gli studi di management accounting che hanno per oggetto questo importante processo. Come noto l'innovazione dei servizi è una fase particolarmente critica poiché, tra l'altro, determina le caratteristiche essenziali del servizio e quindi il relativo potenziale di creazione di valore[10]. Pertanto, l'adozione di sistemi di misurazione e gestione delle performance utile per valutare "la produttività" di tale processo sembra di rilevante interesse. Tuttavia le ricerche sull'impiego delle misure di performance per determinare i risultati dello sviluppo dei nuovi servizi sono ancora relativamente scarse (Storey, Kelly 2001), nonostante i servizi presentino, rispetto ai beni materiali, dei tratti distintivi (Tatikonda, Zeitham 2001). Davenport e Harris (2007, p. 76) ricordano che l'analytics in questa fase può essere utile sia per identificare possibili ambiti d'innovazione, sia per simulare l'impatto delle innovazioni proposte sulle attività future. Tali output informativi evidentemente possono essere molto utili sia per la valutazione economico-finanziaria dei nuovi servizi sia, più in generale, per migliorare le performance del processo di sviluppo dei servizi. Inoltre, molto probabilmente la gestione del processo in argomento potrebbe richiedere lo svolgimento di misurazioni monetarie e non monetarie la cui integrazione potrebbe beneficiare, come si vedrà più oltre, dei contributi che l'analytics può fornire in tale senso.

Più in generale per quanto concerne i sistemi di misurazione delle performance, le ricerche confermano, tra l'altro, un progressivo impiego di indicatori non monetari accanto ai tradizionali indicatori monetari (Holloway 2009). La letteratura (Scapens, Bromwich 2010), come già ricordato anche nei paragrafi precedenti, ha ampiamente evidenziato la rilevanza assunta dai sistemi multidimensionali di misurazione delle

---

[9] L'analytics è una parte della business intelligence cioè dell'insieme delle tecnologie e dei processi che elaborano i dati per comprendere ed analizzare le performance delle organizzazioni (Davenport, Harris 2007, p. 7; Smith, Goddard 2008, p. 128).
[10] Cfr. in particolare Verweire, Revollo (2009).

performance (Amigoni, Miolo Vitali 2003). Il *performance measurement* dei servizi conferma tale tendenza, anche se con accenti diversi secondo le variabili contingenti associate alla specifica situazione (Brignall, Ballantine 1996). Le misure monetarie e non monetarie possono essere integrate in vari modi (Pitzalis 2003), tuttavia alcune ricerche evidenziano che non è facile trovare un collegamento strutturato tra tali misure nei sistemi di misurazione delle performance adottati nella pratica (Ittner, Larcker 2003). Si può facilmente immaginare come tale collegamento, invece, sia utile per verificare se i driver non economico-finanziari concorrono alla generazione di valore economico[11]. L'analytics può essere impiegata anche a tale fine (Davenport, Harris 2007, pp. 61–62), inoltre può fornire informazioni utili per individuare le determinanti del valore "nascoste" ed essere di ausilio nella fissazione dei prezzi e nella gestione dei vincoli produttivi, decisioni che, tipicamente, coinvolgono il management accounting ed il performance management[12].

In merito al cost management, considerata la "natura processuale" dei servizi, sembra rilevante evidenziare il possibile collegamento tra i cosiddetti strumenti *activity-based* (*Activity-Based Costing/Management*) (Kaplan, Cooper 1998) e l'analytics. Il ruolo critico dell'ICT per l'efficacia di tali strumenti è già stato evidenziato (Kaplan, Anderson 2007), qui vogliamo soprattutto sottolineare il vantaggio che tali strumenti potrebbero trarre dall'impiego dell'analytics. La "matematica" dell'attribuzione dei costi di per sé non è un'operazione complessa, mentre può essere più arduo (Davenport, Harris 2007, p. 64): a) individuare, rilevare ed utilizzare i dati non monetari (basi di riparto) necessari per allocare i costi, b) effettuare analisi/simulazioni[13] mediante le informazioni di costo ottenute per selezionare i driver di costo più significativi e verificare gli impatti sulla profittabilità di decisioni alternative (ad esempio cambiamenti dell'offerta verso determinati segmenti di clienti selezionati attraverso l'analisi del livello di fedeltà dei medesimi). L'analytics può portare un contributo proprio in queste fasi[14].

L'analitycs, in sintesi, può produrre informazioni utili per affinare in maniera unica e difficilmente ripetibile l'efficienza e l'efficacia dei processi di sviluppo e di erogazione del servizio, contribuendo in tale senso alla generazione del vantaggio

---

[11] Per un'analisi critica di tali collegamenti si veda anche Nørreklit, Mitchell (2007).
[12] Davenport e Harris (2007, p. 43) riportano, ad esempio, il caso di un'azienda alberghiera che mediante l'analytics ha definito i prezzi in modo da ottimizzare lo sfruttamento della capacità produttiva disponibile.
[13] Si veda, come esempio, anche l'analisi sui *cost driver* effettuata da Banker e Johnston (1993) per esaminare l'impatto sui costi del volume e della complessità/varietà dei servizi offerti.
[14] L'utilizzo di adeguati sistemi di *costing* può essere utile per "scoprire" il valore creato da determinati gruppi di clienti che acquistano specifici *bundle* di servizi. Si evidenzia così che "componenti" o moduli dei servizi possono essere fonte di valore se sono proposti come un'unica offerta a specifici clienti. Per l'analisi di redditività dei clienti è possibile impiegare anche il *Time-Driven Activity-Based Costing* che, mediante le *time-equation,* sembra particolarmente adatto a simulare gli impatti economici derivanti dalla personalizzazione che talune tipologie di servizi permettono di svolgere. Sul cliente come oggetto fondamentale di analisi del valore creato nei servizi si veda anche: Collini (2006); Cugini et al. (2007). Sul Time-Driven Activity-Based Costing si veda Anderson e Kaplan (2007). Vale la pena ricordare che su tale variante dell'Activity-Based Costing, data la relativamente recente introduzione, non vi sono ancora molte evidenze empiriche utili per verificarne le effettive potenzialità. A proposito cfr. anche Giannetti (2009b).

competitivo[15]. L'applicazione dell'analytics nei servizi sembra quindi delineare interessanti prospettive d'integrazione con i sistemi di management accounting e di misurazione e gestione delle performance. Naturalmente tali prospettive dovranno essere confermate da appropriate evidenze empiriche che, tra l'altro, aiuteranno a capire in quali contesti l'analytics può essere impiegata con maggiore successo[16].

6.4
Misurazione del valore e incentivazione nel sistema dei servizi

Come si è detto in precedenza, i servizi ad elevato valore aggiunto presentano come caratteristica peculiare il forte coinvolgimento del cliente nella creazione di valore. Innovare fornendo servizi avanzati ad imprese e consumatori finali implica infatti lo sviluppo di una relazione che presuppone lo scambio di conoscenza ed un ruolo attivo del cliente nella ricerca di specifiche soluzioni ai propri bisogni. Lo stretto rapporto che si crea tra fornitore e utilizzatore del servizio è la base per una collaborazione di lungo periodo, che normalmente va ben oltre la singola transazione.

In questo paragrafo vengono svolte alcune considerazioni su quali siano le implicazioni determinate da queste caratteristiche sulla definizione degli obiettivi in termini di creazione di valore, sulle metodologie con le quali misurare i risultati ottenuti e sui sistemi di incentivazione più adeguati per indurre il management a investire nel modo più efficiente nel settore dei servizi.

Il primo aspetto da considerare riguarda la scelta della stessa funzione obiettivo che i manager dovrebbero cercare di massimizzare. Il classico criterio della massimizzazione del valore dell'impresa nel lungo periodo continua ad essere adeguato in un contesto di co-crazione di valore? Si potrebbe ipotizzare infatti che il ruolo maggiormente attivo dei clienti dovrebbe far propendere i manager dell'impresa verso decisioni che tengano direttamente in considerazione gli interessi degli altri stakeholders[17].

Relativamente a questo aspetto sembrano condivisibili le riflessioni di Jensen (2010), che esamina le apparenti contraddizioni tra un obiettivo di massimizzazione del valore per gli azionisti e la *stakeholder theory*. A ben vedere, l'idea di tenere in considerazione il valore creato dal cliente non è incompatibile con l'obiettivo di massimizzare il valore dell'impresa. È evidente infatti che per creare *shareholder value* i manager devono ottenere la collaborazione attiva dei propri partner nell'ambito del sistema di servizi proposto; tuttavia, se l'impresa opera in un sistema sufficientemen-

---

[15] Processo che, naturalmente, deve essere parte di un valido *business model* affinché si possano cogliere i vantaggi derivanti da una sofisticata analisi delle informazioni.
[16] Davenport ed Harris (2007, p. 36), ad esempio, rilevano che in un campione di 32 aziende, la maggior parte di quelle che mostrano una elevata intensità di adozione dell'analytics, finalizzata a generare e mantenere il vantaggio competitivo, sono aziende di servizi ad alta intensità di contenuti informativi, appartenenti però a settori diversi.
[17] Si veda ad esempio Brignall e Ballantine (1996) e Lapierre (1997).

te concorrenziale e se non esistono rilevanti esternalità[18], la capacità del modello di business di generare flussi di cassa, anche se non direttamente dal cliente[19], mantiene la sua validità non solo relativamente al fornitore di servizio, ma anche come segnale della percezione del valore complessivo ottenuto. In altri termini, la massimizzazione del valore creato congiuntamente deve tradursi sia per il fornitore che per l'utilizzatore del servizio in specifici obiettivi e nell'utilizzo di valutazioni individuali del valore creato.

La specificità potrebbe essere determinata, piuttosto, dall'importanza di contenere l'effetto dei possibili conflitti tra gli obiettivi delle due imprese "partner", che potrebbe complicare l'assunzione di decisioni da parte del management: una eccessiva incertezza sulla gestione del rapporto potrebbe rallentare il processo decisionale e penalizzare la capacità competitiva delle imprese coinvolte. Una modalità per allineare gli incentivi del fornitore del servizio e del suo utilizzatore è quella di prevedere per il servizio un pagamento legato alla performance. Hypko, Tilebein e Gleich (2010) propongono una rassegna sulle prassi diffuse nell'impresa manifatturiera per gestire relazioni contrattuali tenendo in considerazione la performance ottenuta dal cliente; da questo lavoro emerge che si sta diffondendo l'utilizzo di modalità di pagamento basate sui risultati economici ottenuti dall'utilizzatore del servizio, come i risparmi di costi ottenuti, l'incremento di fatturato generato o anche la variazione del margine di profitto (Hünerberg, Hüttmann 2003; Helander, Möller 2008).

Passando ora a considerare le metodologie con le quali misurare i risultati ottenuti, in primo luogo è necessario osservare che l'applicazione del criterio della massimizzazione del valore nell'ambito del settore dei servizi non implica l'inutilità di un sistema di indicatori che aiutino i manager a definire specifici obiettivi. Se a livello di top management si può ritenere accettabile l'utilizzo di parametri legati al rendimento di mercato come indicatore della creazione di valore, all'interno di ogni organizzazione è necessario che questo criterio generale sia declinato concretamente in obiettivi operativi, che ogni soggetto dotato di autonomia decisionale può comprendere e gestire. In questo quadro, massimizzazione di valore e impiego di sistemi come la Balanced Scorecard (Kaplan, Norton 2008) non solo sono compatibili, ma possono essere sinergici: il processo di definizione dei migliori driver da utilizzare, cioè quelli maggiormente correlati alla finalità di massimizzare il valore dell'impresa nel lungo periodo, rappresenta un'importante occasione di riflessione sulle più importanti leve strategiche con le quali raggiungere questo obiettivo.

---

[18] Non è scontato che queste condizioni siano verificate nell'ambito dei servizi. Se si considera, ad esempio, il settore del *rating* – cioè della valutazione dell'affidabilità finanziaria delle imprese – si rileva che il mercato è dominato da pochi operatori e presenta forti barriere all'ingresso. In questo caso, prezzi elevati possono massimizzare il valore delle imprese di rating a danno delle imprese clienti; ugualmente la riduzione dell'attività di controllo da parte delle agenzie di rating può indurre costi per la collettività che potrebbe essere difficile ribaltare sulle stesse rating agencies (Hill 2004). In generale, nel settore dei servizi sembra particolarmente importante un aumento della concorrenza e della competitività, a beneficio degli utenti e dei partner più deboli (cfr. ad esempio il dibattito sulla direttiva europea "Bolkestein", n. 2006/123/CE, recepita dall'Italia nel marzo 2010).

[19] Si pensi ad esempio a tutti i servizi web based che non implicano alcun pagamento per l'utente ma che dal volume di traffico costruiscono i presupposti per l'ottenimento delle fonti di ricavo.

Alcune specificità dei servizi ad elevato valore aggiunto, tuttavia, complicano l'identificazione dei driver che possano orientare le decisioni e monitorare tempestivamente la dinamica dell'impresa, prima che gli effetti delle decisioni prese siano visibili, irreversibilmente, nella realizzazione dei flussi di cassa. Come si è detto in precedenza, i servizi sono spesso:

a) eterogenei, in quanto legati alla specifiche caratteristiche dell'utilizzatore;
b) legati ad attività intangibili, non facilmente quantificabili;
c) contraddistinti da una rilevante integrazione tra le imprese coinvolte;
d) caratterizzati da un orizzonte temporale di medio lungo periodo e da un elevato rischio.

Una delle sfide che attendono la letteratura sulla Service Science consiste quindi nell'identificare non solo come l'innovazione nei servizi possa fornire un vantaggio competitivo all'impresa, ma anche come sia possibile trasferire efficacemente tali valutazioni in nuove metriche.

Come in precedenza evidenziato, l'approccio proposto da Helle (2009/2010) e Grönroos e Helle (2010) identifica la co-creazione di valore nell'interazione tra le imprese, focalizzando l'attenzione sui driver che permettono di raggiungere questo obiettivo[20]. Ciò implica tuttavia rilevanti problemi di misurazione, non solo in merito al notevole dettaglio dei dati contabili relativi ai costi sostenuti dalle due imprese coinvolte, ma soprattutto per la generazione di futuri flussi di cassa determinati dal servizio oggetto di valutazione[21]. Un servizio innovativo può indurre infatti opportunità di business difficilmente stimabili e, inoltre, caratterizzate da un rilevante profilo di rischio (Neely 2008), non facilmente trattabile nell'ambito delle tradizionali metodologie di valutazione[22].

La corretta valutazione del valore creato congiuntamente mediante un nuovo servizio richiede quindi non solo informazioni adeguate, ma anche nuove metriche e nuove logiche contabili. Ad oggi il tema non sembra essere stato affrontato con particolare attenzione dalla letteratura[23] e non trova immediato accoglimento nelle prassi contabili, con l'effetto di rendere poco visibile il contributo dei servizi alla creazione di valore e di indurre possibili disincentivi all'investimento (Kerr 2008):

---

[20] In particolare, viene prima definito in termini incrementali il flusso di cassa che deriva all'utilizzatore del servizio in termini di nuovi ricavi e costi di gestione, ai quali si aggiungono i costi sostenuti dal fornitore del servizio per la sua erogazione. Solo in seconda battuta si considera la modalità di ripartizione del valore creato tra i partner, mediante la definizione del pricing del servizio.

[21] L'esempio utilizzato da Grönroos e Helle (2010, pp. 581–584) prende in esame un caso molto semplificato di outsourcing di servizi svolti da un'impresa: la valutazione del nuovo servizio viene attuata principalmente in termini di risparmi di costi e l'incremento di ricavi attesi viene considerato un valore certo. La difficoltà di valutare il valore creato per il cliente del servizio può essere una delle ragioni che spesso portano ad un pricing inadeguato (Rapaccini, Visintin 2009)

[22] La stima di flussi di cassa attesi non tiene conto della flessibilità dei comportamenti dell'impresa, che è certamente rilevante nell'ambito dell'innovazione e dei servizi "avanzati", caratterizzati da una rilevante dimensione tecnologica. In questo contesto le metodologie di valutazione dovrebbero considerare il valore della flessibilità, che potrebbe essere valutata con la metodologia di stima del valore delle opzioni reali.

[23] Ad esempio, la survey proposta da Sharma e Kumar (2010) sull'utilizzo dell'EVA non identifica, nell'ampia letteratura analizzata, studi che in modo specifico affrontino il tema della misurazione della performance nel settore dei servizi avanzati all'impresa.

se i costi sostenuti per lo sviluppo di queste attività riducono il reddito di esercizio – non essendo riconosciuti come nuovi assets – i manager potrebbero essere indotti a investire in misura sub-ottimale, per paura di essere penalizzati dalle reazioni del mercato o dei finanziatori dell'impresa[24].

Bisogna comunque riconoscere la notevole difficoltà ad identificare nell'ambito delle logiche strettamente contabili il valore di attività intangibili, in quanto queste informazioni sulle future opportunità di business sono intrinsecamente soggettive e non immediatamente verificabili. La loro quantificazione può determinare inoltre un notevole conflitto tra il management e gli azionisti[25], che potrebbe essere solo in parte limitato dalla ricerca di robuste metodologie di valutazione.

Se quindi attraverso la *disclosure*, anche su base volontaria, le attuali prassi contabili oggi non sembrano in grado di comunicare in modo credibile il valore legato al funzionamento dei modelli di business indicati dalla Service Science, un ruolo particolarmente rilevante dovrebbe essere riconosciuto all'utilizzo di sistemi di incentivazione, in quanto potenzialmente in grado di indurre il management ad assumere decisioni finalizzate alla creazione di valore (Jensen, Murphy 1990).

Occorre tuttavia prestare particolare attenzione al design di sistemi di incentivazione dei manager, come è stato chiaramente messo in luce dalla recente crisi finanziaria: tra le cause che hanno determinato tale situazione vi è l'utilizzo eccessivo e distorto di sistemi di incentivazione basati su *stock option*. Tali strumenti, che in realtà avrebbero dovuto allineare gli incentivi dei manager bancari con quelli degli azionisti, hanno spinto verso l'assunzione eccessiva di rischio e talvolta hanno dato origine a vere e proprie frodi[26].

Come suggerito da Bebchuk e Fried (2004), è opportuno che i sistemi di incentivazione siano definiti in modo coerente con l'obiettivo di indurre i manager alla massimizzazione del valore dell'impresa nel lungo periodo. In particolare:

a) colgano lo specifico contributo del manager al miglioramento della performance dell'impresa[27];
b) prendano in considerazione un orizzonte temporale di medio-lungo periodo[28];

---

[24] In questa prospettiva, sarebbe opportuno che anche la prassi contabile si adeguasse a tale esigenza, in risposta ai cambiamenti economici legati anche allo sviluppo della Service Science (Mattessich 2006). Si potrebbe pensare, ad esempio, a metodologie simili a quelle utilizzate nell'ambito del settore assicurativo per la stima dell'*Embedded Value*, che lega il valore dell'impresa al valore atteso dei margini del portafoglio polizze già acquisito. Secondo tale tecnica, il valore del portafoglio polizze in essere è determinato attraverso la stima e la successiva attualizzazione degli utili che il portafoglio potrà generare nell'arco della sua vita residua.
[25] Nelle società ad azionariato concentrato, il conflitto si verificherebbe tra azionisti-manager e creditori dell'impresa.
[26] Si veda in particolare Hall, Murphy (2003), Kedia, Philippon (2009) e Johnson, Ryan, Tian (2009).
[27] Ciò suggerisce l'utilizzo di parametri di performance relativi, cioè calcolati come differenza rispetto all'andamento generale o, preferibilmente, del settore di appartenenza. Per il top management, parametri orientati al rendimento di mercato dovrebbero essere depurati dall'effetto di fattori esogeni, esterni al loro controllo, mentre per i ruoli più operativi la definizione di bonus dovrebbe riflettere lo specifico contributo al miglioramento della performance operativa dell'impresa.
[28] Un orizzonte temporale di breve periodo dei sistemi di incentivazione può indurre decisioni in contrasto con la prospettiva di massimizzazione del valore nel lungo periodo e, inoltre, fornisce l'incentivo nei

c) prevedano non solo incentivi, ma anche sanzioni legate al mancato raggiungimento di target minimi.

Come reazione alla crisi finanziaria, ad esempio, il sistema bancario ha definito con chiarezza le linee guida per la definizione di sistemi di incentivazione realmente orientati alla creazione di valore[29].

Una sfida che attende nei prossimi anni il settore dei servizi sarà individuare in modo volontario, al di là di stimoli derivanti dalla possibile influenza della regolamentazione, metodologie di rilevazione del valore e modalità di definizione di sistemi di incentivazione che colgano le specificità del settore dei servizi avanzati e le traducano in azioni volte a creare valore. Alcuni risultati empirici[30] mettono in evidenza che i sistemi di misurazione delle performance sono in grado, anche nel settore dei servizi, di allineare maggiormente le attività operative con gli obiettivi strategici dell'impresa ed il loro utilizzo è positivamente correlato con la performance ottenuta.

Bibliografia

Amigoni F (1986) Il controllo di gestione nelle imprese di servizi. Sviluppo e Organizzazione 95: 7–16

Amigoni F (2000) I costi, dalla produzione di massa all'economia dell'informazione. Economia & Management (luglio)

Amigoni F, Miolo Vitali P (eds) (2003) Misure multiple di performance. Egea, Milano

Araujo L, Spring M (2006) Services, products, and the institutional structure of production. Industrial Marketing Management 35: 797–805

Arthur W B (1996) Increasing Returns and the New World of Business. Harvard Business Review (luglio/agosto): 100–109

Baldwin C Y, Clark K B (2000) Design rules: the power of modularity. MIT Press, Cambridge

Banca d'Italia (2009) Sistemi di remunerazione e incentivazione (28 ottobre)

Banker R D., Johnston H H (1993) An Empirical Study of Cost Drivers in the U.S. Airline Industry. The Accounting Review 68(3): 576–601

Bertini M, Wathieu L (2010) How to Stop Customers from Fixating on Price. Harvard Business Review (maggio): 84–91

Bebchuk L, Fried J (2004) Pay without performance: the un-fulfilled promise of executive compensation. Harvard University Press, Cambridge

Bhimani A, Bromwich M (2010) Management Accounting: Retrospect and prospect. CIMA Publishing, Oxford

---

confiornti di manipolazioni contabili volte alla modifica della perfomance di breve periodo, rilevante per il calcolo dell'incentivo.

[29] In linea con i criteri del Financial Stability Board (2009), la Banca d'Italia (2009) ha esplicitato i criteri guida per la definizione delle politiche di incentivazione nelle banche italiane. In particolare, si richiede che la corresponsione dei bonus sia differito nel tempo e sia legato a indicatori di performance lungo periodo, opportunamente corretti in funzione dei rischi assunti. Si suggerisce inoltre che la remunerazione sia simmetrica rispetto ai risultati conseguiti, preveda cioè penalizzazioni per under performance, e che prenda in considerazione anche i risultati dell'unità di business e – se possibile – individuali.

[30] Se veda ad esempio Evans (2004).

Brignall S, Ballantine J (1996) Performance measurement in service businesses revisited. International Journal of Service Industry Management 7(1): 6–31

Brimson J A, Antos J (1994) Activity-based Management for Service Industries, Government entities and Nonprofit organizations. Wiley, New York

Chesbrough H, Spohrer J (2006) A research manifesto for services science. Communications of the ACM 49(7): 35–40

Collini P (2006), Cost analysis in the hotel industry: an ABC customer focused approach and the case of joint revenues. In: Harris P, Mongiello M (eds) Accounting and Financial Management. Butterworth-Heinemann, Oxford

Cooper R, Slagmulder R (1999) Strategic Costing and Special Studies, Strategic Finance 80(5): 14–15

Cugini A, Carù A, Zerbini F (2007) The Cost of Customer Satisfaction: A Framework for Strategic Cost Management in Service Industries. European Accounting Review 16: 499–530

Davenport T H, Harris J C (2007) Competing on Analytics. The New Science of Winning. Harvard Business School Press, Boston

Dearden J (1978) Cost Accounting comes to service industries, Harvard Business Review (settembre/ottobre): 132–140

Ellram L M (1993) Total Cost of Ownership: Elements and Implementation. International Journal of Purchasing and Materials Management 29(4): 3–10

Ellram L M, Siferd S P (1998) Total Cost of Ownership: a key concept in Strategic Cost Management Decisions. Journal of Business Logistics 19(1): 55–84

Evans J R (2004) An exploratory study of performance measurement systems and relationships with performance results. Journal of Operations Management 22(3): 219–232

Financial Stability Board (2009) FSB Principles for Sound Compensation Practices. Implementation Standards (25 settembre 2009)

Fitzgerald L, Johnston R, Brignall S, Silvestro R, Voss C (1998) Misurare la performance nelle imprese di servizi. Egea, Milano

Freeman T L (2006) Il mondo è piatto. Mondadori, Milano

Gallinaro S (2009) La modularità nello sviluppo e nella produzione dei servizi. Impresa Progetto 1: 1–22

Giannetti R (2009a) L'Open Book Accounting. In: Miolo Vitali P (ed) Strumenti per l'analisi dei costi. Percorsi di Cost Management, vol. III. Giappichelli, Torino

Giannetti R (2009b) Il Time-driven Activity-based Costing. In: Miolo Vitali P (ed) Strumenti per l'analisi dei costi. Approfondimenti di Cost Accounting, vol. II. Giappichelli, Torino

Grönroos C (1998) Management e marketing dei servizi. ISEDI, Torino

Grönroos C (2008) Service logic revisited: who creates value? And who co-creates? European Business Review 20(4): 298–314

Grönroos C, Helle P (2010) Adopting a service logic in manufacturing. Conceptual foundation and metrics for mutual value creation. Journal of Service Management 21(5): 564–590

Grönroos C, Ravald A (2009) Marketing and the logic of service: value facilitation, value creation and co-creation and their marketing implications. Working Paper 542. Hanken School of Economics, Helsinki

Hakansson H, Lind J (2007) Accounting in an interorganizational setting. In: Chapman C S, Hopwood A G, Shields M D, Handbook of management accounting research, vol. 2. Elsevier, Oxford

Hall B J, Murphy K (2003) The trouble with stock options. Journal of Economic Perspectives 17(3): 49–70

Helander A, Möller K (2008) System supplier's roles from equipment supplier to performance provider Journal of Business & Industrial Marketing 23(8): 577–585

Helle P. (2009) Towards understanding value creation from the point of view of service provision, working paper. Conference Report EIASM Service Marketing Forum, Capri

Helle P (2010) Re-conceptualizing value-creation: from industrial business logic to service business logic, working paper. Hanken School of Economics, Helsinki

Hill T P (1977) On goods and services. Review of Income & Wealth 23(4): 315–338

Hill C A (2004) Regulating the Rating Agencies. Washington University Law Quarterly 82: 43–95

Hypko P, Tilebein M, Gleich R (2010) Clarifying the concept of performance-based contracting in manufacturing industries. A research synthesis. Journal of Service Management 21(5): 625–655

Hoffjan A, Kruse H (2006) Open Book Accounting in Supply Chains – When and How it is used in Practice? Cost Management (novembre/dicembre): 40–46

Holloway J (2009) Performance management from multiple perspectives: taking stock. International. Journal of Productivity and Performance Management 58(4): 391–399

Hünerberg R, Hüttmann A (2003) Performance as a basis for price-setting in the capital goods industry: concepts and empirical evidence. European Management Journal 21(6): 717–730

IBM (2004) IBM Research. Service Science. A New Academic Discipline? http://www.almaden.ibm.com/asr/SSME/

IfM e IBM (2008) Succeeding through service innovation: A service perspective for education, research, business and government. University of Cambridge Institute for Manufacturing, Cambridge

Ittner C D, Larcker D F (2003) Coming up short on nonfinancial performance measurement. Harvard Business Review (novembre): 88–95

Jensen M C (2010) Value Maximization, Stakeholder Theory, and the Corporate Objective Function. Journal of Applied Corporate Finance 22(1): 32–43

Jensen M C, Murphy K J (1990) Performance pay and top-management incentives. Journal of Political Economy 98(2): 225–264

Johnson S, Ryan H E, Tian Y S: (2009) Managerial compensation and corporate fraud: the sources of Incentives Matter. Review of Finance 13: 115–145

Kaplan R S, Anderson S R (2007) Time-Driven Activity-Based Costing. Harvard Business School Press, Boston

Kaplan R S, Cooper R (1998) Cost & Effect – Using Integrated cost systems to drive Profitability and Performance. Harvard Business School Press, Boston

Kaplan R S, Norton D P (2008) Execution Premium. Harvard Business School Press, Boston

Katzan H (2008) Service Science. iUniverse, New York

Kedia S, Philippon T (2009) The Economics of Fraudulent Accounting. The Review of Financial Studies 22(6): 2169–2199

Kerr S G (2008) Service Science And Accounting. Journal of Service Science 1(2): 17–26

Laine T, Paranko J, Suomala P (2009) All activities are interpretive: The end of the debate about service characteristics? Paper presentato al The 2009 Naples forum on service: service-dominant logic, service science, and network theory, Capri, 16–19 giugno

Lapierre J (1997) What does value mean in business-to-business professional services? International Journal of Service Industry Management 8(5): 377–397

Lovelock C, Gummesson E (2004) Whither Services Marketing? In Search of a Paradigm and Fresh Perspectives. Journal of Service Research 7(1): 20–41

Lowry J (1993) Management Accounting's Diminishing Post-Industrial Relevance: Johnson and Kaplan Revisited. Accounting and Business Research 23(90): 169–170

Maglio P P, Spoher J (2008) Fundamentals of service science. Journal of the Academy of Marketing Science 36(1): 18–20

Mattessich R (2006) The information Economic Perspective of Accounting: Its Coming of Age. Canadian Accounting Perspectives 5(2): 209–226

Merli G (2003) Business on demand. Il prossimo paradigma. Come vincere nel nuovo scenario competitivo. Il sole 24ore, Milano

Merli G, Gelosa E, Fregonese M (2010) Surpetere, la competizione creativa efficace e sostenibile. Guerini e Associati, Milano

Modell S (1996) Management accounting and control in services: structural and behavioural perspectives. International Journal of Service Industry Management 7(2): 57–80

Neely A (2008) Exploring the financial consequences of the servitization of manufacturing. Operations Management Research 1(2): 103–118

Normann R (1984) Service management: strategy and leadership in service businesses. Wiley, Chichester, Toronto. Traduzione italiana: Norman R (2004) La gestione strategica dei servizi. ETAS, Milano

Normann R (1996) Services in the neo-industrial society. Relazione all'8° Convegno di Sinergie: L'impresa e il management dei servizi nell'economia neo-industriale, Napoli, 18 ottobre

Normann R (2001) Reframing Business: When the Map Changes the Landscape. Wiley, Chichester, Toronto. Traduzione italiana: Normann R (2002) Ridisegnare l'impresa. Quando la mappa cambia il paesaggio. Etas, Milano

Nørreklit H, Mitchell F (2007) The balanced scorecard. In: Hopper T, Northcott D, Scapens R (eds) Issues in Management Accounting, 3a ed. Prentice Hill, Londra

Pardo C, Henneberg S C, Mouzas S, Naudè P (2006) Unpicking the meaning of value in key account management. European Journal of Marketing 40(11/12): 1360–1374

Pekkarinen S, Ulkuniemi P (2008) Modularity in developing business services by platform approach. The International Journal of Logistics Management 19(1): 84–103

Pitzalis A (2003) L'integrazione delle informazioni: una review sulle ricerche empiriche. In: Amigoni F, Miolo Vitali P (eds) (2003) Misure Multiple di performance. Egea, Milano

Pitzalis A (2009) Il Total Cost of Ownership. In: Miolo Vitali P (ed) Strumenti per l'analisi dei costi. Percorsi di Cost Management, vol. III. Giappichelli, Torino

Porter M (1980) Competitive Strategy. Free Press, New York.

Rapaccini M, Visintin F (2009) In search of a Product-Service Strategy. ASAP Service Management Forum, 5–6 novembre, Brescia

Scapens R W, Bromwich M (2010) Management accounting research: twenty years on. Management Accounting Research 21(4): 278–284

Sharma A K, Kumar S. (2010) Economic Value Added (EVA) – Literature Review and Relevant Issues. International Journal of Economics and Finance 2(2): 200–220

Shostack G L (1977) Breaking free from product marketing. Journal of marketing theory and practice 41(2): 73–80

Simi K, Philippon T (2009) The economics of fraudulent accounting. Review of Financial Studies 22(6): 2169–2199

Smith P C, Goddard M, (2008) Performance Management and Operational Research: A Marriage Made in Heaven? In: Thorpe R, Holloway J (2008) Performance Management. Multidisciplinary Perspectives. Pargrave MacMillan, New York

Spohrer J (2008) Service Sciences, Management and Engineering (SSME) and Its Relation to Academic Disciplines. In: Stauss B, Engelmann K, Kremer A, Luhn A (2008) Service Science. Fundamentals, Challenges and Future Developments. Springer, Berlino

Storbacka K, Nenonen S (2009) Customer relationships and the heterogeneity of firm performance. Journal of Business and Industrial Marketing 24(5/6): 360–372

Storey C, Kelly D (2001) Measuring the Performance of New Service Development Activities. The Service Industrial Journal 21(2): 71–90

Sjöblom L (2003) Management Accounting in the New Economy: The Rationale for Irrational Controls. In: Bhimani A (ed) Management accounting in the digital economy. Oxford University Press, Oxford, New York

Tatikonda M, Zeitham L (2002) Managing the New Service Development Process: Multi-Disciplinary Literature Synthesis and Directions for Future Research. In: Boone T, Ganeshane R (2002) New Direction in Supply Chain Management. AMACOM, New York

Vargo S L, Lusch R F (2004) Evolving to a new dominant logic for marketing. Journal of Marketing 68(1): 1–17

Vargo S L, Lusch R F (2008) Service-Dominant Logic: Continuing the Evolution. Journal of the Academy of Marketing Science 36(1): 1–10

Verweire K, Revollo G E (2009) Sustaining competitive advantage through product innovation: How to achieve product leadership in service companies, research report. Vlerick Leuven Gent Management School, Lovanio

ESPERIENZA INNOLAB
Fatturazione elettronica

Master MAINS, a.a. 2007/2008
Soggetti coinvolti nell'InnoLab:
Allievi – Tommaso Covino, Andrea Galavotti, Laura Sanna e Emanuele Taddei
Aziende – Intesa Sanpaolo, Banca CR Firenze e SIA-SSB
Docenti – Lino Cinquini, Riccardo Giannetti e Andrea Tenucci

1. Il problema ...
Il tema della dematerializzazione dei processi amministrativi e della conseguente fatturazione elettronica sta suscitando negli ultimi anni un interesse crescente all'interno delle aziende. Anche in seguito all'emanazione della normativa[1] che impone alla pubblica amministrazione l'obbligo di non accettare le fatture emesse o trasmesse in forma cartacea, sia nel settore pubblico come nel privato, si va sempre più comprendendo che sono numerose le ricadute positive che derivano dall'applicazione di modelli di fatturazione elettronica. Si evidenziano in particolare l'incremento della qualità nell'erogazione di servizi pubblici e la riduzione dei costi derivanti dalla semplificazione della gestione dei cicli attivi e passivi. Si stimano perfino risparmi che possono raggiungere il 2–3% del fatturato medio aziendale[1]

Il progetto del laboratorio mira a comprendere le opportunità e le criticità nell'applicazione della normativa sulla fatturazione elettronica ai processi amministrativi della Scuola Superiore Sant'Anna.

In linea generale è possibile identificare due tipi di fatturazione elettronica: la fatturazione elettronica in senso stretto quando ci si riferisce a tutte le soluzioni volte a digitalizzare e automatizzare il processo che va dalla creazione della fattura all'archiviazione della stessa. Si definisce invece la fatturazione elettronica in senso ampio l'integrazione e la dematerializzazione del ciclo ordine-pagamento, il cui dominio di analisi è allargato all'intero processo logistico – commerciale e amministrativo, dalla creazione

---

[1] La fatturazione elettronica trae origine dalla legislazione europea che nel 2001 emana la direttiva 2001/115/CE. La direttiva Ue è stata recepita dall'ordinamento italiano nel 2004 dando la possibilità a pubblico e privato di emettere e conservare le fatture esclusivamente in formato elettronico. Nella finanziaria 2008 la possibilità è stata convertita in obbligo per tutti i soggetti che hanno rapporti economici con la pubblica amministrazione di fatture attive e passive. Pochi mesi più tardi è stato approvato il primo decreto attuativo che riconosce all'Agenzia delle Entrate il ruolo di gestore del sistema di scambio tra gli operatori economici della pubblica amministrazione e attribuisce a Sogei i servizi strumentali e la conduzione tecnica dei sistemi.
[2] Ci si riferisce allo studio dell'Osservatorio sulla Fatturazione Elettronica e Dematerializzazione del Politecnico di Milano "Fatturazione Elettronica: benefici non solo su carta".

dell'ordine alla chiusura del ciclo dei pagamenti e delle annesse riconciliazioni. È in questa seconda accezione che la fatturazione elettronica assume più interessanti implicazioni organizzative. La fatturazione elettronica in questa prospettiva si costituisce infatti come un volano per l'integrazione del ciclo dei processi aziendali.

Il progetto del laboratorio mira ad analizzare la fatturazione elettronica nella sua accezione più ampia come occasione di ripensamento delle modalità di gestione del ciclo ordine-pagamento, con l'obiettivo di proporre un modello integrato e dematerializzato del ciclo dell'ordine, individuando le possibili economie derivanti dall'implementazione di una piattaforma tecnologica di integrazione dei processi amministrativi, contabili e logistici.

2. Modalità di sviluppo del lavoro

Il lavoro è stato suddiviso in due macro fasi:

a) la definizione dell'As-Is come rappresentazione del processo/servizio al momento del suo studio;
b) lo sviluppo del To-Be come rappresentazione ideale dei processi, dove si rappresentano le innovazioni necessarie a rimuovere le criticità dell'As-Is.

Gran parte del lavoro dedicato alla prima fase ha riguardato la definizione di un metodo per la rappresentazione il più possibile oggettiva del processo al fine di individuarne criticità e aree di miglioramento. Tale lavoro di modellizzazione è stato condotto, prima attraverso la conduzione delle interviste frontali agli attori coinvolti nel processo, poi attraverso la trasposizione in forma grafica delle modalità di funzionamento rilevate secondo lo schema del diagramma di flusso interfunzionale. Il team ha condotto le interviste agli operatori seguendo una modalità di tipo top down partendo dai vertici aziendali e passando in seguito ai ruoli più operativi. Tutti gli intervistati, una volta rappresentato graficamente il processo, hanno contribuito alla validazione del dato raccolto condividendo le loro impressioni sulla correttezza della rappresentazione data.

Sulla base dei dati così raccolti è stata elaborata una modalità di misura delle performance delle attività di processo, concentrandosi sulla definizione di tempi e costi di gestione di ciascuna attività. Nella mancanza di un controllo di processo oggettivo, ci siamo basati sui dati forniti in fase di intervista dai soggetti gestori delle attività. Ove possibile i "tempi percepiti" sono stati confrontati con dati quantitativi, utilizzando date apposte sugli ordini o i log di passaggio dei documenti nel gestionale informatico utilizzato per alcune parti del processo. I tempi oggetto di rilevazione sono stati suddivisi in tempi a valore aggiunto, dove l'operatore svolge attività realmente utili all'avanzamento del flusso di processo, e tempi di attesa per ciascuna attività. Sono state in seguito stimate le gestioni delle eccezioni e dei ri-processamenti. Con i dati ottenuti è stato calcolato un indicatore di efficienza[3] ε definito come tempo dedicato ad attività a valore aggiunto sul tempo di attraversamento complessivo. Considerando poi la stima del costo orario degli attori coinvolti e del materiale di consumo impiegato, il team ha ottenuto una rappresentazione dei costi delle diverse tipologie di attività (costi delle attività a valore aggiunto, di attesa e gestione delle eccezioni)[4].

La tabella che riassume i dati ottenuti con il metodo descritto è stata definita come *Time Effort Worksheet* (Tew); in essa sono rappresentate le attività di processo così come descritte nel grafico interfunzionale a cui si associano i tempi complessivi destinati a ciascuna fase (time), i tempi a valore aggiunto (effort), oltre ai costi sostenuti per ciascuna di esse.

Con i dati così organizzati per ciascuna attività e la rappresentazione del processo in forma grafica, è stato possibile individuare le fasi e le attività più critiche individuando quindi i colli di bottiglia, le fasi a basso valore aggiunto (richieste di autorizzazioni non necessarie, attività duplicate, correzione a valle di errori commessi a monte, controlli sostituibili con maggiore delega), le sequenze con posticipazione di attività che generano informazioni critiche, le eccessive sequenzializzazioni che producono un allungamento dei tempi e il presentarsi di frequenti eccezioni.

Il modello così strutturato ha permesso di calcolare una stima del tempo medio di gestione di un ordine, dalla proposta di acquisto al pagamento dell'importo, rendendo evidente come, la maggior parte del tempo di gestione sia composto da tempi di attesa riconducibili ad un'eccessiva sequenzializzazione del processo e alla pratica di richiedere la vista manuale delle fatture da parte di personale docente. Il tempo medio di gestione dell'ordine è risultato di circa 92 giorni, di cui 79 sono dedicati ad attesa e 12 alla gestione di ri-processamenti a causa di eccezioni. L'indicatore di efficienza medio calcolato sull'intero processo è risultato particolarmente basso e pari circa allo 0,7%. Per quanto riguarda i costi, la stima si attesta su 93 euro circa per ciascun ordine di cui il 70% è costituito da costi del personale amministrativo.

Per la gestione dei contratti (ciclo attivo) invece, si registra un tempo di gestione a contratto pari a circa 14 giorni con costi unitari di 34 euro ed una efficienza media, calcolata secondo l'indicatore presentato, pari all'1,8%.

---

[3] Questo semplice indicatore ha alcuni vantaggi non riscontrabili con metodi apparentemente più raffinati di misurazione ed è per questo che è stato scelto: è una quantità sempre rilevabile, garantisce confrontabilità interna alle fasi di processo e permette benchmark con altri processi e aziende, garantendo complessivamente un'elevata usabilità del dato registrato nell'analisi.

[4] Si è ritenuto di escludere i costi indiretti e di struttura, concentrandosi esclusivamente sui costi diretti – quali costi del personale e materiale di consumo – assumendo quindi tra le ipotesi che i costi indiretti e di struttura costituiscano una parte con una minore consistenza sul totale dei costi.

La modellizzazione del processo As-Is, oltre a definire il sistema di *flow chart* interfunzionale e la definizione di tempi e costi della tabella Tew, costituisce la base su cui il team ha successivamente stimato gli impatti di di cambiamenti nel processo a seguito dell'adozione di una piattaforma multi-tecnologica che permettesse la minimizzazione dei costi e dei tempi di processo.

3. Soluzione proposta

Nello sviluppo del modello To-Be il team ha tenuto conto delle possibilità offerte da un insieme di tecnologie abilitanti, le cui caratteristiche di forte interoperabilità e di gestione automatizzata delle operazioni di processo permettono numerosi vantaggi.

L'approccio seguito mira ad implementare i seguenti paradigmi:

a) dematerializzazione dei documenti e introduzione della firma digitale, per garantire che i documenti digitali abbiano la stessa valenza giuridica di quelli cartacei firmati, oltre ad una opportuna velocità alle informazioni in real-time. In questo modo otterremmo una diminuzione della carta circolante e la possibilità di mantenere un'unica copia originale del documento di cui potenzialmente potremmo tracciare l'intero ciclo di vita;

b) sistemi di notifica multicanale e autorizzazione su più device elettronici, con la possibilità di approvazione delle disposizioni e dei documenti mediante "spunte digitali", soluzione ottimale per la riduzione degli impatti dei colli di bottiglia e per abbattere i tempi di attesa;

c) completa condivisione delle informazioni, e uniformità delle procedure al fine di semplificare i processi, ridurre il numero di eccezioni e favorire l'interazione all'interno del perimetro aziendale e tra azienda e interlocutori esterni (fornitori, banche);

d) paradigma di software e architettura orientata ai servizi (service oriented architecture – SOA), per semplificare l'integrazione di servizi bancari all'interno delle proprie applicazioni e permettere l'interazione con i sistemi di clienti e fornitori.

Il diagramma interfunzionale è stato quindi ridisegnato, tenendo conto delle criticità As-Is e delle tecnologie abilitanti disponibili, con il risultato che dalle 60 attività gestite per l'intero processo si è passati a sole 15 con il modello proposto.

Con il disegno del processo notevolmente snellito sono stati stimati i costi di gestione utilizzando i medesimi indicatori dell'As-Is così da rendere possibile il loro confronto e impostare una valutazione di economicità per un eventuale passaggio dall'As-Is al To-Be.

Per stimare il tempo di attraversamento del nuovo processo, le attività sono state classificate in base a tre livelli di complessità cui è stato assegnato un tempo ipotetico di compimento (5 minuti per le attività a basso livello di complessità – es. firma digitale – 10 minuti per le attività a medio livello di complessità – es. ricezione merce e bolla di accompagnamento – 15 minuti per le attività a più alto livello di complessità).

Il risultato ottenuto con la stima di tempi e costi del To-Be vede ridursi il costo dell'ordine a 24 euro ed il costo di gestione del contratto a soli 8 euro con una riduzione media stimata dei costi rispetto al processo As-Is di oltre il 70%.

Ulteriore fase del confronto fra le due situazioni è quella relativa alla stima del *Tempo di Equivalenza dei Costi* per individuare il periodo oltre il quale il nuovo modello proposto inizia a produrre risparmi gestionali rispetto alla situazione di partenza. Per questo sono stati distinti i costi fissi e variabili oltre che calcolati i costi settimanali di gestione dei processi di fatturazione As-Is e confrontati con quelli della nuova soluzione. Per il primo si è giunti ad un costo di 9.400 euro a settimana, mentre per il secondo ci si attesta a circa 2.400 euro a settima. Il punto di incontro tra le due curve di costo individua un tempo di equivalenza dei costi corrispondente a circa 43 settimane.

Lo studio di fattibilità che è stato brevemente presentato ha reso evidenti le potenzialità delle soluzioni di integrazione e di dematerializzazione dell'intero ciclo dell'ordine come strumento per abbattere i costi operativi, migliorare l'accuratezza del processo e ridurre in modo sensibile i tempi medi di esecuzione delle attività.

Parte II
Esperienze innovative nei modelli di gestione dei servizi

L'Information and Communication Technology come condizione di sviluppo e driver abilitante della Service Science

G.M. Rey

La nuova divisione internazionale del lavoro ha modificato la posizione dei Paesi industrializzati nell'ambito degli scambi di merci, servizi e capitali. La delocalizzazione delle fasi del processo produttivo e la dispersione dei mercati di sbocco impongono un uso intenso delle ICT (Information and Communication Technologies) per essere presenti in tempo reale quando e dove si esprime la domanda potenziale.

Il salto tecnologico da compiere non riguarda solo la produzione ma soprattutto la previsione e la gestione della domanda nonché la flessibilità nelle relazioni con i fornitori e con il mercato.

Discende da questa impostazione che per esprimere pienamente le loro potenzialità, le ICT impongono un cambiamento profondo nella strategia e nella gestione dell'impresa. Un'impresa che si avvale della rete per scambiare informazioni, conoscenze e comunicazioni non può limitarsi a spezzoni del processo ma deve coinvolgere tutte le risorse umane, tecnologiche e finanziarie in questo cambiamento. Questo processo non può essere lasciato all'iniziativa del singolo ma deve coinvolgere la rete di relazioni che caratterizzano le imprese e i mercati. In questo capitolo si prospetta un ruolo delle ICT come tecnologie abilitanti e decisive per lo sviluppo di un intero settore produttivo fino a giungere, attraverso passi successivi, a un nuovo sistema economico e all'abbandono dei settori produttivi arretrati.

7.1
L'evoluzione dei servizi e il ritardo italiano

Fra le tante lacune della teoria economica vi è anche la scarsa attenzione prestata al settore dei servizi. In sintesi, i servizi sono attività immateriali, che s'incorporano nel godimento del bene e in molti casi sono impliciti nel concetto di mercato e nell'attività di scambio.

Cinquini L., Di Minin A., Varaldo R.: Nuovi modelli di business e creazione di valore: la Scienza dei Servizi   DOI 10.1007/978-88-470-1845-7_7
© Springer-Verlag Italia 2011

Molte di queste attività di servizio si svolgono all'interno dell'impresa e si può aggiungere che la maggior parte dei servizi potrebbe essere fornita direttamente dal produttore e/o proprietario del bene ed è solo una valutazione di costo e di efficienza che spinge a scegliere la specializzazione e quindi a favorire l'intermediazione fornita da organizzazioni professionalmente qualificate. Questa scelta *make or buy* può essere modificata dalla tecnologia disponibile e dal vantaggio che forniscono le attività di supporto all'efficienza e all'economicità del *core business*. In sintesi, è indispensabile per il management identificare le fasi del processo produttivo nelle quali si manifesta la maggiore capacità di creazione di valore e la sua appropriabilità.

La situazione dei servizi in Italia non è soddisfacente nel complesso poiché da un lato la scarsa competitività di un settore protetto dalle norme e dalla caratteristica dell'*output* e dall'altra la frammentazione delle imprese e la presenza di una vasta area di economia sommersa hanno ostacolato lo sviluppo di larga parte dei servizi tradizionali.

Non mancano esempi di imprese innovative, in particolare nei servizi, nelle quali hanno assunto una dimensione strategica l'informazione, la conoscenza e la comunicazione e quindi lo sviluppo delle reti tecnologiche e relazionali. Lo sviluppo della conoscenza e delle reti ha consentito la scomposizione e la delocalizzazione di molti processi produttivi (outsourcing, e-business), l'allargamento del mercato effettivo e potenziale (commercio elettronico), la modifica dell'impresa, inclusa la sua governance. La fornitura dei servizi sulle reti tecnologiche ha indotto il potenziamento delle piattaforme che favoriscono l'incontro fra domanda e offerta di beni e servizi e anche le transazioni relazionali, da entrambi i lati della piattaforma, e sono questi servizi multilaterali dai quali provengono i profitti degli operatori che li utilizzano ed anche delle piattaforme che li forniscono (Basalisco, Rey 2010).

La recente diffusione delle reti di servizi appoggiati su una o più reti tecnologiche ha segnalato che in molti casi il modello di analisi dei mercati è obsoleto e andrebbe aggiornato insieme al concetto di efficienza paretiana e alla legislazione antitrust. Infatti, la condivisione dei costi fissi impliciti nei processi di trasmissione dell'informazione genera economie di scala, di rete e di gamma dei servizi prestati ma anche *shifting costs*, e questi elementi giustificano la firma di accordi fra produttori e/o l'intervento di autorità speciali per garantire il vantaggio per i consumatori (Varian 1999).

In questi anni, il settore dei servizi ha continuato a crescere e la sua quota supera il 70% del totale del valore aggiunto a prezzi correnti, ma nel 2008 la sua corsa sembra esaurirsi se escludiamo il valore aggiunto delle attività immobiliari (le locazioni delle abitazioni) che hanno registrato una dinamica sostenuta degli affitti in seguito alla bolla immobiliare che ha interessato anche l'Italia[1].

---

[1] La revisione dei manuali di contabilità nazionale (ISTAT 2004) ha definito una tripartizione di branche: la prima aggrega e distingue i servizi tradizionali d'intermediazione; la seconda comprende l'intermediazione finanziaria, la locazione del capitale reale e i servizi destinati alle imprese; la terza include i servizi offerti da amministrazioni, i servizi destinati alla persona e alla ricreazione. Unisce questi diversi servizi la difficoltà di valutarne il valore aggiunto a prezzi costanti e quindi la produttività delle risorse impiegate, mentre sono facilmente quantificabili i ricavi, i costi e i profitti a prezzi correnti.

7 Information and Communication Technology come fattore di sviluppo

Tabella 7.1 Valore aggiunto al costo dei fattori (prezzi correnti) (fonte ISTAT schema SEC 95)

Composizione percentuale	1970	1979	1992	2001	2008
Agricoltura, silvicoltura e pesca	8,9	6,5	3,6	2,9	2,3
Industria in senso stretto	30	30,9	24,5	22,8	20,6
di cui:					
Industrie manifatturiere	27,5	28,9	21,8	20,3	18,1
Costruzioni	9,2	6,9	6,2	5,3	6,2
Commercio, alberghi e ristoranti, trasporti e comunicazioni	21	22,8	23,7	24,3	22,1
Intermed. monetaria e finanziaria; attività immobiliari e servizi per le imprese	14,4	16,2	20,9	24,6	28
Servizi privati (4+5)	35,3	39	44,5	49	50,1
Servizi privati al netto attiv*ità immobiliari.*			34,8	37,3	36,1
Altre attività di servizi	16,6	16,7	21,2	20,1	20,8
Totale servizi	51,9	55,7	65,7	69,1	71
TOTALE Valore aggiunto	100	100	100	100	100

Senza volere approfondire il tema dell'evoluzione del settore produttivo italiano, si può affermare che in questi quarant'anni, oltre alla riduzione del peso dell'agricoltura, anche l'industria manifatturiera ha subito un ridimensionamento a favore della branca cinque dei servizi. Questo travaso dal settore manifatturiero ai servizi per le imprese ha fatto emergere e misurare il contributo dei servizi al valore aggiunto in precedenza sovente incorporato nelle attività aziendali delle medie e grandi imprese. Questo fenomeno di outsourcing ha assunto una dimensione apprezzabile fra la fine degli anni settanta e gli anni ottanta poiché sia gli imprenditori e sia il management intendevano concentrare le risorse aziendali sul core business per migliorare l'efficienza aziendale e ridurre il costo dei servizi.

Rientra fra i suggerimenti per favorire la crescita dell'economia italiana il richiamo a servizi innovativi per migliorare la competitività. Un riscontro numerico della loro carenza lo forniscono le matrici input-output che l'ISTAT elabora con cadenza quinquennale. Approfondendo si nota che i servizi professionali sono i più richiesti per ragioni di specializzazione e anche per i pesanti oneri amministrativi che la normativa italiana carica sulle imprese.

Nelle imprese manifatturiere la quota dei servizi avanzati sul totale degli acquisti intermedi è compresa fra il 5% e l'8% ma la percentuale per servizi informatici e per R&S è intorno ad un terzo dei servizi professionali. Le imprese manifatturiere non ritengono che i servizi avanzati possano migliorare la loro competitività sebbene al valore della produzione contribuisca una quota di acquisti intermedi compresa fra i due terzi e i tre quarti del valore totale (Tab. 7.2).

Ben superiore è la quota dei servizi avanzati nel settore terziario con punte del 40% per i servizi avanzati all'interno dello stesso sottosettore mentre nelle altre branche la loro quota si aggira intorno al 15–18%.

Anche nel caso del terziario le attività professionali sono fra il 60% e l'80% degli acquisti di servizi avanzati. Riportando la spesa per servizi avanzati al totale del

Tabella 7.2 Servizi Avanzati (S.A.) Attività manifatturiere, anno 2005

	Manifatture traditionali	Chimica	Prodotti metallici, minerali met. e non met.	Meccanica, macchine elet., mezzi di trasporto
Quota acquisti intermedi interni su produzione	76,1	78,3	68,5	70,5
Quota SA su acquisti prodotti intermedi interni	5,0	5,1	7,3	8,1
di cui				
Noleggio di macchinari	0,3	0,3	0,5	0,4
Computer e servizi connessi	0,5	0,7	0,8	1,2
Ricerca e sviluppo (R&S)	0,3	0,6	0,2	0,5
Attività professionali	4,0	3,6	5,8	5,9
S.A./valore produzione	3,8	4,0	5,0	5,7

valore della produzione delle singole sottobranche, le percentuali variano fra il 10% del commercio, ecc. e il 4,1% degli intermediari finanziari, immobiliari e servizi per le imprese, ma questo sottosettore acquista solo il 22% del valore della produzione a fronte di valori pari alla metà della produzione per commercio e per trasporti e ITC (Tab. 7.3).

La recente indagine sull'innovazione nelle imprese italiane (ISTAT 2010a) fornisce un quadro chiaro ed esaustivo dei loro comportamenti. Si è rilevato che quasi la metà delle imprese industriali ha innovato nel periodo 2006–2008, mentre per i ser-

Tabella 7.3 Servizi Avanzati (S.A.) Branche dei servizi, anno 2005

	Commercio, alberghi, ristoranti	Trasporti, poste e telecomunicazioni	Intermediazione finanziaria e attività immobiliari	Servizi avanzati	PA e altri servizi
Quota acquisti intermedi interni su produzione	55,6	55,1	22,2	46,1	28,7
Quota SA su acquisti prodotti intermedi	18,4	15,6	18,5	39,7	15,1
di cui					
Noleggio di macchinari	1,0	1,0	0,1	1,3	0,6
Computer e servizi connessi	1,8	4,4	7,3	9,4	1,6
Ricerca e sviluppo (R&S)	0,3	0,6	0,1	1,5	0,2
Attività professionali	15,3	9,5	11,0	27,5	12,8
S.A./valore produzione	10,2	8,6	4,1	18,3	4,3

vizi la quota scende a un quarto. Per le imprese con 250 addetti e oltre, la percentuale sale all'80% e al 55% rispettivamente, come era nelle attese. Nell'insieme è difficile giudicare l'adeguatezza dello sforzo di innovazione poiché nell'industria la spesa è in ripresa rispetto al triennio precedente mentre è in diminuzione di oltre dieci punti nei servizi. Fra gli elementi positivi vi è l'aumento delle innovazioni di prodotto e di processo mentre in precedenza era prevalente quella di prodotto. Altro elemento di interesse è il collegamento dell'innovazione tecnologica con quella organizzativa e il marketing in oltre la metà delle imprese innovatrici.

7.2
Il ritardo italiano nella diffusione dei servizi di rete forniti dalle ICT

Un ulteriore elemento critico è stato identificato nell'insufficiente crescita degli investimenti lordi nell'industria in s.s dal 1992 (1,3% l'anno) con la conseguente carenza di innovazione. Il disegno di innovazione però non richiede solo investimenti in tecnologie hard per la produzione ma anche per le funzioni strategiche, ad esempio il marketing, il finanziamento delle imprese e soprattutto l'organizzazione, inclusa la governance. Queste innovazioni richiedono investimenti in tecnologie della società dell'informazione ma anche per loro, dopo un primo periodo di crescita (6,4% annuo fra il 1992 e il 2001), l'evoluzione è stata addirittura negativa (−4,2% annuo fra il 2002 e il 2008) e per l'intera economia i rispettivi tassi medi annui di crescita sono stati 3,8% e 1,5%.

Le imprese italiane utilizzano le tecnologie, inclusi i servizi di rete, per ridurre i costi gestionali diretti e indiretti, per migliorare l'efficienza, per acquisire informazioni sui mercati, sui prezzi, sui concorrenti ma senza modificare sostanzialmente l'organizzazione, le procedure e la governance. Gli imprenditori hanno la sensazione che queste innovazioni producano perdite, come è naturale qualora l'impresa non adatti a questa innovazione i suoi sistemi gestionali e non disponga di un sistema informativo in grado di misurare correttamente la performance dell'azienda. Le PMI, in particolare, sono restie a utilizzare i servizi di rete per ridurre i costi di transazione, migliorare la presenza sui mercati e offrire un pacchetto di servizi collegati alla fornitura.

In effetti, è difficile identificare il contributo dei servizi ICT alla crescita del valore aggiunto perché diversi fattori interagiscono all'interno di un'organizzazione complessa ma non c'è dubbio che nel caso italiano i servizi in rete non hanno saputo contrastare la deriva deflazionista che ha reso meno competitivo il sistema produttivo. Gli investimenti necessari per usufruire dei servizi di rete non sono particolarmente costosi ma richiedono una consapevole volontà e capacità di sfruttare le occasioni di cambiamento e di miglioramento delle performance aziendali, e perciò è indispensabile ripensare e reingegnerizzare i processi aziendali. In attesa che si consolidi la diffusione dei servizi di rete, le imprese italiane rimangono guardinghe ad aspettare che il settore, oppure la filiera, oppure i clienti forniscano segnali chiari della loro volontà di lavorare in rete. In direzione dei servizi si è invece mosso il settore bancario che ha coinvolto imprese e famiglie nella diffusione dei servizi bancari in rete, e iniziative rilevanti ma parziali sono state realizzate anche nei trasporti e nel turismo oltre che nelle telecomunicazioni, naturalmente. Non mancano le iniziative da parte delle amministrazioni pubbliche ma, in genere, sui loro siti hanno messo a disposizione solo informazioni e modulistica mentre l'operatività è fornita solo da poche amministrazioni (Clementi, Rey 2010).

Le indagini sulla diffusione dei servizi ICT (ISTAT 2010b) segnalano una certa riluttanza nelle imprese e nelle famiglie. In pratica tutte le imprese hanno queste tecnologie ma vi sono ancora ritardi presso le piccole imprese (10–19 addetti) nella disponibilità di internet. Un confronto con gli altri Paesi dell'UE assegna all'Italia una posizione intermedia ma nel complesso vi è un ritardo se il confronto è effettuato con i Paesi di analoga dimensione e livello di sviluppo.

I servizi della rete a fini gestionali sono sovente appoggiati su un'intranet per proteggere lo scambio di dati, di informazioni e specialmente di documenti all'interno di un'azienda e/o un settore. Un'intranet è presente in tre aziende su quattro nelle grandi imprese ma solo in un quinto delle piccole imprese; la media del campione è pari a circa il 30% nelle branche dei servizi e circa il 20% nell'industria.

Quasi tutte le imprese sono, invece, collegate a internet e vi sono modeste differenze per dimensione e per localizzazione. Fra i servizi solo le operazioni bancarie sono effettuate in rete dalla quasi totalità delle imprese mediante internet e la rete interbancaria. La soluzione tecnologica adottata per favorire i servizi bancari in rete è stata pensata in modo da essere tempestiva nelle transazioni ma ininfluente sull'organizzazione del cliente.

Due terzi delle imprese utilizza la rete per ottenere informazioni mentre solo la metà si avvale della rete per ricevere servizi dai fornitori. Le differenze regionali sono modeste mentre sono rilevanti le differenze dovute alla dimensione delle imprese, ma anche per le grandi imprese vi sono margini di miglioramento in alcuni servizi come la formazione del personale e l'assistenza post-vendita.

Per oltre il 60% delle imprese il sito web è un fondamentale strumento di dialogo con l'esterno, percentuale che è oltre il 90% per le grandi imprese. Per oltre un terzo delle imprese di servizi il sito è uno strumento per ricevere prenotazioni e ordini di acquisto, in altri casi, meno numerosi, è solo una vetrina sofisticata oppure un negozio virtuale.

Per migliorare i processi interaziendali e ridurre i costi di transazione, le imprese ricorrono allo scambio automatizzato di dati in poco più di un terzo delle occorrenze, percentuale che si raddoppia per le grandi imprese. È interessante notare che la distribuzione dei servizi all'interno di questo sottoinsieme è sostanzialmente simile indipendentemente dalla dimensione aziendale. Le percentuali sono superiori al 60% per gli scambi informativi relativi agli ordini e alle informazioni sui prodotti. Un servizio che sta assumendo una diffusione notevole negli ultimi anni è la fatturazione elettronica che per il momento vede una netta prevalenza delle fatture elettroniche ricevute (circa l'80% specie per le piccole imprese) rispetto a quelle inviate (35%). Questo dato conferma che le grandi imprese fanno un uso maggiore dei servizi della rete, specie le imprese erogatrici di servizi pubblici.

Nel commentare il dato sugli scambi informativi con fornitori e/o clienti, relativi alla gestione della filiera produttiva, è indispensabile ricordare che il risultato dipende dalla diffusione del servizio in entrambi i lati della rete. Ad esempio le grandi imprese fornitrici/clienti possono imporre questo strumento di dialogo ai propri interlocutori qualora esse si aspettino riduzioni nei costi di transazione oppure un miglioramento nella definizione degli ordini e ancora un controllo sulla tempistica di produzione e/o della logistica. Per il momento è una pratica poco diffusa che coinvolge solo un quinto delle imprese, percentuale che sale a un terzo per le grandi imprese. Anche in questo caso la distribuzione non si modifica con la dimensione e con il settore; in particolare gli scambi informativi sull'andamento delle scorte e sulle le previsioni di domanda riguardano oltre il 70% delle imprese interessate; questa percentuale sale a oltre l'80% per le informazioni sull'andamento delle consegne.

Si è sovente osservato che in Italia il commercio elettronico è poco utilizzato per molteplici motivi che vanno dall'esigenza del cliente di effettuare l'acquisto dopo avere visto il prodotto, alla mancanza di certezza per quanto riguarda l'esito della transazione. Dubbi permangono sulla tutela giudiziaria delle parti e anche in questo caso il principale fattore condizionante è l'assenza in rete di controparti che possano giustificare l'investimento per il commercio elettronico.

Questi elementi hanno un impatto minore per gli acquisti in rete effettuati dalle imprese con i fornitori abituali poiché gli scambi sono più frequenti, l'oggetto della fornitura è definito e sovente nello scambio ha un potere maggiore l'impresa che ha una dimensione maggiore e può imporre l'uso della rete per le transazioni. Questo elemento può spiegare il prevalere degli acquisti in rete (30,8%) per il terziario contro il 26,4% per l'industria. Queste percentuali crescono con la dimensione aziendale ma in ogni caso il valore degli acquisti in rete sul totale degli acquisti non supera il 5% indipendentemente dalla dimensione e dalla localizzazione.

Per cogliere il grado d'innovazione organizzativa si osserva che nel caso di acquisti in rete, oltre il 40% delle imprese coinvolte condivide le relative informazioni al suo interno. Le funzioni interessate sono in prevalenza contabilità e gestione scorte mentre sono poco diffusi gli strumenti tecnologici più avanzati per la condivisione delle informazioni. Tutte le percentuali non variano fra industria e servizi e con la localizzazione, mentre crescono con la dimensione (raddoppiano passando dalle piccole alle grandi imprese).

L'elemento critico per il commercio in rete è la vendita poiché solo il 4,8% delle imprese utilizza questo canale e con una netta differenza fra industria (2,3%) e servizi (8,5%) e per un ammontare che nell'80% dei casi non supera l'1% delle vendite complessive. Anche per le vendite la dimensione svolge un ruolo importante poiché si passa dal 4,5% delle piccole imprese al 13,7% delle grandi. Si tratta di percentuali che meritano una riflessione per quanto riguarda l'uso dei servizi in rete in particolare nei rapporti fra venditori e famiglie.

È interessante notare che per le imprese che vendono in rete, le percentuali di condivisione delle informazioni all'interno sono molto simili a quelle registrate per gli acquisti ma evidentemente si applicano a percentuali molto inferiori.

Un'ulteriore fonte informativa è l'indagine effettuata nel 2008 dalla Banca d'Italia su un campione di piccole e medie imprese manifatturiere e terziarie e soprattutto lo sono i dati di un panel presente nelle tre indagini (2004, 2006 e 2008) (BdI 2009).

L'indagine conferma la notevole diffusione dei servizi bancari in rete ma un'informazione ulteriore è l'aumento di quasi venti punti percentuali avvenuto in questi anni nell'utilizzo del Corporate Banking Interbancario (CBI) e di dieci punti per i bonifici. Le imprese manifatturiere più attive nell'utilizzo delle nuove tecnologie sono quelle che hanno rapporti di import ed export, e questo dato conferma la tesi che il commercio internazionale è uno stimolo potente all'introduzione di tecnologie innovative non solo nei processi e nei prodotti ma anche nell'organizzazione e nella gestione aziendale. Dimostra, altresì, che in assenza di uno stimolo esterno, la diffusione dei servizi in rete è lenta e non sempre apprezzata.

Per approfondire il fenomeno della diffusione dei servizi in rete, le imprese sono state raggruppate in due gruppi. Il primo, definito high tech, riguarda le imprese attive nell'utilizzo della rete per servizi più avanzati (e-business, e-commerce, e-payments) e il secondo (low tech) raggruppa le imprese che si avvalgono solo dei servizi di rete più diffusi e standardizzati oppure che non li utilizzano (poco meno del 10% delle imprese intervistate).

Le imprese più avanzate possono essere disaggregate a seconda che le tecnologie siano utilizzate in prevalenza per migliorare l'efficienza gestionale (dell'impresa e della filiera produttiva), la maggioranza, oppure siano finalizzate allo sfruttamento delle occasioni fornite dal mercato e dalla crescita della competitività. La fatturazione elettronica permetterebbe di "congiungere" i due "momenti" dell'integrazione di processo (interna) e di scambio (esterna) poiché si associa positivamente con la diffusione dei servizi di incasso e pagamento in rete.

In conclusione, uno sforzo di innovazione mediante le ICT è stato effettuato dalle imprese medie e grandi e anche dalle piccole imprese, specie del terziario, ma i progressi sono molto lenti e concentrati in prevalenza sull'amministrazione e finanza come è già avvenuto nelle precedenti fasi evolutive delle ICT. La consapevolezza che la crescita richiede uno sforzo per migliorare la diffusione delle informazioni e della conoscenza impone uno sforzo per chiarire i vantaggi della strategia suggerita.

Le indagini hanno dimostrato che le PMI hanno una scarsa propensione all'utilizzo delle reti tecnologiche per sviluppare le relazionali in rete con altre imprese. Occorre approfondire le ragioni di questa resistenza perché le cause possono essere molteplici, non necessariamente alternative. Ad esempio può essere carente la professionalità dell'imprenditore e dei suoi dipendenti e collaboratori, oppure può essere considerata sufficiente la capacità del mercato di fornire segnali chiari e univoci. Ulteriori ostacoli possono essere un core business centrato soltanto sulla produzione, la mancanza di un modello strutturato e condiviso per effettuare le transazioni in rete, la difficoltà insita nella gestione di schemi organizzativi eterogenei, ecc. Infine, ma non meno importante, è il timore che delle transazioni in rete restino tracce che possano essere usate dal Fisco.

7.3
I servizi della rete per l'impresa in rete

Il recente dibattito sui limiti alla crescita dell'economia italiana ha evidenziato una convergenza su almeno tre aspetti: 1) l'esigenza di innovazione per migliorare la competitività dei nostri prodotti e servizi, 2) l'insufficiente dotazione di esternalità materiali e immateriali di cui soffre il sistema economico italiano, 3) il riequilibrio dei conti pubblici e la riduzione del debito pubblico (Ciocca, Rey 2006).

Il primo elemento segnala la scarsa attenzione prestata alle nuove tecnologie e all'apporto che la conoscenza dei mercati e la razionalizzazione della logistica possono dare alla creazione del valore. Il secondo elemento segnala che un sistema economico si evolve insieme alle istituzioni e i cambiamenti devono coinvolgere entrambi. Il terzo elemento suggerisce una duplice azione che migliori la fornitura dei servizi pubblici a parità di costi e contribuisca all'aumento del PIL reale senza aumentare la spesa pubblica, semmai riducendo le aliquote fiscali e contributive.

Il ritardo d'innovazione che ancora si osserva in molte imprese dei servizi rischia di continuare a distorcere le strategie, private e pubbliche, se non si attiva una spinta all'innovazione, inclusa la domanda di servizi da parte delle imprese, se non aumenta la concorrenza nel settore e se non si riduce l'economia sommersa presente nei servizi.

In un'economia sempre più integrata, uno stabile vantaggio competitivo per le imprese italiane deve essere la capacità di fornire ai clienti beni e servizi a elevato valore aggiunto. Questo vantaggio competitivo richiede la capacità imprenditoriale di sviluppare le componenti strategiche e direzionali sia nella fase d'ideazione del prodotto/servizio sia nella fase di marketing. L'innovazione nei prodotti/servizi richiede, quindi, lo sviluppo di processi basati sulla gestione della conoscenza, nei quali le competenze più tradizionali sono affiancate dall'analisi strategica del business. Informazione, conoscenza e comunicazione, ad esempio, modificano la gestione delle risorse umane, innovano nel management dell'ICT e favoriscono la logistica integrata. Sono solo alcuni esempi, ma non meno rilevanti sono le modalità di condivisione della conoscenza nell'ambito dei rapporti tra le imprese fornitrici e clienti (Nooteboom 1999/2000; Gulati 1998).

In assenza di una visione comune sul ruolo dei servizi alle imprese, inclusi i servizi delle amministrazioni pubbliche, la singola impresa o gruppo industriale continuerà ad affidarsi all'innovazione puramente tecnologica per migliorare la sua competitività poiché, giustamente, si riterrà incapace di condizionare, da sola, l'offerta del settore terziario dove accanto ad alcuni grandi Gruppi esercitano il loro potere di mercato numerose corporazioni. Questo atteggiamento passivo affida la soluzione dei problemi alle politiche pubbliche che però non hanno risorse sufficienti per incentivare le innovazioni e investire in infrastrutture. Solo un atteggiamento consapevole e attivo da parte degli imprenditori e dell'alta direzione può contribuire al successo della *exit strategy* dalla crisi.

Prima di suggerire innovazioni è opportuno, quindi, verificare come l'informazione e la conoscenza si distribuiscono in rete fra le imprese interessate e quali effetti possono avere i servizi innovativi sulla creazione e la distribuzione del valore aggiunto (Shapiro, Varian 1999).

Le reti relazionali possono essere interpretate come un insieme di transazioni fra imprese per coordinare, senza limitare la concorrenza, le rispettive funzioni aziendali, e rappresentano una fonte di efficienza rispetto ad altre forme di organizzazione della produzione e dello scambio (Gulati, Lawrence, Puranam 2005). In questo ambito il coordinamento delle transazioni è una soluzione intermedia fra i servizi forniti dal mercato e l'integrazione/fusione fra due o più imprese, e si avvale delle reti tecnologiche per collegare i partecipanti all'iniziativa (Williamson 1991/1999; Menard 2004; Baker, Gibbons, Murphy 2008).

Le reti tecnologiche hanno, però, un limite nella diffusione e nella capacità di cooperazione applicativa, mentre per le reti relazionali è indispensabile valutare la complementarità e/o la specializzazione delle imprese partecipanti, le caratteristiche delle risorse a disposizione nei processi interaziendali e, infine, la condivisione e lo scambio delle informazioni e delle conoscenze in forma strutturata oppure aperta (Sallusti 2010). Non meno importante è selezionare il sentiero di sviluppo delle relazioni avendo come obiettivi la differenza fra i benefici attesi e i costi sostenuti e l'efficienza nella performance delle diverse attività svolte con l'ausilio delle reti. Infine, per il successo delle reti relazionali è indispensabile selezionare con molta attenzione il modello di governance da adottare perché difficilmente un imprenditore rinuncia oppure soltanto condivide spezzoni del suo potere con altri imprenditori se in cambio non ottiene compensazioni nella governance della rete.

Gli schemi relazionali possono essere diversi a seconda della capacità di generare conoscenza e possono variare con la distanza nelle localizzazioni, con le tecnologie disponibili, con le tipologie di coordinamento e di organizzazione.

Questa variabilità di schemi si associa alla resistenza dimostrata dai piccoli imprenditori, e pertanto suggerire una strategia adatta alle PMI italiane richiede flessibilità e adattabilità se si intende provocare una diffusa azione di innovazione che migliori la posizione competitiva delle imprese italiane.

I problemi possono sorgere quando si deve misurare il valore atteso della rete relazionale e/o dei servizi prescelti, ossia dare un valore economico ai benefici e ai costi del cambiamento atteso (si veda il Cap. 6).

Problemi analoghi sorgono quando lo scambio relazionale avviene fra amministrazioni pubbliche e cittadini/imprese per la fornitura di servizi, e le amministrazioni ne fissano il costo che non necessariamente grava direttamente sull'utilizzatore. Per evitare l'accusa di essere inefficienti le amministrazioni e le imprese pubbliche applicano parametri per il calcolo dei costi diretti e indiretti analoghi a quelli forniti dal mercato, incluse le code di attesa. La contabilità di Stato ha continuato a essere il punto di riferimento per alcuni servizi riservati alle amministrazioni in quanto non fruibili direttamente dal singolo, e la contropartita monetaria sono le imposte. In condizioni di monopolio, pubblico o privato è indifferente, l'incentivo al cambiamento si scontra con la resistenza dei conservatori che non vedono il loro vantaggio ma percepiscono chiaramente il rischio implicito nella nuova organizzazione aziendale

Un'esperienza di valutazione delle relazioni è fornita dalla definizione (reale oppure virtuale) dei prezzi di trasferimento all'interno della grande impresa poiché da questa assegnazione discende la quantificazione della quota, parte di valore creato dalla singola unità organizzativa aziendale. In questo caso, il conflitto potenziale è risolto (non sempre) dal vertice aziendale ma le conseguenze possono essere pesanti qualora la soluzione adottata disincentivi i comportamenti collaborativi delle singole componenti (è il tema dei costi di transazione associati concettualmente all'asimmetria informativa all'interno di un sistema aziendale complesso).

Qualora non si realizzasse una fusione tra le imprese per ridurre la distanza cognitiva ma si utilizzasse la rete per scambiare non solo beni e servizi ma anche informazioni e conoscenza, il problema non si pone se le relazioni si limitano ai servizi tecnologici perché in questo caso le condizioni economiche sono definite e su queste vigila l'autorità specifica, oppure finché le relazioni generano scambi informativi e conoscitivi considerati paritetici dagli interlocutori. Ugualmente il problema non sorge quando le relazioni razionalizzano attività che in precedenza erano disponibili e avevano un prezzo di mercato oppure quando i budget interni consentivano di valorizzare le fasi oggetto del cambiamento. Se però le relazioni sono effettivamente innovative e coinvolgono i core business, ossia sono le funzioni che generano il rispettivo valore strategico, l'analisi costi-benefici diventa complessa e necessariamente oggetto di contrattazione fra le imprese partner ma difficilmente si arriverà a un punto di incontro in assenza di una leadership indiscussa. Le soluzioni possibili tornano a essere, perciò, il mercato oppure l'acquisizione/fusione delle imprese che partecipano allo scambio delle conoscenze. Queste alternative possono spiegare la resistenza delle imprese, in particolare le PMI, nei confronti delle reti di servizi in rete e, quindi, la loro scelta di acquistare i servizi tecnologici oppure i servizi forniti da imprese specializzate poiché la transazione termina con il pagamento del corrispettivo e lo scambio relazionale è limitato alle informazioni non sempre strutturate. In questa situazione per la diffusione dei servizi in rete sono rilevanti la professionalità di chi compie la scelta e anche la fiducia e la credibilità nell'interlocutore ossia la capacità di valutare il rischio nelle sue diverse componenti e le possibilità di copertura mediante forme assicurative anch'esse innovative.

In sintesi, nelle reti relazionali è indispensabile chiarire gli obiettivi potenziali e la governance ossia le regole, i linguaggi, le tecnologie, la distribuzione dei vantaggi e dei costi e la loro misurazione. Questi fattori richiamano il punto due con il quale si sottolineava l'esigenza che il cambiamento coinvolgesse sia le imprese sia le istituzioni.

7.4
I servizi in rete per le PMI e il ruolo delle grandi imprese, delle banche e delle amministrazioni pubbliche

Le indagini sulla diffusione delle ICT nelle imprese italiane hanno mostrato che i servizi della rete sono utilizzati in prevalenza dalle grandi imprese e le percentuali tendono a ridursi con la dimensione aziendale. Le statistiche sulla dimensione delle imprese italiane mostrano che le piccole e le micro imprese sono il 98,1% delle imprese e occupano il 58,7% degli addetti, mentre le imprese con 250 addetti e oltre sono 3.508 (0,08% delle imprese) con 3.214.387 addetti (18,7% degli addetti), e soprattutto, la quota sul valore aggiunto delle prime è il 44,1% del totale mentre la quota per le grandi imprese è il 28,7%. Questi dati impongono una riflessione sulla strategia e sulla linea di sviluppo ipotizzabili per il sistema produttivo italiano.

Non tutte le branche produttive hanno questa frammentazione che certo caratterizza le costruzioni e il terziario privato. Le differenze nella dimensione media sono modeste se non si scende a livello di sottobranche nelle quali alcune hanno dimensioni medie più elevate poiché adottano tecnologie caratterizzate da economie di scala (beni durevoli, servizi pubblici, banche, ecc.), oppure sono presenti nei mercati esteri. Per completezza di descrizione occorre aggiungere che circa un terzo delle piccole e medie imprese sono parte di un gruppo italiano oppure estero.

A fronte delle poche grandi imprese, vi sono diverse centinaia di distretti nei quali prevalgono le piccole imprese e vi sono pochissime medie imprese che ivi esercitano la loro leadership. Le esternalità sono generate dall'agglomerazione delle attività e dall'ampia gamma di prodotti offerti dalle piccole e medie imprese che operano in un territorio definito, almeno in teoria. Le esternalità sono tali rispetto alla singola impresa, ma sono certamente interne al distretto e anzi lo caratterizzano. Appartengono al distretto anche attività non strettamente industriali, come i servizi sussidiari e anche le reti tecnologiche, relazionali, oppure settoriali e di filiera, non tutte legate alla localizzazione, ma tutte funzionali alle diverse fasi del processo produttivo.

Le indispensabili innovazioni richiedono tecnologie con servizi acquisibili in rete e reti relazionali per condividere le conoscenze e sfruttare competenze complementari, e nelle loro decisioni le PMI sono agevolate dal *down-sizing* delle tecnologie e dalle specifiche architetture di servizi nei sistemi cooperativi S.O.A. (Service Oriented Architecture, cfr. Jones 2005).

Il down-sizing favorisce l'accesso ai servizi ed è un'opportunità non solo tecnologica ma dovrebbe spingere le imprese operanti nei servizi di consulenza e della conoscenza a intervenire, anche presso poche imprese distrettuali rappresentative, purché i distretti siano disponibili a intraprendere il percorso, suggerito dalla SSME, verso i servizi integrati. Nel distretto le imprese operano con una visione collettiva, anche se non formalizzata; perciò l'innovazione si diffonde per imitazione ed è coordinata dal processo produttivo e dal mercato, sia per le fasi di produzione assegnate alle singole imprese sia per le loro dimensioni.

Questa modalità di diffusione endogena si concilia male con i servizi di rete, come esigono i processi di internazionalizzazione e come suggerisce l'uso delle reti per integrare le attività produttive, commerciali, amministrativi e finanziarie.

Se l'industria ha dei problemi dovuti alla dimensione media delle sue imprese (9,9 addetti), problemi ben maggiori vi sono per il settore dei servizi (3,2 addetti) che dovrebbe essere sia il destinatario delle innovazioni sia il fornitore dei servizi innovativi. Gran parte dell'intermediazione passa per i servizi e ovviamente tutta la domanda di servizi è soddisfatta da questo settore che soffre della concorrenza estera solo in misura marginale, perciò senza un contributo positivo delle diverse branche del settore, l'intero processo di innovazione risulterebbe frenato. Nel terziario operano numerose professioni regolate da norme settoriali che creano una sorta di protezione normativa e una distorsione legale.

La normativa disincentiva l'innovazione che sovente richiede una legge per essere consentita, analogo disincentivo lo possono creare le amministrazioni pubbliche e le norme qualora vi fosse un ritardo nell'uso della rete per fornire servizi. Nel caso italiano questo problema è stato affrontato e in parte risolto perché la normativa è adeguata e le principali amministrazioni se ne avvalgono (Rey, Clementi 2010).

L'innovazione passa per l'interazione fra industria e servizi e/o fra grande e media impresa da un lato e piccola e micro impresa dall'altro, specie per le imprese che operano direttamente o indirettamente sui mercati esteri se vogliono difendere la loro posizione. Per il mercato interno la spinta all'innovazione viene dalla concorrenza e dalla domanda delle imprese tecnologicamente aggiornate e non richiede, necessariamente, alle imprese coinvolte un aumento della loro dimensione ma certamente è richiesto un adeguato aggiornamento professionale degli imprenditori e degli addetti coinvolti dalla modernizzazione.

La lista delle tecnologie di rete disponibili è lunga ma non tutte sono necessarie e adatte alle piccole e medie imprese. Le indagini hanno mostrato che le poche, per ora, imprese che dispongono delle tecnologie per i servizi della rete si concentrano in prevalenza sull'e-business e in particolare sui servizi amministrativi e finanziari, mentre meno diffusi in questa fascia di utilizzatori sono i servizi collegati al *demand planning*, al CRM e in generale all'e-commerce (Katzan 2008). Rientra fra i servizi che si vanno diffondendo, la fatturazione elettronica anche se con modalità non sempre omogenee e coerenti con la metodologia STP (*straight through process*). In quest'ultimo caso il documento informatico passa per le diverse fasi dei diversi operatori e le diverse aziende rimanendo sempre in linea, con notevoli riduzioni di costo e di tempo[2].

Proprio il terziario, sebbene sia in ritardo, ha suscitato interessi innovativi multiprofessionali, come è giusto, per migliorare i servizi e ridurre i costi, oppure per eliminare attività ricorrenti *labour intensive* e integrare le tecnologie produttive con le tecnologie gestionali. Sono state realizzate e utilizzate combinazioni di tecnologie per innovare nelle procedure e nelle applicazioni e adattarle quindi ai diversi servizi (e-gov, e-health, e-banking, e-ecc.).

Per ridurre i costi e tenere aggiornate le applicazioni, la rete consente di avvalersi di nodi fornitori di servizi e di realizzare piattaforme destinate a effettuare le transazioni, a fornire servizi aggiornati e a implementare la *green economy* riducendo i consumi di energia dovuti a spostamenti di lavoro.

In sintesi, le tecnologie sono disponibili, si aggiornano continuamente per agevolare i clienti della rete e i relativi costi possono essere sostenuti in base alle esigenze dell'utilizzatore e remunerati a consumo.

La domanda a questo punto torna a essere: perché le micro e piccole imprese sono poco propense a utilizzare i servizi tecnologici? Alcune risposte sono state date in precedenza e si può richiamare l'esigenza che l'architettura della rete preveda la

---

[2] In questo lavoro l'attenzione è stata concentrata sui servizi integrati di impresa e di sistemi produttivi ma la SSME studia anche i servizi integrati pubblici e l'e-gov (Batini et al. 2010).

possibilità di avere alcuni nodi inattivi oppure mancanti ma che siano disponibili soluzioni per bypassare i punti critici. In questo modo la rete può iniziare a operare anche per segmenti senza attendere che sia completa la lista dei partecipanti e delle applicazioni. Le reti devono fugare timori per la sicurezza delle transazioni ma è indispensabile che la sicurezza, fisica e logica, sia garantita in tutti i punti di accesso alla rete anche all'interno delle imprese.

Gli ostacoli alla diffusione dei servizi tecnologici discendono anche dalla difficoltà d'incontro fra le PMI che domandano i servizi e i fornitori che si limitano a offrire tecnologie. Occorre trovare soluzioni che aggreghino i potenziali utilizzatori, ma non si può aspettare che questo processo di diffusione per imitazione avvenga autonomamente perché il tempo, in questo caso, non è un alleato. Per superare questi ostacoli, è indispensabile che il progetto di innovazione sia condiviso dalle PMI, ma l'intermediario non è necessariamente la pubblica amministrazione, potrebbe essere sviluppato con maggiore efficacia dalle imprese leader del distretto oppure dalle banche locali.

Le reti e i servizi tecnologici si diffonderanno solo se nelle transazioni merceologiche e finanziarie in rete fra le imprese, incluse le PMI, parteciperanno sia il sistema produttivo nazionale sia quello locale con tempi e modalità differenziate. Non si può lasciare unicamente all'iniziativa individuale la decisione di introdurre queste innovazioni di processo (transazioni in rete) e di prodotto (fornitura di beni e servizi in rete) o entrambe (beni e servizi digitali in rete), poiché l'economia delle reti porta sostanziali vantaggi solo se aumentano gli utilizzatori e i servizi disponibili (economie di rete).

Per aumentare i servizi in rete, devono dare un contributo convinto tre gruppi di operatori: a) le imprese che forniscono servizi tecnologici, b) le grandi imprese che trovano conveniente effettuare, mediante la rete, transazioni relazionali e commerciali con altre imprese per aumentare le conoscenze e/o con le famiglie per ridurre i costi, c) le banche per agevolare il regolamento monetario delle transazioni.

Questa tripartizione da un lato può rappresentare un'occasione per la condivisione della strategia e dall'altro può essere un freno poiché le differenze nelle realtà locali possono indurre i grandi operatori nazionali a procrastinare la realizzazione del progetto per la parte di loro interesse e/o competenza.

Le imprese che forniscono servizi della rete debbono avere un'aspettativa di domanda in un ambiente concorrenziale che le spinga a essere efficienti e a creare le infrastrutture tecnologiche senza pretendere di sfruttare la loro posizione di monopolio tecnologico adottando, quindi, soluzioni aperte. Le grandi imprese debbono indurre i propri fornitori e clienti ad affrontare gli investimenti materiali e immateriali in ICT, nella reciproca convinzione che l'aumento di efficienza induce un aumento del fatturato, sia per le grandi imprese sia per i fornitori di beni e di servizi. Di fatto, le grandi imprese possono fornire quell'aspettativa di domanda di transazioni in rete che giustifica l'investimento per le PMI. I fornitori di servizi pubblici (ENEL, ENI, Telecom) sono in grado di sviluppare queste iniziative destinate ad aumentare l'efficienza del sistema Italia poiché hanno contatti con tutte le imprese italiane e possono ottenere indubbi vantaggi da un progetto di innovazione nella gestione dei rapporti con i clienti e i fornitori.

Alle banche spettano diversi compiti e ruoli: a) il sistema degli incassi e pagamenti ha già una notevole diffusione in rete, b) l'e-banking è il servizio più diffuso sia per le condizioni di sicurezza che garantisce e sia per i modesti cambiamenti organizzativi che richiede, c) il sistema bancario ha una notevole esperienza di servizi e di transazioni in rete e ha già percorso la traiettoria dei cambiamenti organizzativi derivanti dall'uso dei servizi in rete. Accanto all'esperienza di soluzioni sicure, le banche possono fornire la garanzia della controparte nella transazione commerciale, operando come "terza parte".

Un ruolo rilevante ma esterno lo svolge il settore pubblico poiché: a) l'e-government induce l'uso della rete nei contatti fra imprese e amministrazioni (fisco, enti previdenziali, camere di commercio); b) gli investimenti pubblici in infrastrutture creano le esternalità funzionali allo sviluppo dei servizi in rete; c) la domanda pubblica è il 17% della domanda totale; d) gli investimenti nella formazione di professionalità informatiche e organizzative riducono quel ritardo di professionalità esistente soprattutto fra gli imprenditori e gli addetti delle PMI. Nel caso delle amministrazioni pubbliche il disegno territoriale trova un facile riferimento poiché i servizi pubblici sono, per definizione, distribuiti sul territorio.

Le diverse tipologie di imprese possono essere anche raggruppate in associazioni, consorzi, distretti, secondo la filiera produttiva e/o l'ambito territoriale, ecc., pertanto alcune ipotesi di lavoro riferite all'impresa possono essere estese a questi operatori collettivi.

7.5
Suggerimenti per strategie alternative di innovazione

È sbagliato e fuorviante attendere che la politica industriale possa attivare una strategia di innovazione tramite le reti di servizi, il suo ruolo è limitato alla fornitura di infrastrutture e all'incentivazione delle iniziative.

Le innovazioni sono una decisione imprenditoriale e spettano alle banche finanziare questi cambiamenti innovando anch'esse nei loro processi decisionali. Solo un atteggiamento consapevole e attivo da parte degli imprenditori e dell'alta direzione può contribuire al successo della strategia che consenta alla grande impresa l'uscita dalla crisi portandosi dietro anche le piccole e medie imprese fornitrici di beni intermedi e di servizi. Spetta al top management e al gruppo di controllo societario la definizione di questa strategia complessiva che intende modificare non solo le componenti operative di un'impresa (prodotti e processi) ma anche le sue componenti immateriali (organizzazione, condivisione della conoscenza, regole) e le sue relazioni con l'esterno senza perdere, però, i punti di forza dell'impresa e in particolare il capitale di conoscenze che provengono dall'esperienza, dal patrimonio informativo e dalla professionalità delle risorse umane.

Coinvolgere le reti relazionali può essere oneroso sia per i costi iniziali sia per le possibili perdite di parti del patrimonio immateriale a disposizione dell'azienda, ma i vantaggi previsti sono ben maggiori poiché migliora l'efficienza l'aziendale e l'impatto positivo si trasferisce all'ambiente economico collegato alla grande impresa.

Nell'attivazione delle strategie è necessario prevedere non solo la selezione dei prodotti che si prestano a una loro trasformazione in un servizio in rete ma anche le conseguenze organizzative e relazionali coinvolte nel cambiamento, nonché la disponibilità immediata oppure potenziale di risorse umane in grado di recepire e sviluppare le azioni conseguenti al cambiamento e disporre di finanziamenti adeguati.

La gestione del cambiamento ha un orizzonte temporale di medio-lungo termine e richiede una visione evolutiva correlata, ma le singole parti che compongono sia il processo di innovazione sia la reingegnerizzazione delle procedure vanno definite secondo una tempistica che preveda il loro avvio in tempi brevissimi.

Un esempio di successo è fornito dalle imprese, specie medio-grandi, che si sono affermate sui mercati mondiali grazie all'uso esteso e innovativo delle ICT. Per raggiungere questi risultati si è fatto affidamento sulla diffusione della conoscenza all'interno dell'impresa, sulla delocalizzazione delle attività più semplici e *labour intensive*, sulla selezione e sull'acquisizione dei servizi affidati in outsourcing e sulla collaborazione con altre imprese innovatrici (R&D, marketing, logistica, ecc.). In sintesi sono state adottate, con successo, molte delle linee di servizio incluse nella SSME (Katzan 2008).

Ulteriori esempi di innovazione consistono nel sostituire alla vendita o al noleggio del prodotto la fornitura dell'intero servizio associato al prodotto per soddisfare le esigenze del cliente e aumentare il valore della fornitura sia per il produttore sia per il cliente (es. gestione dei documenti e dell'archiviazione da parte di fornitori di fotocopiatrici). Le imprese coinvolte in questo cambiamento possono essere manifatturiere che vendono servizi integrati oppure imprese terziarie che acquistano i manufatti e poi ne vendono i servizi integrati o, infine, imprese che coordinano il collegamento chiavi in mano fra manufatti e servizi. Da questa semplice elencazione si può dedurre che l'innovazione può rendere difficile assegnare un'impresa a un settore industriale piuttosto che al terziario. Le imprese coordinatrici del servizio non necessariamente sono di grande dimensione ma in compenso devono avere una notevole dotazione e operatività di reti tecnologiche e relazionali, nonché una manifesta dotazione di professionalità e di risorse finanziarie, e mostrare ai clienti e alle banche finanziatrici le loro potenzialità di crescita e la loro credibilità come interlocutori affidabili.

La struttura produttiva italiana e la sua localizzazione suggeriscono di avviare iniziative coordinate a livello locale per promuovere la diffusione dei servizi tecnologici. Le iniziative locali (ad esempio, nelle realtà distrettuali) devono coinvolgere le associazioni imprenditoriali, le istituzioni pubbliche, le banche e altri organismi locali (camere di commercio).

L'obiettivo principale da conseguire con questi interventi è il potenziamento delle capacità progettuali del sistema delle imprese, delle istituzioni locali e delle banche per sviluppare strategie e progetti che spingano all'utilizzo delle nuove tecnologie, promuovendo contestualmente la ricerca, la formazione e l'adozione di standard di rete.

La strategia suggerita (AA VV 2007) assegna alla domanda la definizione delle priorità e all'azione di promotori e di aggregatori dei servizi il compito di promuovere la loro diffusione. La governance dei servizi è basata sulla condivisione degli obiettivi e dei rischi, poiché una rete di servizi ha costi iniziali elevati e rischi tali che nessuna piccola, ma neanche media, impresa è disposta a sottoscrivere un progetto di investimento e di riorganizzazione senza avere garanzie di controllo sulla gestione dell'iniziativa e sulla coerenza del progetto con le attese dei suoi potenziali fornitori e clienti, nonché dei concorrenti. Per diffondere i servizi in rete è necessaria l'interazione fra fornitori e clienti per conoscere le loro esigenze e ridurre i possibili sprechi dovuti ai continui adattamenti delle applicazioni e all'allargamento dei servizi e degli utenti.

All'inizio si identificano i "nodi di innesco" nella rete per provocare un processo di diffusione "di tipo epidemico" e creare vantaggi competitivi ai partecipanti. Sono disponibili soluzioni tecnologiche e organizzative affidabili, appropriate e a costi ragionevoli, ma aumentano, invece, i costi di assistenza e di manutenzione perché un'impresa in rete non può fermarsi per mancanza di collegamento o per un baco applicativo.

Nell'elencazione dei servizi finalizzati all'uso della rete nelle diverse configurazioni istituzionali, oltre ai servizi integrati d'impresa sono realizzabili servizi per sistemi produttivi integrati (es. filiera produttiva, distretti, automotive, sistemi produttivi locali).

Una strategia alternativa suggerisce il ricorso a una piattaforma tecnologica per aiutare le PMI a superare le barriere tecnologiche e culturali nei confronti dell'innovazione di processo e di prodotto e ad accettare gli indispensabili adattamenti organizzativi. Un settore e/o un territorio con un numero elevato di operatori ha notevoli difficoltà di coordinamento a cui si aggiunge il rischio che comportamenti opportunisti siano indotti dagli inevitabili *spill over* generati dagli investimenti in tecnologie di rete. Perciò non è solo un problema di numerosità del settore a rendere problematica una soluzione basata sulle tecnologie di rete ma sarà influenzata anche dalla qualità degli operatori coinvolti.

Vi sono diversi modelli di piattaforme per le imprese, per i settori e per i mercati, a seconda del contributo che le piattaforme forniscono all'efficienza e alla creazione di valore per le imprese partecipanti all'iniziativa (Basalisco, Rey 2010).

Il modello più semplice assegna alla piattaforma il ruolo di intermediario nelle transazioni fra due gruppi di aderenti che operano con la rispettiva organizzazione; è il caso, ad esempio, dei servizi bancari in rete. La piattaforma genera valore sotto forma di riduzione dei costi e gli operatori ne possono misurare la dimensione non solo economica ma anche relazionale (mod. A).

Nel secondo modello la piattaforma ha a disposizione sia la tecnologia sia il coordinamento del mercato e fornisce un impulso potente alle organizzazioni che la controllano. A loro volta i partecipanti sono stimolati a sviluppare nuovi mercati collegati a prodotti e/o servizi complementari alle transazioni previste sulla piattaforma. Lo sviluppo di queste opportunità richiede innovazioni anche nelle regole tecniche per limitare i casi di *legacy*. Un esempio è la piattaforma realizzata dalle imprese di un settore mediante la quale si realizzano progetti, ricerche oppure forniture comuni (mod. B).

Il terzo modello descrive la situazione di un'impresa che ha un vantaggio competitivo derivante dallo sfruttamento di un brevetto oppure di un processo innovativo e cerca di consolidare il suo vantaggio avvalendosi del contributo di fornitori di servizi complementari all'innovazione originale e anche del contributo dei clienti che hanno utilizzato il prodotto/servizio. Ne risultano ampliate le soluzioni applicative, aumentata la diffusione dell'innovazione e allargato anche il numero dei partecipanti alla piattaforma. Gli esempi sono noti e hanno realizzato delle esternalità collegate alle grandi imprese: Cisco, Intel, Microsoft (mod. C) (Gawer, Cusumano 2002).

Lo studio delle piattaforme ha indirizzato la ricerca economica verso un nuovo modello di analisi: i modelli economici dei mercati bilaterali nei quali i ricavi della piattaforma provengono da due distinti gruppi di operatori e dipendono dall'interazione delle diverse tipologie di aderenti alla piattaforma. L'organizzazione che dispone della piattaforma tecnologica avrà successo e otterrà i guadagni solo creando valore per gli utilizzatori della piattaforma e acquisendo una parte dei benefici derivanti dalle esternalità create dalla piattaforma.

La numerosità dei potenziali utilizzatori e la difficoltà di indurli ad accettare soluzioni tecnologiche innovative richiede servizi di imprese che svolgano le funzioni di promotore e sviluppino il business plan dei nuovi servizi per evitare che la piattaforma si riduca a una supply chain dove la direzione dei servizi è unilaterale. I promotori devono stabilire le regole e i vincoli organizzativi per dare credibilità al loro sforzo di supporto all'industria oppure al distretto e favorire, in particolare, la partecipazione di imprese di ogni dimensione affinché aumenti il numero dei servizi forniti dalla rete. Le PMI per difendere il loro vantaggio competitivo saranno obbligate a investire nelle tecnologie di rete (e a modificare l'organizzazione) per sfruttare le opportunità create da un mercato dove si scambiano servizi complementari alla piattaforma e dall'impulso che riceverà la rete dalle relazioni settoriali e/o geografiche preesistenti.

Complementare all'azione dei promotori è il ruolo svolto dagli aggregatori, ossia le imprese che realizzano le piattaforme e agevolano il compito degli imprenditori coinvolti nel progetto, poiché gli aggregatori, d'intesa con i promotori, acquisiscono le tecnologie e forniscono i servizi che sono pagati a consumo e quindi non richiedono alle PMI investimenti costosi in tecnologie.

7.6
Quali politiche per sviluppare i servizi in rete

L'interesse dell'azienda Italia è procedere in questa direzione, nel rispetto della normativa comunitaria, ma anche valorizzando gli interessi delle nostre imprese sul mercato interno e sul mercato internazionale. Anche all'interno dell'UE sono previste politiche orizzontali per migliorare i rapporti fra le imprese all'interno del singolo Paese e all'interno della UE. Rientra a pieno titolo in questo disegno l'adozione di politiche che possano incentivare la diffusione delle ICT fra le imprese italiane poiché da questa iniziativa potranno trarre vantaggio non solo le imprese nazionali ma anche i partner UE.

Definita la strategia e il relativo progetto, il passo successivo prevede il coinvolgimento delle autorità politiche per ottenere la loro adesione e la definizione dei loro interventi. Le politiche pubbliche non debbono distruggere gli equilibri preesistenti ma debbono attivare cambiamenti per assecondare gli sviluppi delle tecnologie e dei mercati. In questo contesto istituzionale le piattaforme tecnologiche, con la varietà di soluzioni disponibili, favoriscono il successo delle politiche che intendono aiutare le imprese marginali potenziando i loro interessi economici e culturali, le loro caratteristiche e le loro capacità.

Gli strumenti per attuare questa strategia sono numerosi, a cominciare dalla domanda pubblica per favorire la nascita di imprese di servizi ICT diffuse nelle aree dove sono localizzate le PMI, evitando l'accentramento solo nelle aree più sviluppate dell'Italia, come avviene attualmente.

Esistono le leggi di incentivazione dell'innovazione e ci sono le agevolazioni fiscali per gli investimenti industriali ma anche immateriali, ma è necessario introdurre dei metodi di valutazione dell'efficacia di questi investimenti.

La novità di questa strategia è l'assegnazione degli incentivi solo all'organismo aggregatore (la piattaforma), che coordina e sovrintende all'attuazione del progetto, e nessuno incentivo alle singole imprese, ma a queste ultime spetta un ruolo centrale nella governance dell'aggregatore. Questa raccomandazione di policy discende dall'indicazione che il progetto non ha solo una valenza gestionale, bensì è inserito nella strategia di innovazione del settore industriale. È pertanto il vantaggio sociale che deve essere incentivato, mentre il singolo imprenditore deve essere indotto a partecipare poiché ottiene vantaggi economici e organizzativi derivanti dalla diffusione e dall'utilizzo dei servizi.

Gli incentivi finanziari possono avere indesiderati effetti negativi correlati alla selezione avversa se non si dispone di strumenti corretti per individuare i progetti migliori, e possono anche suscitare comportamenti di azzardo morale qualora un sistema di controlli poco efficiente non sia in grado di obbligare i beneficiari a utilizzare correttamente i finanziamenti ottenuti. Le imprese che si preoccupano di ottenere aiuti di Stato ma non sono interessate a realizzare i progetti che giustificano il finanziamento sprecano risorse pubbliche e non contribuiscono all'innovazione nei servizi di rete.

È indispensabile evitare che il settore privato abbia un atteggiamento passivo e si preoccupi solo di ottenere finanziamenti e incentivi dallo Stato, senza sentirsi responsabile della realizzazione del progetto. Purtroppo la confusione nelle competenze ai vari livelli di governo rallenta i tempi di realizzazione e attiva resistenze che difendono posizioni conservatrici (Rey 2008).

Per evitare comportamenti opportunistici, gli imprenditori devono avere la certezza che in caso di mancata partecipazione alla fase iniziale non ne trarranno vantaggi in seguito. Non meno rilevante è il ruolo dei promotori che possono difendere l'innovazione nei confronti del potere di mercato dei fornitori di tecnologie e nei confronti di pseudo consulenti che sfruttano l'analfabetismo digitale di molti imprenditori e la difficoltà di misurare correttamente i benefici forniti dai servizi in rete. Questi strumenti di promozione sono noti e largamente utilizzati in passato, la novità sarebbe la priorità assegnata alle tecnologie della rete che, peraltro, non richiedono ingenti finanziamenti alle imprese poiché i singoli imprenditori non devono acquisire tecnologie sofisticate ma ottenere e pagare i servizi sulla base del loro consumo.

I servizi ICT sono numerosi e flessibili e non sempre giustificano l'accorpamento di imprese, perciò esiste un ampio margine di crescita anche per le piccole e medie imprese qualora vi sia un'aspettativa di sviluppo del mercato che spinga a essere efficienti e a disincentivare le posizioni di rendita.

Per definizione l'efficacia di politiche indirizzate allo sviluppo delle ICT dipende da fattori culturali, poiché si punta sulla conoscenza e sull'allargamento delle relazioni fra imprese ma è necessario che gli imprenditori percepiscano le nuove tecnologie come un'opportunità di miglioramento dell'efficienza aziendale.

Le grandi imprese, che finora hanno indirizzato gli investimenti verso le tecnologie per migliorare i processi produttivi e hanno limitato i loro investimenti nelle tecnologie della rete al potenziamento dei servizi interni, possono, invece, favorire la diffusione delle imprese in rete potenziando il segmento business to business (sia con altre imprese sia all'interno del gruppo) e sfruttando il loro potere di mercato per incentivare fornitori e clienti a eseguire transazioni in rete. In precedenza è stato anche suggerito che potenziali promotori potrebbero essere le grandi imprese.

Un ruolo strategico lo possono svolgere anche le banche nei confronti dei loro clienti e dei fornitori ma ben maggiore potrebbe essere il loro ruolo se partecipassero alla selezione e al finanziamento delle imprese sia promotori sia aggregatori, d'intesa con le imprese e con le amministrazioni locali.

7.7
Conclusioni

Le indagini statistiche dimostrano che l'Italia è in ritardo nella diffusione delle ICT fra le imprese, in particolare medie e piccole. Il settore dei servizi, pur essendo ben radicato nel tessuto produttivo non si dimostra particolarmente avanzato, anzi. Infine, le imprese che operano sui mercati esteri dimostrano che le tecnologie di rete sono un attributo fondamentale per avere contatti con le imprese UE ed extra UE.

Poiché la strategia centrata sull'innovazione tecnologica e sulla valorizzazione dei servizi ha come obiettivo la difesa della posizione italiana all'interno e all'esterno delle UE è necessario che a tutti i livelli, territoriali e dimensionali, le imprese partecipino utilizzando le reti nelle transazioni economiche e relazionali. L'economia delle reti studia appunto i vantaggi che si possono ottenere all'aumentare degli utilizzatori e della varietà di servizi disponibili. Notevoli sono anche le difficoltà di coordinamento quando il numero degli operatori è elevato e vi è il rischio che comportamenti opportunistici siano indotti dagli inevitabili *spill over* associati agli investimenti in infrastrutture.

La struttura produttiva italiana suggerisce di indirizzare le ricerche verso nuove architetture funzionali alle agglomerazioni territoriali oppure produttive, in particolare per le imprese leader dei distretti e/o per i settori produttivi. È importante avere una base tecnologica da offrire alle imprese in termini di servizi e dimostrare i vantaggi dell'operare in rete sia all'interno sia all'esterno. I servizi forniti da una piattaforma tecnologica possono aiutare le PMI a sviluppare le transazioni e lo scambio di conoscenze con le altre imprese, superando così le barriere culturali e le carenze professionali, e attuando gli indispensabili adattamenti organizzativi. Gli strumenti disponibili sono numerosi, a cominciare dalla domanda pubblica per favorire la nascita di imprese di servizi nel campo delle ICT sul territorio evitando l'accentramento in alcune aree del nostro Paese.

Esistono le leggi che incentivano l'innovazione e ci sono agevolazioni fiscali per gli investimenti non solo industriali ma anche immateriali; la novità di questa strategia è l'assegnazione degli incentivi all'aggregatore (ossia alla piattaforma) che coordina e sovrintende all'attuazione del progetto, evitando gli incentivi alle singole imprese alle quali spetta, in compenso, un ruolo centrale nella governance della piattaforma.

In conclusione, si può affermare che sono chiari gli obiettivi e disponibili gli strumenti della politica finalizzata all'efficienza del sistema produttivo e all'innalzamento della sua competitività, ma la sua fattibilità non è scontata senza l'apporto delle grandi imprese e delle banche poiché il nanismo delle nostre imprese alimenta un atteggiamento attendista che aggrava il ritardo nella diffusione delle tecnologie innovative. Le ICT hanno superato la fase della semplice elaborazione dei dati, quella del decentramento della potenza di calcolo e anche quella delle tecnologie della rete. Siamo alla fase nella quale la rete fornisce servizi applicativi e la condivisione della conoscenza, ma purtroppo in questa rincorsa il sistema produttivo italiano è in ritardo ed è indispensabile accelerare gli investimenti e lo sviluppo di soluzioni applicative ideate e realizzate per le PMI.

Pensare che questa rincorsa sia compiuta autonomamente da milioni di piccoli imprenditori è illusorio perché nessuno di loro è in grado di imporre il dialogo e di selezionare le tecnologie appropriate, e il settore pubblico può solo intervenire per agevolare l'attuazione delle soluzioni definite, decise e progettate nell'ambito del settore privato.

Bibliografia

AA VV (2007) La diffusione dei servizi innovativi in rete: linee strategiche. Scuola Superiore Sant'Anna, Pisa (mimeo)
Baker G P, Gibbons R, Murphy K J (2008) Strategic alliances: bridges between islands of conscious power. Journal of Japanese International Economics 22: 146–163
BdI (2009) La diffusione dell'ICT nei pagamenti elettronici e nelle attività in rete (a cura del Servizio Sorveglianza sui pagamenti). Banca d'Italia, Roma
Basalisco B, Rey G M, (2010) Enhancing the networked enterprise for SMEs: a service platforms-oriented industrial policy, working paper. ArtDeco, Pisa
Batini C et al. (eds) (2010) Information systems for e Government: a Quality of Service Perspective. Springer, Berlino
Ciocca P, Rey G M (2004) Per la crescita dell'economia italiana. Economia Italiana 2
Clementi S, Rey G M (2010) eGovernment Initiatives in Italy. In: Batini C et al. (eds) (2010) Information systems for e Government: a Quality of Service Perspective. Springer, Berlino

Gawer A, Cusumano M A (2002) Platform partnership. Harvard Business School Press, Boston
Gulati R (1998) Alliances and networks. Strategic Management Journal 19(4): 293–317
Gulati R, Lawrence P R, Puranam P (2005) Adaptation in vertical relationships: beyond incentive conflict. Strategic Management Journal 26: 415–440
ISTAT (2004) Metodologia di stima degli aggregati di contabilità nazionale a prezzi correnti. Roma
ISTAT (2009) Misure di produttività (1980–2008) Statistiche in breve. Roma
ISTAT (2010a) L'innovazione nelle imprese italiane (2006–2008) Statistiche in breve. Roma
ISTAT (2010b) Le tecnologie dell'informazione e della comunicazione nelle imprese, Statistiche in breve. Roma
Jones S (2005) Towards an Acceptable Definition of Service. IEEE Software 22(3): 87–93
Katzan H jr. (2008) Service Science. iUniverse, New York, Bloomington
Nooteboom B, (1999) Inter-firm alliance. Routledge, Londra
Nooteboom B, (2000) Learning by interaction: absorptive capacity, cognitive distance, and governance. Journal of Management and Governance 4: 69–92
Rey G M (2004) Politica economica e intervento pubblico a livello locale. Scienze regionali 3
Sallusti F (2010) Relazioni fra Imprese e Reti: Analisi e Studi di Caso. L'Industria 1: 83–113
Shapiro C, Varian H R (1999) Information rules: le regole dell'economia dell'informazione. ETAS, Milano
Varian H (1999) Intermediate microeconomics: a modern approach. W W Norton & co, New York, Londra
Williamson O E (1999) Strategy research: governance and competence perspectives. Strategic Management Journal 20: 1087–1108

ESPERIENZA INNOLAB
Studio di ipotesi di organizzazione del lavoro basate su modelli web 3.0 e web 4.0

Master MAINS, a.a. 2009/2010
Soggetti coinvolti nell'InnoLab:
Allievi – Antonino Bordonaro, Paolo Bortone, Giacomo Carollo e Alice Guidi
Aziende – Centro Ricerche Fiat, Intesa Sanpaolo e Poste Italiane
Docenti – Fabio Baroncelli, Stefano Fontanelli, Mario Rapaccini e Andrea Tenucci

1. Il problema ...
Come sarà il web del futuro? Dare una risposta non è semplice, in quanto esperienze aziendali e letteratura sul tema sono scarsamente esaustivi data l'innovatività dell'argomento. Internet conta ad oggi 1 miliardo e 300 milioni di utenti collegati da tutto il mondo. Nel 2006 sono stati creati circa 161 EB di informazioni ed entro il 2010 questo traffico crescerà di oltre 6 volte arrivando alla gigantesca cifra di 1 zB di informazioni che si moltiplicheranno ogni 72 ore. L'evoluzione delle tecnologie sta stravolgendo tutti i paradigmi di interazione; la sfida è passare dal web sociale (il 2.0) al 4.0, ovvero il web degli oggetti, dove tutto sarà interconnesso. Con Internet of Things tutti gli oggetti comunicheranno tra loro e più di 4 miliardi di dispositivi saranno a breve collegati in rete. I consumatori dipenderanno interamente dai servizi della rete e nuovi modelli di business dovranno essere ripensati in ottica semantica e web 4.0, trasformando così internet in uno strumento economico fondamentale per le imprese che sapranno utilizzarlo al meglio. Ma fin quando internet consisterà in risorse e dati non strutturati, gran parte di questi non saranno pienamente utilizzabili né sfruttabili da parte di aziende e utenti; si renderà necessario definire delle mappe concettuali capaci di rendere i dati interoperabili e interagibili tra di loro.

L'azienda 2.0 è già una realtà: le informazioni provenienti da blog, social network, forum, wiki saranno preziosi database di conoscenza per i motori di ricerca semantici. Le aziende, facendo leva sull'evoluzione dei servizi internet, potranno così riconoscere i bisogni dei consumatori e offrire loro servizi e prodotti altamente personalizzati. Il tutto però dovrà tener conto di un livello di fiducia nel rispetto della privacy sui dati sensibili. Tutto, ovunque e sempre, il web del futuro sarà un servizio disponibile 24 ore su 24, 7 giorni su 7. Chat, news, mail, tutto verrà utilizzato dalle imprese per parlare con i loro consumatori. Con il Semantic Web tutti i sistemi saranno integrati tra loro e nessun dato rimarrà inutilizzato. Grazie alle ontologie delle mappe concettuali strutturate, che consentono una rappresentazione formale ed esplicita di un dominio, sarà possibile creare una rete globale di concetti legati tra loro tramite relazioni sempre più forti. Il nuovo internet permetterà un accesso sicuro ed efficiente alla rete dei servizi da qualsiasi dispositivo. Tali servizi saranno interoperabili, coerenti, consistenti, scalabili ed affidabili. Questo è il web del futuro, il web dei servizi.

Come si è evoluto il web? La nascita del primo sito web risale al 1991, è il web 1.0: fanno parte di questa categoria tutti i siti statici, che fungono da vetrina. Dagli inizi degli anni duemila il web si evolve, si parla web 2.0: è il web che tutti noi conosciamo, diventa più interattivo e nascono i primi social network (Myspace, Facebook, blog, wiki e YouTube). Oggi si parla già di quello che potrà essere l'evoluzione del web del futuro: web 3.0 e 4.0. I confini sono molto sfumati: il primo assume più una connotazione di web semantico mentre il secondo pensa a soluzioni più futuristiche di web of things. Le evoluzioni vanno immaginate su un asse temporale: la presenza del 2.0 non esclude comunque l'esistenza del 3.0 e così via.

Per la realizzazione del web del futuro è essenziale comprendere il concetto di ricerca semantica dove l'utente potrà effettuare delle interrogazioni mirate esprimendosi in linguaggio naturale: la macchina attraverso delle mappe cognitive e concettuali sarà in grado di attribuire un significato alle domande poste. Tale tipologia di ricerca va oltre la tecnologia attuale, infatti i tradizionali motori di ricerca si servono di parole chiave e non possono interpretare in alcun modo il contesto.

L'ideatore del web, Berners-Lee, fu il primo a dare un'idea concreta di ciò che sarà il web del futuro: "The first step is putting data on the Web in a form that machines can naturally understand, or converting it to that form. This creates what I call a Semantic Web – a web of data that can be processed directly or indirectly by machines" (Berners-Lee 2000).

2. Modalità di sviluppo del lavoro

Il lavoro del team si è sviluppato su tre fasi principali. La prima fase è stata dedicata alla comprensione del web 3.0 e 4.0 cui è seguita una fase di scouting per esplorare i trend emergenti nell'utilizzo del semantico all'interno dei processi aziendali. Nella terza fase il laboratorio ha identificato ed approfondito, come *output*, due processi molto diversi tra loro ma estremamente interessanti e ricchi di prospettive: *assistenza tecnica* per Poste Italiane e *Start-up Initiative* per Intesa San Paolo.

Una volta conclusa l'analisi bibliografica, il gruppo ha proceduto con l'analisi dei casi di applicazione in azienda di tecnologia 2.0, 3.0 e 4.0. Dallo scouting effettuato su una trentina di aziende del panorama nazionale e internazionale, il team ha constatato che esso trova prevalentemente applicazione nei processi interni e operativi, in particolare nell'R&D, nel

Marketing, nel CRM, e nell'HR. La nuova sfida per le organizzazioni del futuro sarà quello di riuscire ad integrare il tutto in un'unica piattaforma in cui i dati potranno essere interconessi tra loro. Questo rappresenterà un grande strumento di *knowledge management* a dispozione delle aziende.

Con le aziende partner il team ha deciso di affrontare due ipotesi di organizzazione dei processi in cui ci sarebbe stato un impatto significativo nell'utilizzo di questa tecnologia: l'assistenza tecnica in Poste Italiane (processo di supporto altamente strutturato in cui si doveva gestire una grande mole di dati) e la Start-up Initiative in Intesa San Paolo (un'attività di business, in crescita nei prossimi anni, in cui le informazioni sono eterogenee e difficili da strutturare prima e gestire poi). L'obiettivo dei due case study è capire come una piattaforma innovativa basata su tecnologia web semantico possa essere utile a ridisegnare o modificare i processi aziendali esistenti.

3. Soluzione proposta

Come primo esempio viene preso in esame il processo di assistenza interna di Poste Italiane. Obiettivo è quello di migliorare il grado di efficienza ed efficacia nella risoluzione delle problematiche diminuendo ove possibile i tempi di attesa. Si tratta di un processo altamente strutturato dove gli attuali sistemi informatici gestiscono una grande mole di informazioni. È di estrema importanza per un'azienda come Poste Italiane preservare la continuità funzionale dei servizi erogati; questo naturalmente ha come diretta conseguenza un maggior livello di soddisfazione dei clienti e una continuità nello sviluppo del business.

I canali attraverso cui giungono le segnalazioni sono sostanzialmente due, il web e il call center. Bisogna tener in considerazione che il numero di risorse che si trova a dover gestire l'intero processo è limitato rispetto alla mole di lavoro presente. L'attuale processo è strutturato su tre livelli principali. Ricevuta la richiesta di segnalazione viene effettuato il primo livello di analisi. In questa prima fase della totalità delle richieste raccolte, il 38% delle problematiche trovano risoluzione già al primo livello. In caso di esito negativo verrà effettuato un *dispaching* di secondo livello ottenendo una risoluzione del problema entro le 24 ore nel 40% dei casi. Eventuali interventi che richiederanno maggiori verifiche tecniche potranno trovare risoluzione entro le 48 ore nel 5% dei casi. Qualora invece il ticket aperto non possa essere risolto attraverso il personale interno di Poste verrà inviato al manutentore per l'intervento specialistico *on-site*.

La soluzione innovativa proposta prevede l'intervento della tecnologia semantica fin dalla fase di segnalazione. Il valore aggiunto che una tecnologia di questo tipo può fornire risiede sicuramente nell'automatizzazione e nella maggiore strutturazione delle informazioni gestite. Fin dal primo livello il sistema potrà essere in grado di effettuare un'analisi del problema e proporre delle possibili soluzioni. La piattaforma sarà in grado di effettuare delle correlazioni semantiche fra le informazioni disponibili nei database. Il tutto potrà essere svolto in completa autonomia senza dover eseguire l'apertura di una segnalazione. Qualora la problematica richiedesse un intervento specifico di secondo o terzo livello, il sistema già in fase di segnalazione sarà in grado di guidare l'operatore in una compilazione struttura del ticket; il sistema inoltre, attraverso un'analisi semantica, potrà attribuire automaticamente un primo livello di priorità. Un altro aspetto importante nell'utilizzare una piattaforma di questo tipo è sicuramente la facilità di integrazione a qualsiasi livello; infatti anche i manutentori esterni potranno aggiornare il sistema in maniera del tutto semplice senza dover sostenere costi onerosi di integrazione con i loro sistemi. Naturalmente per creare le correlazioni semantiche e strutturare le informazioni, sarà necessario definire un'opportuna ontologia del guasto. Infatti a un possibile problema relativo a un apparato hardware è legato il fallimento nell'erogazione di un determinato servizio o tipologia di servizi. Solamente definendo un adeguato albero semantico, il sistema sarà in grado di effettuare le dovute correlazioni e supportare il dipendente nella formulazione della richiesta di assistenza. Il tutto sarà sicuramente di aiuto ai livelli successivi nell'interpretazione e formulazione di una possibile soluzione.

L'altro processo aziendale di cui si è occupato il team è la Start-up Initiative di Intesa San Paolo. Uno degli scenari futuribili in cui la tecnologia semantica può essere facilmente applicata e nel quale può dare significativi contributi è quello della valutazione dei documenti che compongono il business plan. Attraverso l'approfondimento del progetto, il gruppo di studio ha ipotizzato i possibili fattori che consentono un'analisi più efficiente e più puntuale per il raggiungimento di due obiettivi: in primis, formare le Start-up per rendere più solido il business plan, costruire un elevator pitch efficace nella prospettiva degli investitori; inoltre si propone come ambiente di incontro per le migliori Start-up ai migliori investitori italiani e stranieri.

Il web semantico offre un significativo contributo specialmente nelle prime fasi in cui si struttura il processo dell'iniziativa, intervenendo nelle seguenti attività: scouting, raccolta delle segnalazioni, analisi del business plan, formazione, deal line-up, arena. Durante lo scouting, su un numero di circa 120 imprese per ogni edizione, la semantica consente di fare assumere una posizione attiva al gruppo bancario, non più solo di ricezione, ma anche di ricerca delle Start-up in Italia e sui nuovi mercati esteri. Nella successiva fase di raccolta delle segnalazioni, la nuova tecnologia offre un supporto al proponente nella compilazione dei documenti costitutivi il business plan e un servizio mail dedicato basato sul riconoscimento del linguaggio naturale. In fase di analisi, la ricerca sul web rende più efficiente tutto il processo di raccolta informazioni sulla *reputation* dell'imprenditore, le referenze, il settore e il benchmarking sulla tecnologia applicata. La formazione si svolge poi in un'aula finalizzata alla preparazione dei documenti di business plan e all'incontro con gli investitori. Successivamente un panel di esperti del settore, durante la parte del *deal line-up*, prosegue con le analisi sulla fattibilità tecnica di sviluppo e successo della potenziale iniziativa imprenditoriale. Infine, l'arrivo in arena delle migliori 10/12 aziende che svolgono vera innovazione, favorendone l'incontro con i potenziali investitori (tra cui *business angels*, fondi di *seed* e di *venture capital*, *corporation*).

Come risultato si ha un maggiore approfondimento dello scouting attivo e conseguentemente un superiore grado di dettaglio delle informazioni sulle imprese, riducendo anche i costi e i tempi dei processi di selezione e ricerca.

In conclusione, dotare i contesti a più alta incertezza di maggiore capacità elaborativa rappresenta una condizione imprescindibile per il successo dell'azienda. La mole di dati è in crescente aumento, ed una possibile soluzione è rappresentata dall'utilizzo del Semantic Web. Ciò comporterà importanti conseguenze come mutamenti nelle forme organizzative di un'impresa e la creazione di nuove figure e professionalità all'interno dei processi aziendali, sia a livello ICT che funzionale.

La sfida dei servizi in sanità tra personalizzazione e standardizzazione dei processi

8

S. Nuti e C. Panero

In molti contesti la standardizzazione dei processi e la personalizzazione dei servizi sono strategie considerate in buona misura antitetiche nella ricerca del vantaggio competitivo: la prima volta a conseguire economie di scala e di esperienza al fine di aumentare l'efficienza produttiva e ridurre i costi, la seconda finalizzata a ottenere una differenziazione rispetto alla concorrenza basata su servizi "taylor made" per rispondere alle esigenze individuali del cliente a cui si rivolgono. Nell'ambito dei servizi sanitari il successo dipende dalla capacità di integrare queste due strategie. Non vi è servizio sanitario che riesca ad essere efficace se non è tagliato sui bisogni del singolo paziente. Al tempo stesso la qualità dei servizi dipende dalla capacità dei professionisti e delle organizzazioni sanitarie di offrire percorsi assistenziali in linea con le evidenze scientifiche internazionali, standardizzando quindi i processi in base ai protocolli clinici definiti dalle società scientifiche. L'offerta del servizio dovrà quindi essere personalizzata, per far sì che il paziente diventi protagonista del proprio percorso di cura, ma dovrà anche garantire che la migliore assistenza (appropriatezza clinica) sia fornita all'interno del setting più adeguato, per il migliore utilizzo delle risorse disponibili (appropriatezza organizzativa).

8.1
La sfida dei servizi sanitari tra qualità e sostenibilità finanziaria

Le strategie adottate dalle aziende nel contesto privatistico del settore manifatturiero, ma anche nei servizi, possono essere suddivise in due tipologie[1]. Le imprese (Porter 1985) possono puntare o sulla leadership di costo, attraverso strategie che mirano a conseguire economie di scala e di esperienza al fine di essere vincenti sul mercato in termini di efficienza (il miglior prodotto al minor prezzo), oppure puntare sulla differenziazione, cercando di offrire un prodotto capace di rispondere alle esigenze

---

[1] Tre, considerando la focalizzazione, comunque derivante dalla leadership di costo o dalla differenziazione, applicata però ad un segmento, anziché all'intero mercato.

Cinquini L., Di Minin A., Varaldo R.: Nuovi modelli di business e creazione di valore: la Scienza dei Servizi   DOI 10.1007/978-88-470-1845-7_8
© Springer-Verlag Italia 2011

individuali del cliente a cui si rivolgono. Quindi mediante un percorso di personalizzazione dei loro prodotti e dei loro servizi. Attraverso queste due strategie alternative le aziende cercano di garantirsi un vantaggio competitivo e resistere sul mercato.

Queste due strategie alternative si riscontrano anche nel contesto sanitario? Per le aziende sanitarie i termini della questione sono gli stessi? E sono gli stessi anche per i sistemi sanitari, che includono più aziende con ruoli diversi, in alcuni casi a rete (Miolo Vitali, Nuti 2003), in altri addirittura in competizione tra loro? Il contesto sanitario in realtà è uno dei pochi ambiti, insieme all'istruzione, in cui il successo dipende dalla capacità di integrare queste due strategie, normalmente alternative negli altri settori[2]. Non vi è servizio sanitario che riesca a essere valido se non è tagliato su misura sui bisogni del singolo paziente. L'offerta difficilmente può essere standardizzata, perché ogni utente ha le sue caratteristiche, le sue specificità, ma al tempo stesso deve basarsi su standard, per garantire la qualità delle prestazioni erogate[3]. In altri settori spesso, per aumentare la qualità dei prodotti, è necessario incrementare le risorse impiegate nei processi di trasformazione o nei fattori produttivi impiegati[4]. In sanità, proprio per la presenza di questa necessaria combinazione di strategie, non sempre questo avviene.

È noto lo studio compiuto da Jarman (2006) sui dati di Medicare del 2000 che analizza migliaia e migliaia di ricoveri ospedalieri, confrontando i costi con i risultati di qualità espressi in termini di mortalità delle strutture ospedaliere americane (Fig. 8.1).

Questo confronto tra la mortalità e il costo, dopo un adeguato processo di *risk adjustment*, mette in luce che non esiste una evidente correlazione tra *outcome* e costo sostenuto.

Questa stessa analisi è stata realizzata in Olanda riportando dati analoghi. In tale realtà è stato addirittura calcolato che il 25% della spesa sanitaria nazionale è dovuta alla "non qualità" cioè a ricoveri ripetuti e ricoveri per complicanze, a degenze più lunghe per le piaghe da decubito, a ospedalizzazione non appropriata per patologie croniche che dovrebbero essere curate in altri setting assistenziali, e così via (Berg et al. 2005). Questo evidenzia che in sanità il miglioramento della qualità permette spesso addirittura di ottenere un contenimento dei costi. Questa ipotesi è confermata dai dati del 2007, 2008 e 2009 della Regione Toscana, dove, grazie alle evidenze emerse dall'adozione del sistema di valutazione della performance (Nuti 2008), in cui sono monitorati 130 indicatori di performance, si evince che le ASL con i migliori

---

[2] Anzi, viene rilevato (Anderson et al. 1997) che la customizzazione e la standardizzazione sono due aspetti, spesso in conflitto, della qualità.
[3] È questa la principale differenza rispetto ad altri settori e servizi, in cui la ridefinizione del processo del servizio, in maniera standardizzata, è ritenuta un elemento essenziale, ma solo per incrementare la produttività (Lovelock, Wirtz 2007).
[4] Negli studi di matrice economica, infatti, si ritiene che la relazione tra incremento della soddisfazione del cliente e produttività sia negativa: aumentare la soddisfazione comporta infatti un incremento delle caratteristiche del prodotto scambiato e quindi dei costi (Griliches 1971; Lancaster 1979). Non manca però chi osserva (per esempio, Fornell, Wernerfelt 1988) che, incrementando la qualità e quindi la soddisfazione dei clienti, si riducono i costi di gestione associati ai resi; o chi (Reichheld, Sasser 1990) sottolinea la maggior fedeltà e quindi la riduzione dei costi conseguenti alle transazioni future ed al passaparola positivo.

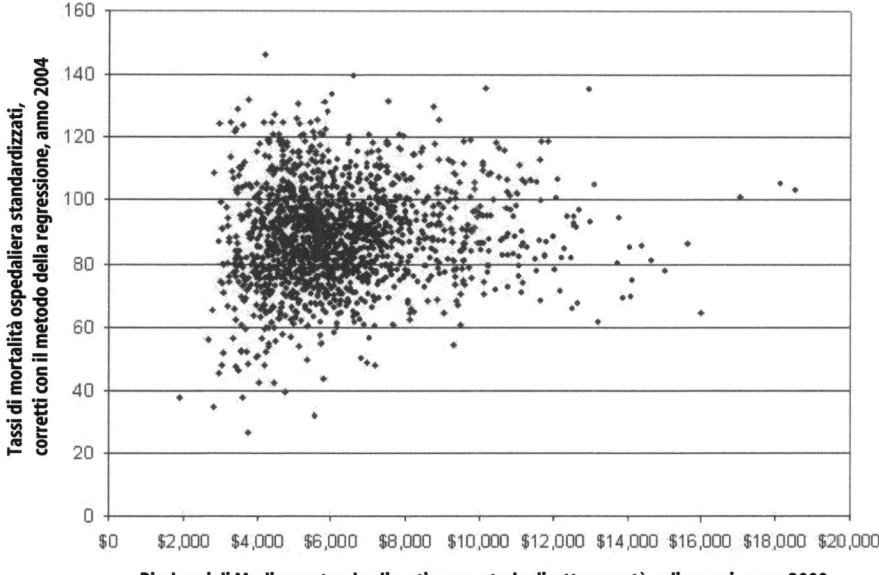

Figura 8.1 Risultati dello studio americano sulla relazione fra rimborso e mortalità (Jarman 2006)

risultati di qualità ed efficacia sono anche le più virtuose in termini di sostenibilità economica (Fig. 8.2).

Con queste premesse si declina la sfida dei servizi sanitari che trova la sua esplicitazione nel concetto di appropriatezza clinica e organizzativa (Nuti, Vainieri 2009). Con il termine appropriatezza si intende la capacità di garantire all'utente un servizio tagliato su misura che tenga conto del suo bisogno, "niente di più, ma neanche niente di meno" di quanto necessario per ottenere il miglior risultato in termini di salute. Un servizio è appropriato nel momento stesso in cui viene offerto tutto ciò che le evidenze scientifiche indicano come necessario per ottenere il miglior risultato di outcome, ma anche niente di più, perché l'eccesso può essere addirittura nocivo per la sua salute: quindi la migliore cura che è possibile offrire al paziente (appropriatezza clinica), con il setting più adeguato per garantire il miglior utilizzo delle risorse disponibili (appropriatezza organizzativa) (Hunter 1997; Brennan et al. 1991).

L'offerta del servizio dovrà quindi essere personalizzata soprattutto in termini di comunicazione operatore sanitario – utente per far sì che il paziente diventi protagonista del proprio percorso di cura, fattore determinante per la massimizzazione degli outcome di salute. Il paziente consapevole e coinvolto nel proprio percorso di cura, che percepisce di essere preso in carico dal personale sanitario, è in grado di

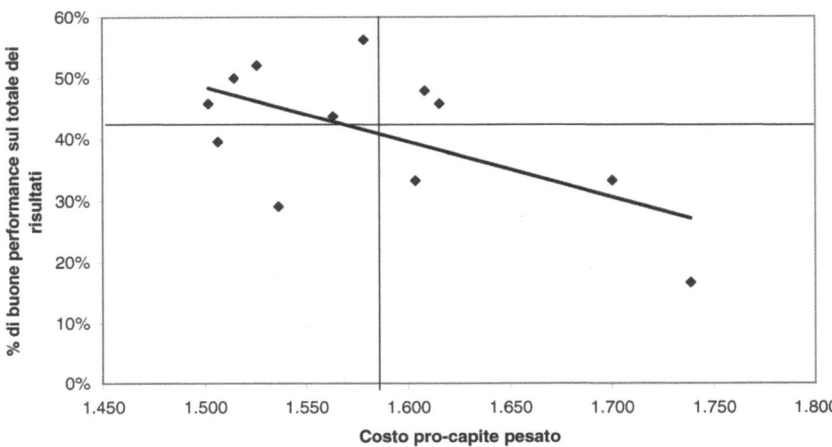

Figura 8.2 Relazione tra costo pro-capite e percentuale di buone performance sul totale dei risultati del sistema di valutazione della performance toscano

seguire meglio le prescrizioni farmaceutiche e cliniche e ha una maggiore probabilità di recupero di uno stato di salute migliore (Stewart 1989; Guldvog 1999). Al tempo stesso i percorsi assistenziali proposti dovranno seguire i protocolli clinici e quindi essere "standardizzati" al fine di ottenere il massimo risultato in termini di salute del paziente, in linea con le evidenze scientifiche internazionali.

I paragrafi successivi sviluppano l'argomentazione nel modo seguente. Partendo dalla definizione dell'offerta che deve necessariamente fondarsi sui bisogni dell'utente, il Paragrafo 8.2 illustra le caratteristiche ed il ruolo che esso svolge all'interno dei servizi sanitari. Viene quindi discusso (Par. 8.3) in quale misura la variabilità, attualmente presente nei volumi e nei mix delle prestazioni, risponda effettivamente a bisogni differenziati degli utenti e quali siano le problematiche da superare e le modalità gestionali da utilizzare (Par. 8.4), ricorrendo anche ad un esempio, tratto dal percorso oncologico toscano, di combinazione delle due strategie sopra evidenziate (Par. 8.5).

8.2
Caratteristiche dei servizi sanitari e ruolo dell'utente

L'Organizzazione Mondiale della Sanità, che definisce i servizi sanitari come "tutti i servizi riguardanti la diagnosi ed il trattamento della malattia, o la promozione, il mantenimento e il ripristino della salute", nel 2000 ha sfidato i sistemi sanitari ad assicurare ai pazienti la *responsiveness*, ossia anche l'assistenza non strettamente sanitaria (rispetto per la persona, riservatezza, scelta del fornitore di servizi).

Questa sfida appare complessa, considerando le peculiarità che caratterizzano il settore dei servizi sanitari, con riferimento a domanda, offerta e servizio scambiato

(Arrow 1963) che, allontanandolo dalla concorrenza perfetta, ne rendono difficoltosa la fornitura e la fruizione. Con riferimento alla domanda, e quindi all'utente dei servizi sanitari, viene osservato che le maggiori criticità riguardano soprattutto gli aspetti informativi. Infatti, come per tutti i servizi, il paziente non può conoscere preventivamente la qualità delle prestazioni sanitarie[5], in quanto immateriali e simultaneamente prodotte e consumate. Arrow (1963) evidenzia come il problema informativo rappresenti una caratteristica fondamentale nel mercato sanitario, osservando che "l'incertezza riguardo la qualità del prodotto è forse più intensa in questo caso" che in qualsiasi altro.

Il problema informativo coinvolge diversi aspetti del processo di scelta del paziente. In primo luogo nella fase di definizione del proprio bisogno in quanto spesso può non essere in grado di riconoscere la presenza di sintomi e di patologie e quindi di decisione circa l'opportunità di consultare il medico. Oppure il problema informativo può emergere nel momento della scelta della struttura sanitaria e dei trattamenti a cui sottoporsi, una volta divenuto consapevole del proprio stato di malattia; ed infine a livello di decisione se uniformarsi o meno al comportamento consigliato. La malattia, soprattutto se seria, è inoltre un episodio eccezionale della vita umana, in cui può anche essere in gioco la vita dell'individuo: è difficile quindi che il consumatore possa assumere decisioni razionali. Viene inoltre osservato che, mentre nella maggior parte dei processi di consumo, vi è la possibilità di apprendere dalla propria esperienza o da quella altrui (Arrow 1963), in questo caso può non essere possibile, per cui, all'incertezza sull'esito, si unisce anche quella dovuta alla mancanza di esperienza pregressa.

L'incertezza che contraddistingue i servizi sanitari sia sul versante del medico che del paziente è però estremamente differente per i due soggetti coinvolti nella transazione (Arrow 1963), dando luogo ad asimmetria informativa (Miolo Vitali, Nuti 2004; Dirindin, Vineis 1999). Poiché la conoscenza scientifica è complessa, le informazioni possedute dal medico sono infatti di gran lunga superiori rispetto a quelle del paziente ed ambedue le parti ne sono consapevoli. Questa particolare situazione condiziona la relazione medico-paziente, determinando spesso un forte senso di dipendenza di quest'ultimo (Miolo Vitali, Nuti 2004), dovuto anche al fatto che i servizi sanitari sono spesso erogati a persone in condizione di disagio. L'asimmetria informativa sposta infatti il rapporto sulla componente fiduciaria, che aumenta al decrescere della componente valutativa, sostituendosi all'informazione. Il mercato dei servizi sanitari si caratterizza quindi per la presenza di attori che prendono le decisioni sulla base di informazioni parziali, incerte ed asimmetriche (Dirindin, Vineis 1999), asimmetria che, salvo interventi correttivi, si può ritenere sia destinata a crescere con il progredire, tecnologico e scientifico, della medicina (Brenna 1999).

Le difficoltà che riscontra l'utente dei servizi sanitari sono acuite dalle caratteristiche tipiche dell'offerta dei servizi sanitari e dalle specificità del bene oggetto di scambio. Con riferimento all'offerta, è stato infatti osservato che mentre un mercato, per essere concorrenziale, richiede la presenza di molti produttori, il settore sanitario

---

[5] In particolare viene rilevato che i servizi sanitari sono assimilabili agli *experience goods* (Nelson 1970), ossia beni la cui qualità effettiva può essere conosciuta mediante il consumo o, spesso, ai *credence goods* (Darby, Karni 1973), impossibili da giudicare anche dopo un uso prolungato.

si caratterizza sia per il numero limitato di strutture offerenti, sia per l'esistenza di barriere all'ingresso alle professioni, quali le abilitazioni e le specializzazioni professionali, volte a garantire la qualità (Brenna 1999), sia per il costo dell'educazione, spesso ad accesso limitato (Arrow 1963; Dirindin, Vineis 1999). L'insufficiente concorrenza è dovuta anche alla presenza di economie di scala: nel settore sanitario esiste infatti la necessità di dotarsi di infrastrutture e strumenti caratterizzati da indivisibilità significative e quindi rendimenti di scala crescenti, anche se questi si realizzano solo fino ad un certo livello (Drindin, Vineis 1999).

A queste caratteristiche dell'offerta si accompagnano, come accennato, alcune specificità relative al bene oggetto di scambio, ossia:

a) Il bene scambiato è un servizio e, come tale, contraddistinto dalle ben note caratteristiche (Shostack 1977; Gronroos 1982; Parasuraman et al. 1985; Stanton, Varaldo 1986; Cozzi, Ferrero 1996; Lovelock, Wirtz 2007) di intangibilità, inseparabilità, deperibilità ed eterogeneità (vedi Cap. 6).

b) Le prestazioni sanitarie, in particolare, sono estremamente eterogenee; anzi, poiché la loro domanda è derivata, in quanto non sono richieste di per sé, ma perchè ritenute utili ad ottenere effetti positivi sulla salute (Brenna 1999), è necessario che siano personalizzate per essere efficaci (Dirindin, Vineis 1999). Ogni individuo, infatti, può avere esigenze diverse a seconda della patologia e delle complicanze che insorgono.

c) Vi è la presenza di esternalità, ossia di effetti su soggetti terzi, in termini di costi o benefici, derivanti dalla produzione o dal consumo di un bene, senza contropartite in termini monetari. I servizi sanitari generano numerose esternalità, soprattutto positive (ossia producono aumenti di utilità marginale anche per soggetti diversi dal consumatore del servizio, come nel caso delle vaccinazioni[6]) (Culyer 1971), ma anche negative (quali, ad esempio, infezioni ospedaliere o inquinamento acustico nei quartieri limitrofi alle strutture di Pronto Soccorso). Il sistema dei prezzi in questi casi non è in grado di addebitare o accreditare agli autori i costi ed i benefici esterni che producono. Spesso si ricorre perciò all'intervento pubblico, che si propone di favorire la produzione di esternalità positive (sussidiando le attività che le generano) e di scoraggiare quelle negative (regolamentandole) (Dirindin, Vineis 1999).

La presenza di esternalità, l'esistenza di posizioni monopolistiche costituiscono, insieme alle caratteristiche relative alla domanda precedentemente descritte (l'imperfetta conoscenza), un motivo di fallimento del mercato, ed incidono pertanto sulle modalità con cui organizzare l'offerta del servizio stesso, giustificando l'intervento pubblico[7]. Tale intervento è peraltro motivato non solo da ragioni di efficienza, connesse ai possibili fallimenti del mercato, ma anche da considerazioni relative

---

[6] Altre esternalità positive sono: la diffusione delle conoscenze scientifiche in campo medico, la scoperta di una nuova tecnica diagnostica, l'individuazione di un fattore di rischio. Mentre il soggetto che svolge l'attività di ricerca o formazione sostiene i costi connessi alla realizzazione dei progetti, la società si avvantaggia dei benefici esterni.

[7] Va osservato che i servizi sanitari non sono beni pubblici (ossia non rivali e non escludibili), ma beni di merito, ossia degni di particolare tutela perché meritori sotto il profilo sociale (Dirindin, Vineis 1999; Brenna 1999).

all'asimmetria informativa che caratterizza il rapporto paziente-servizio sanitario e dalla necessità di garantire l'equità, ossia il superamento dei vincoli che ostacolano l'accesso alle prestazioni sanitarie dei più fragili, come i non abbienti o le persone con un grado di istruzione non elevato. Occorre la motivazione perché si attivino la percezione e l'azione (Rosenstock 1966): le persone che, quindi, non sono particolarmente attente alla loro salute probabilmente non percepiranno alcuna informazione che impatti su di essa e, qualora la percepissero, non riuscirebbero ad apprenderla, accettarla o utilizzarla.

In effetti numerosi studi sui servizi sanitari hanno rilevato nel tempo l'esistenza di rilevanti disuguaglianze sociali. A livello di mortalità, se il legame tra reddito e salute è controverso (Dirindin, Vineis 1999; Nuti, Barsanti 2010), evidenziando solo inizialmente una relazione negativa[8], quello tra istruzione e mortalità è invece ampiamente confermato: già negli anni setanta (Valkonen 1992) era stato evidenziato che la mortalità diminuisce per ogni anno di istruzione in più. Questo risultato è facilmente comprensibile considerando che un livello di istruzione elevato favorisce un'attenzione superiore ai fattori di rischio ed ai sintomi e, nel caso si verifichi una malattia, una maggiore facilità di accesso alle diverse alternative di cura: complessivamente, quindi, ne deriva un più elevato livello di salute.

L'istruzione incide anche sulle condizioni di salute dei cittadini, come confermato dall'indagine multiscopo ISTAT (2007) che sottolinea la presenza di forti disuguaglianze sociali, utilizzando come indicatore il titolo di studio. Sono sempre le persone con un basso titolo di studio a presentare peggiori condizioni di salute, sia in termini di salute percepita, che di cronicità[9].

Per quanto concerne l'utilizzazione dei servizi, già Rosenstock (1966) evidenziava come si possano compiere alcune generalizzazioni circa l'associazione tra caratteristiche personali ed uso dei servizi di prevenzione e diagnostica: essi risultano utilizzati soprattutto da persone giovani o di mezza età, relativamente più istruite e con un più elevato livello di reddito. Tali risultati sono confermati anche da ricerche più recenti, relative a servizi "formativi" (quale la frequenza al corso di preparazione alla nascita) e all'ospedalizzazione vera e propria. Da un'indagine effettuata in Toscana nel 2005 e ripetuta nel 2007 (Nuti, Barsanti 2006; Nuti et al. 2009) su un campione di donne che avevano partorito nei mesi precedenti, emerge infatti che il corso di preparazione alla nascita, ritenuto uno strumento utile ad accrescere le conoscenze della madre, sia frequentato dal 60% delle donne primipare, ma che tra queste siano presenti quasi esclusivamente laureate (70%), con la totale assenza di chi è in possesso della licenza elementare o non ha alcun titolo di studio, ossia di chi è più fragile[10]. Sempre in Toscana, il tasso di ospedalizzazione per titolo di studio standardizzato per età (Barsanti 2010a; Barsanti 2010b), il ricovero in modalità

---

[8] Più in particolare, la relazione risulta essere negativa nei Paesi sottosviluppati, per cui al crescere del reddito diminuisce in maniera rilevante la mortalità, mentre in quelli sviluppati la speranza di vita aumenta, più che all'aumentare della ricchezza, al ridursi delle ineguaglianze nella collettività.

[9] L'indagine ISTAT evidenzia che coloro che hanno al massimo la licenza elementare e dichiarano di stare male e essere affetti da cronicità sono infatti fino a tre volte più numerosi rispetto ai laureati e diplomati.

[10] Una donna partoriente con un basso livello di scolarizzazione è infatti maggiormente soggetta a problemi di natura sociale ed a difficoltà nell'accesso ai servizi, comportando quindi maggiori probabilità per il proprio bambino di incorrere in rischi di salute e carenze alimentari.

urgente anziché programmata (indice della presenza di patologie più gravi o della difficoltà ad accedere a percorsi assistenziali adeguati), il ricovero per patologie croniche (scompenso, diabete, BPCO, polmonite) sono più frequenti nelle fasce di popolazione meno istruite, seppure con grande varietà tra le Aziende Sanitarie.

Si può infine osservare che anche gli studi sulla soddisfazione derivante dall'uso dei servizi sanitari (un aspetto rilevante, poiché i pazienti soddisfatti sono più inclini ad osservare le prescrizioni (Guldvog 1999) e ad assumere un ruolo attivo nel proprio processo di cura (Donabedian 1988)) hanno evidenziato la rilevanza del livello d'istruzione, ma con una relazione inversa: sono infatti i più colti a presentare i maggiori livelli di insoddisfazione (Hall, Dornan 1990). Tali risultati sono confermati anche da studi più recenti (Panero et al. 2010), relativi al servizio di medicina generale: un alto livello di istruzione presenta una relazione negativa rispetto alla soddisfazione per il servizio (coerentemente con le maggiori aspettative di questa tipologia di paziente). Questo studio evidenzia anche la difficoltà in cui si trova il paziente nel valutare il servizio, testimoniata dalla rilevanza che assumono, oltre alla relazione medico-paziente (Murante et al. 2010), alcuni aspetti organizzativi, quali l'uso da parte del medico della scheda sanitaria e, in senso negativo, i tempi di attesa o la mancata continuità assistenziale in caso di necessità di visita specialistica, elementi su cui il paziente può meglio esprimere il proprio giudizio, in quanto più facilmente presidiabili (Miolo Vitali, Nuti 2004).

Si può perciò concludere che, considerando le specificità dei servizi sanitari ed il ruolo dell'utente, l'offerta di servizi sanitari deve rispondere a due tipi di responsabilità (Nuti 2008; Nuti, Vainieri 2009): quella organizzativa, riguardante l'impiego di risorse scarse in un settore in cui il mercato può non essere in grado di fornire risposte adeguate, e quella clinica, riguardante l'efficacia dei trattamenti, tenendo conto della condizione di asimmetria informativa che caratterizza il rapporto medico-paziente (Nuti, Barsanti 2006; Mengoni et al. 2010).

8.3
Caratteristiche dell'offerta e variabilità delle prestazioni

Se nel paragrafo precedente è stato sottolineato quanto sia rilevante considerare il ruolo del paziente nella definizione di un'adeguata offerta dei servizi sanitari, è ora opportuno approfondire quanto la variabilità presente oggi nei volumi e mix delle prestazioni erogate risponda effettivamente a bisogni differenziati degli utenti. Analizzando i dati disponibili a livello nazionale (Ministero della Salute 2010) si evince la presenza di una variabilità rilevantissima tra i risultati conseguiti dai diversi sistemi sanitari regionali e tra i soggetti erogatori all'interno di ciascuna Regione. Si prenda a titolo di esempio il confronto tra le Regioni relativo alla capacità dei soggetti erogatori di intervenire chirurgicamente entro due giorni a favore di pazienti con frattura di femore. Le evidenze scientifiche internazionali infatti sottolineano la necessità di intervenire tempestivamente al fine di facilitare la fase successiva di recupero ma anche per ridurre il rischio di mortalità. Nel 2008 (Nuti 2010) la situazione è apparsa

8 La sfida dei servizi in sanità tra personalizzazione e standardizzazione dei processi

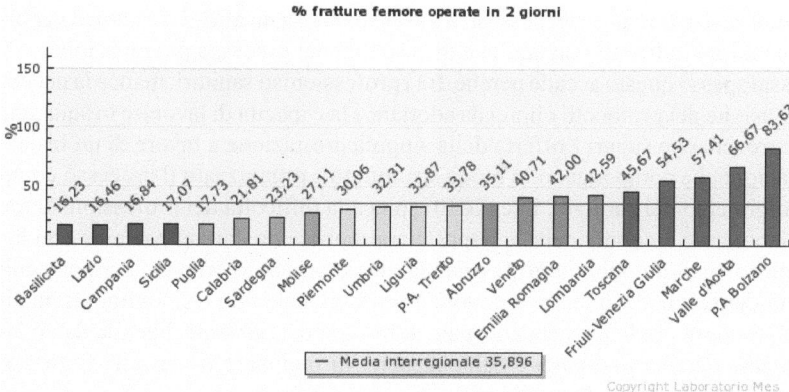

Figura 8.3 Percentuale di fratture del femore operate entro 2 giorni nelle Regioni italiane

essere assai variegata nel panorama nazionale, minando il principio dell'equità di accesso che dovrebbe essere il cardine fondamentale del nostro sistema sanitario. Il problema della variabilità non appare essere solo una criticità nel confronto Nord-Sud (Fig. 8.3). In realtà la variabilità si registra anche all'interno delle Regioni best practice (Fig. 8.4).

È plausibile ed accettabile una variabilità così rilevante nel nostro Paese? Se il concetto chiave della qualità in sanità è "appropriatezza", ossia garantire al paziente niente di più ma neanche niente di meno di ciò che è necessario per rispondere con efficacia al suo specifico bisogno, il tema della variabilità può essere non il risultato di un processo spinto di personalizzazione del servizio ma indice di vuoto di offerta

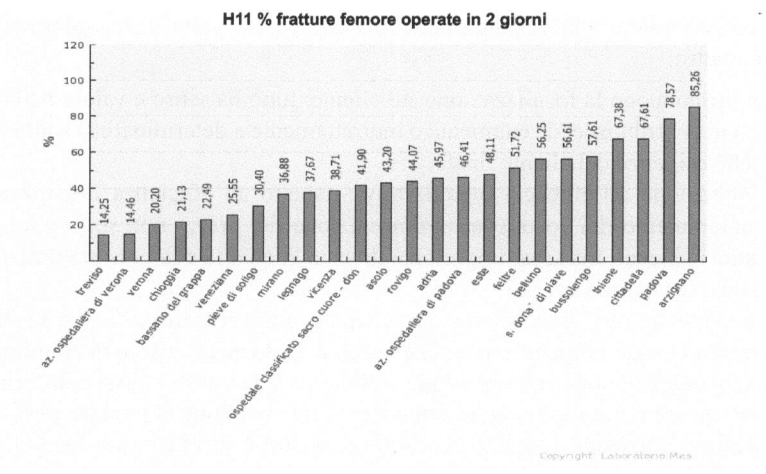

Figura 8.4 Percentuale di fratture del femore operate entro 2 giorni nella Regione Veneto

in alcuni casi o di risposta eccessiva, e a volte dannosa, in altri. L'eccessiva variabilità diventa allora indice di non equità e di casualità nel processo di erogazione.

Assai spesso questo accade perché, tra i professionisti sanitari, manca la necessaria condivisione dei protocolli clinici da adottare e la capacità di lavorare in squadra, con un approccio che superi l'offerta della singola prestazione a favore di un insieme di prestazioni che compongano in modo strutturato e organizzato il processo completo di svolgimento del servizio. Lee (2010) spiega la difficoltà dei professionisti medici a collaborare e a condividere le risposte appropriate da dare al paziente con la loro propensione all'autonomia professionale, quale principio cruciale per perseguire la qualità del servizio. In realtà autonomia professionale non è sinonimo di qualità in sanità. Sempre più la risposta adeguata ai bisogni del paziente dipende da un lavoro di squadra dei professionisti e dalla capacità di ragionare in termini di processo e non per singola prestazione erogata.

8.4
Standardizzazione dei processi e personalizzazione del servizio: i percorsi assistenziali

Fin dai primi anni novanta molti autori hanno approfondito lo studio della gestione dei processi, definendo il processo stesso come "insieme di compiti logicamente connessi eseguiti per conseguire un ben definito risultato" (Davenport, Short 1990), o ancora "insieme di attività che utilizzano uno o più tipi di input e creano un output che ha valore per il cliente" (Hammer, Champy 1993) e infine quale entità capace di "catturare le interdipendenze interfunzionali e collegare gli sforzi di miglioramento agli obiettivi strategici" (Kaplan, Murdock 1991).

Nelle organizzazioni di tipo funzionale esisteva già il concetto di "flusso di lavoro" o flusso di attività, basti pensare alla catena di montaggio. Quali sono allora le differenze rispetto alla gestione per processi? Le diversità di maggiore rilevanza sono quattro:

a) in primo luogo la focalizzazione sul cliente: tutto ha senso e valore nella misura in cui contribuisce, direttamente o indirettamente a determinare la soddisfazione delle esigenze del cliente finale;
b) l'attenzione all'efficacia organizzativa rispetto all'efficienza organizzativa. Il contenimento dei costi e la minimizzazione dei prezzi non sono più gli unici fattori vincenti ma assai importante diventa la qualità e la personalizzazione dei beni e dei servizi erogati;
c) i prodotti e i servizi si collocano sul mercato attraverso flussi di attività che attraversano le unità organizzative: la gerarchia quale meccanismo di coordinamento tra le unità organizzative non è più sufficiente a garantire i flussi di informazione dal cliente a tutte le funzioni coinvolte nella creazione del valore per il cliente stesso. Le aziende adottano perciò meccanismi e strumenti per facilitare la comunicazione trasversale diretta tra le funzioni in modo da garantire velocità e puntualità di risposta al cliente;

d) infine la necessità di presidiare le determinanti di lungo periodo del successo aziendale, basate sulla capacità di risposta alle esigenze dei clienti in modo innovativo e flessibile.

Per avviare la gestione per processi nell'organizzazione aziendale, il punto di partenza è l'analisi delle caratteristiche e dello stile di vita dell'utilizzatore finale, del cliente/utente: capire chi è, quali sono i suoi bisogni, le sue esigenze. Questa è la premessa necessaria per impostare l'offerta in modo personalizzato e pienamente rispondente alla richiesta, in modo, se possibile, addirittura "proattivo", ossia anticipatorio delle sue esigenze stesse. La capacità di analisi, l'attenzione e l'ascolto delle esigenze, esplicite e implicite, dell'utente diventano competenze distintive aziendali, in quanto permettono di definire gli elementi del sistema di servizio che accrescono il valore per il cliente. Su questo valore aggiunto e differenziale le aziende possono costruire sia un rapporto di fiducia e di continuità con il cliente, sia il loro vantaggio competitivo.

Dal confronto tra le esigenze del cliente/utente e l'offerta dell'azienda (Casati 1999; Miolo Vitali, Nuti 2004), si individuano i punti di forza e di debolezza, ossia gli aspetti di eccellenza e i vuoti di offerta. Su queste basi si impostano le fasi di analisi e di mappatura dei processi (Merli, Biroli 1996; Candiotto 2003), con l'obiettivo di riconoscere da un lato le "determinanti" del valore realizzato per l'utente, cioè le attività/processi critici, dall'altro di individuare le attività che non creano valore. Queste ultime, a loro volta, possono essere utili per l'organizzazione interna e per questo motivo da mantenere, oppure completamente inutili e quindi da eliminare. Con questa ottica le aziende individuano gli obiettivi di miglioramento ed elaborano i piani strategici e di qualità (Hammer, Champy 1993; Pierantozzi 1998).

In campo sanitario la gestione per processi assume caratteristiche specifiche che necessitano di dovuta attenzione: quali sono infatti le dimensioni di un processo aziendale in termini sanitari? La risposta può essere differente in base alla prospettiva scelta. Da ormai qualche anno, anche in Italia, grazie alla diffusione dell'*evidence based medicine*, sono stati introdotti per molte patologie le linee guida ed i protocolli terapeutici, che facilitano tra i medici la condivisione delle modalità di trattamento delle patologie e dei percorsi di cura. Questo primo risultato, pur importantissimo, non significa ancora operare in termini di "processo". Dal percorso clinico terapeutico occorre infatti sviluppare il servizio nell'ottica del paziente e non solo delle sue cure, e quindi ragionare in termini di "percorso assistenziale".

Secondo la L.R.22/00 art. 2 § 1 lett. m (ripreso dal successivo art. 4 della l. 40/2005), per percorso assistenziale si intende "il risultato di una modalità organizzativa che assicura tempestivamente al cittadino in forme coordinate, integrate e programmate l'accesso informato e la fruizione appropriata e condivisa dei servizi sanitari di zona e dei servizi ospedalieri in rete". Si tratta quindi del percorso che compie il cittadino per trovare risposta ad un suo specifico problema di salute. L'obiettivo, per l'utente, è di acquisire, fase dopo fase, attività per attività, "valore" in termini di qualità. Ossia di capacità di risposta al suo problema di salute. Per ricostruire il percorso assistenziale allora è necessario partire dall'utente, rivedere tutto il processo di erogazione dei servizi "through the patient's eyes"[11] ossia attraverso i suoi occhi, mediante la sua esperienza.

È ovvio che in molti casi l'utente si trova in condizione di asimmetria informativa e che non è in grado di individuare con chiarezza che cosa è bene per lui da un punto di vista clinico sanitario, in quanto non ne ha le competenze, e che è solo il personale sanitario il soggetto che detiene le conoscenze per indirizzare il trattamento terapeutico. Ma il punto non è di sostituire il medico nelle sue prerogative quanto quello di potenziare la sua azione con un'organizzazione del percorso che, tenendo conto delle specifiche caratteristiche del paziente, valorizzi le attività svolte dal personale sanitario a beneficio dell'utente. In termini aziendalistici si potrebbe parlare di Health Care Value Chain (Burns et al. 2002), ossia di catena del valore sanitaria, dove la finalità ultima è rappresentata dal miglioramento del benessere dell'utente. Si tratta quindi di trovare le modalità con cui inserire l'esperienza del paziente nel processo di erogazione, superando una logica tayloristica dell'organizzazione del lavoro a favore di un assetto che tenga conto della centralità dell'utente. Oggi, molto spesso, nella realtà delle nostre strutture sanitarie, non si può parlare di percorso assistenziale perché è l'utente stesso, e non l'organizzazione sanitaria, a svolgere il ruolo di collegamento tra le diverse componenti e fasi del servizio. La sfida è invece rivedere le modalità di erogazione tenendo presente, fase per fase, le esigenze del paziente e proporre un percorso dove il coordinamento dell'offerta e la continuità assistenziale siano obiettivi presidiati dalla struttura sanitaria stessa.

8.5
Il confronto tra i bisogni del paziente e l'offerta dei servizi sanitari: il caso del percorso oncologico in Toscana

Nel corso degli anni duemila la Regione Toscana ha adottato una serie di provvedimenti volti a garantire al paziente oncologico un servizio in grado di rispondere ad un bisogno assistenziale complesso e con un alto impatto emotivo, quale quello connesso alla cura del tumore. In particolare, si è stabilito che il servizio debba articolarsi e coordinarsi in un "percorso assistenziale", fondato sulla centralità del paziente (cui è garantita la presa in carico) e caratterizzato dall'adozione di protocolli clinici condivisi, basati su evidenze scientifiche, dall'integrazione professionale e dalla continuità di cura tra Aziende e ospedale e territorio, in una logica di "rete"[12,13].

Per verificare la rispondenza alle finalità sopra indicate, la Regione Toscana, mediante l'Istituto Toscano Tumori, in collaborazione con il Laboratorio Management e Sanità della Scuola Superiore Sant'Anna, ha ritenuto necessario compiere una

---

[11] Si ricorda in proposito il testo di management sanitario di Gerteis et al. (1993) che negli Stati Uniti ha avuto un'incredibile diffusione.
[12] La Rete Oncologica Toscana è stata istituita con D.G.R. 27 maggio 2002, n. 532.
[13] I protocolli clinici sono stati resi patrimonio di tutti i professionisti e delle Aziende Sanitarie tramite la pubblicazione delle "Raccomandazioni cliniche per i principali tumori solidi" (Istituto Toscano Tumori 2005), elaborate da oltre 400 operatori sanitari oncologici.

valutazione della qualità delle sue prestazioni, monitorando sia che i percorsi assistenziali disegnati dalle Aziende Sanitarie osservassero i protocolli clinici delineati dall'Istituto Toscano Tumori sulla base delle evidenze scientifiche internazionali e quindi fossero "standardizzati", sia la percezione dell'assistenza ricevuta, ascoltando la voce del paziente, e quindi i suoi bisogni ed aspettative, sulla base dei quali eventualmente riformulare l'offerta assistenziale. Quest'ultimo risultato è stato conseguito dapprima attraverso una rilevazione di tipo quantitativo basata su un'indagine telefonica (Nuti, Murante 2008), quindi con un approfondimento qualitativo basato sull'analisi delle evidenze emerse dai *focus group* con pazienti oncologici (Nuti et al. 2010).

Questa seconda parte del monitoraggio è stata accompagnata anche dalla mappatura dei percorsi ideali (ossia come definiti dalle raccomandazioni cliniche dell'Istituto Toscano Tumori) ed effettivi (come realmente offerti dalle Aziende Sanitarie) e dalla rilevazione degli scostamenti (gap) esistenti tra loro. I gap sono stati classificati in:

a) gap di processo (P_x in Fig. 8.5), derivanti dall'assenza nel percorso effettivo di alcune fasi o modalità organizzative previste dal percorso diagnostico-terapeutico ideale o dalla loro mancata percezione da parte dei pazienti;
b) gap di tempestività (T_x in Fig. 8.5), ossia la presenza di attese superiori a quelle previste dal percorso ideale o dalle necessità terapeutiche;
c) gap di coordinamento e relazionale (R_x in Fig. 8.5), connessi all'assenza di continuità del percorso, alla scarsa organizzazione o a difetti di comunicazione tra i diversi attori coinvolti nel processo, incluso il paziente.

La stessa classificazione è stata utilizzata per rilevare anche le criticità descritte dai pazienti nel corso dei focus group: in questo modo è stato possibile sintetizzare anche gli scostamenti del percorso organizzato dalle Aziende rispetto ai bisogni dell'utente.

Come si può evincere dalla sintesi dei gap a livello regionale (Fig. 8.5), è evidente che, nonostante la pubblicazione e condivisione delle raccomandazioni e dei protocolli clinici, che costituiscono un importante passo nella diffusione delle terapie più adeguate, resta ancora molto da fare perché al paziente sia garantita un'offerta omogenea su tutto il territorio e rispondente alle sue esigenze: gli scostamenti di processo, di tempestività e di coordinamento tra strutture e professionisti sono infatti ancora numerosi. La metodologia adottata, peraltro, formalizzando sia i percorsi ideali sia quelli effettivamente offerti dalle Aziende, classificando in maniera sintetica ma comprensibile le possibili criticità, ha offerto un'opportunità di riflessione ai professionisti coinvolti nel percorso assistenziale, consentendo loro di identificare le modalità con cui intervenire e migliorare complessivamente l'assistenza.

Appare quanto mai utile l'ipotesi di adottare metodologie di questo tipo, replicandole nel tempo: si tratta infatti di strumenti significativi per rilevare sistematicamente la qualità dei percorsi organizzati dalle Aziende Sanitarie. In questo modo è infatti possibile verificare il grado di miglioramento conseguito nell'organizzazione dei percorsi, sia sotto il profilo clinico della standardizzazione, sia sotto il profilo della personalizzazione, verificando inoltre, attraverso l'analisi dell'esperienza dei pazienti, se ed in che misura le soluzioni organizzative implementate sono state riscontrate

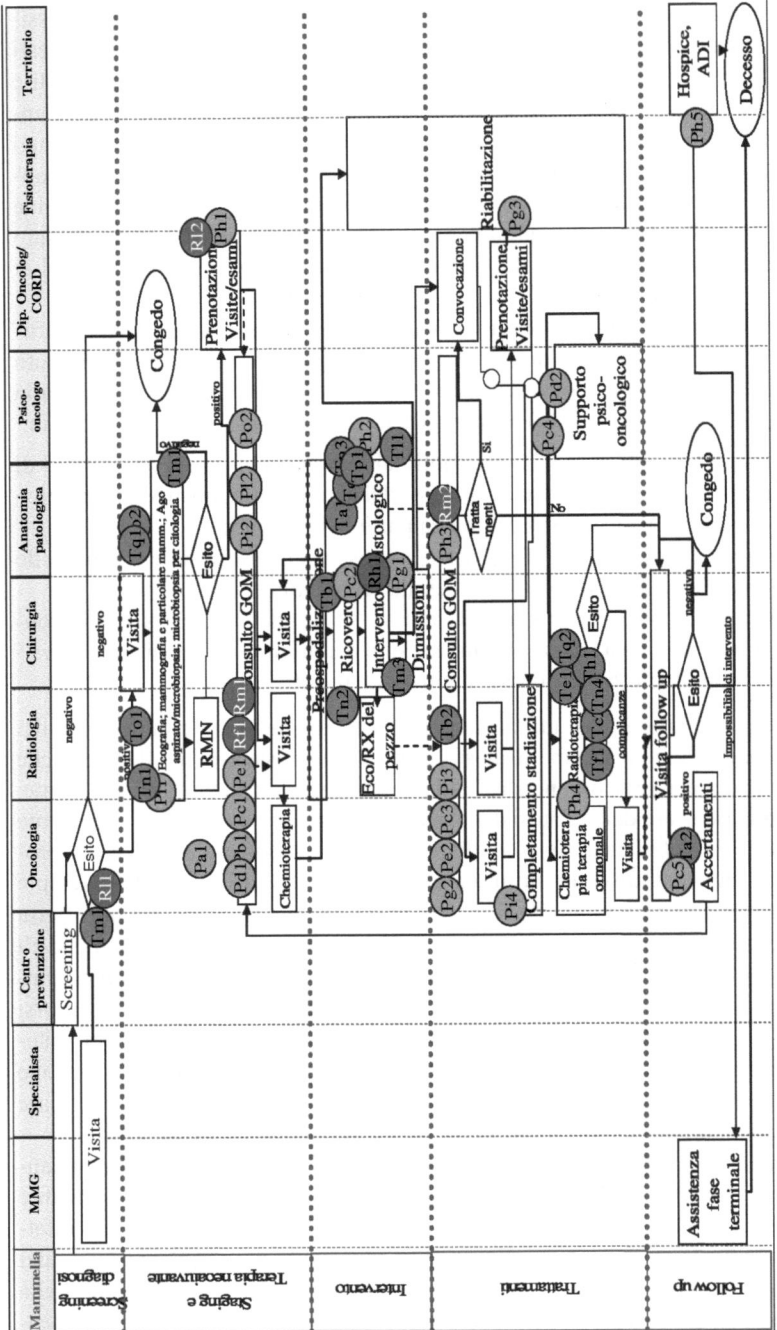

Figura 8.5 Lo scenario regionale: sintesi dei gap del percorso assistenziale del tumore alla mammella. $P_x1..P_xn$ indicano i gap di processo dell'Azienda Sanitaria x da 1 a n. $T_x1..T_xn$ indicano i gap di tempestività dell'Azienda Sanitaria x da 1 a n. $R_x1..R_xn$ indicano i gap di coordinamento e relazionali dell'Azienda Sanitaria x da 1 a n. Le aziende sanitarie (x) sono indicate con lettere minuscole

ed apprezzate dai malati nel loro vissuto e non sono rimaste invece, nonostante le migliori intenzioni, "lettera morta".

8.6
Conclusioni

La sanità si caratterizza per essere un contesto ad elevata professionalità e al contempo ad elevata complessità. In termini organizzativi rappresenta un ambito assai sfidante e in continua evoluzione. L'innovazione tecnologica e la ricerca scientifica da un lato e la naturale crescita dei bisogni di salute della popolazione dall'altro impongono una continua revisione delle modalità di erogazione dei servizi sanitari per individuare soluzioni valide in termini terapeutici e sostenibili in termini finanziari.

Lo studio combinato delle esigenze dell'utente, delle sue abitudini di vita, delle sue condizioni socio-economiche e delle modalità con cui introdurre nella gestione processi di ottimizzazione e razionalizzazione delle attività in coerenza con le evidenze scientifiche rappresenta una sfida continua per il management sanitario. In tal senso il caso evidenzia anche come in un contesto quale quello sanitario possano essere utili metodologie di marketing che consentano di meglio orientare l'offerta ai bisogni del paziente in modo utile ad evitare lo spreco delle risorse. Lo studio del comportamento dell'utente e dei suoi bisogni permette infatti di individuare gli elementi da considerare nella definizione dell'offerta appropriata dei servizi sanitari (si veda anche il Cap. 9). Questo aspetto è rilevante soprattutto nei processi di comunicazione tra paziente e operatore sanitario, affinché quest'ultimo assuma un ruolo proattivo, soprattutto nei confronti dei pazienti più fragili, nell'offerta di prevenzione, cura ed assistenza. La personalizzazione del servizio deve infatti concretizzarsi nella capacità di adattamento del servizio alle specificità dell'utente senza però dar luogo ad una variabilità nel processo di erogazione non giustificata e validata dai protocolli clinici e linee guida proposti dalle società scientifiche e dalle evidenze internazionali.

Sulla combinazione delle due strategie si costruisce infatti il successo e l'eccellenza dei servizi delle organizzazioni sanitarie.

Bibliografia

Achard P O (1999) Economia e organizzazione delle imprese sanitarie. Franco Angeli, Milano

Anderson E W, Fornell C, Rust R T (1997) Customer satisfaction, productivity and profitability: differences between goods and services. Market Sci 16: 129–145

Arrow K J (1963) Uncertainty and the welfare economics of medical care. Am Econ Rev 53: 941–973

Barsanti S (2009) La specificità degli strumenti per misurare e valutare l'equità. In: Nuti S, Vainieri M (eds) (2009) Fiducia dei cittadini e valutazione della performance nella sanità italiana. Edizioni ETS, Pisa

Barsanti S (2010a) La valutazione della capacità di perseguire le strategie regionali. In: Nuti S (ed) (2010) Il sistema di valutazione della performance della sanità toscana – Report 2009. Edizioni ETS, Pisa

Barsanti S (2010b) Salute, equità e sviluppo economico. In: Frey M, Meneguzzo M, Fiorani G (eds) (2010) La sanità come volano dello sviluppo. Edizioni ETS, Pisa

Barsanti S, Tedeschi P, Nuti S (2009) Cronicità e disuguaglianze in salute: spunti per riconfigurare l'assistenza in base alle determinanti sociosanitarie presenti in Regione Toscana. VII Congresso nazionale CARD, 19–21 marzo, Pisa

Berg M, Meijerink Y, Gras M, Goossensen A, Schellekens W, Haeck J, Kallewaard M, Herre Kingma H (2005) Feasibility first: developing public performance indicators on patient safety and clinical effectiveness for Dutch hospitals. Health Policy 75: 59–73

Brenna A (1999) Manuale di economia sanitaria. CIS Editore, Milano

Brennan T A, Leape L L, Laird N M et al. (1991) Incidence of adverse events and negligence in hospitalized patients: results of the Harvard Medical Practice Study I. N Engl J Med 324: 370–377

Burns L R, DeGraaf R A, Danzon P M, Kimberly J R, Kissick W L, Pauly M V (2002) The Wharton School study of the health care value chain. John Wiley & Sons, New York

Candiotto R (2003) L'approccio per processi e i sistemi di gestione per la qualità. Giuffrè Editore, Milano

Casati G (ed) (1999) Il percorso del paziente. La gestione dei processi in sanità. Egea, Milano

Cozzi G, Ferrero G (1996) Marketing. Principi e tendenze evolutive. Giappichelli Editore, Torino

Culyer A J (1971) The nature of the commodity 'health care' and its efficient allocation. Oxford Econ Pap 23: 189–211

Darby M R, Karni E (1973) Free competition and the optimal amount of fraud. J Law Econ 16: 67–88

Davenport T H, Short J E (1990) The new industrial engineering: information technology and business process redesign. Sloan Manage Rev (estate): 11–27

Direttiva del Presidente del Consiglio dei Ministri (27 gennaio 1994) Principi sull'erogazione dei servizi pubblici

D G R. (27 maggio 2002, n 532) Rete oncologica regionale – Prime determinazioni in applicazione del P.S.R. 2002–2004

Dirindin N, Vineis P (1999) Elementi di economia sanitaria. Il Mulino, Bologna

Donabedian A (1988) The quality of care. How can be assessed? JAMA 260: 1743–1748

Fornell C, Wernerfelt B (1988) A model for customer complaint management. Market Sci 7: 271–286

Gerteis M, Edgman-Levitan S, Daley J, Delbanco T L (1993) Through the patient's eyes: understanding and promoting patient-centered care. Jossey-Bass, San Francisco

Griliches Z (1971) Prices indices and quality change. Harvard University Press, Cambridge

Gronroos C (1978) A service-oriented approach to marketing of services. EJOM 12: 588–601

Guldvog B (1999) Can patient satisfaction improve health among patients with angina pectoris? Int J Qual Health C 11: 233–240

Hall J A, Dornan M C (1990) Patient sociodemographic characteristics as predictors of satisfaction with medical care: a meta analysis. Soc Sci Med 30: 233–240

Hammer M, Champy J (1993) Reengineering the corporation: a manifesto for business revolution. Harper Collins, New York

Hunter D J W (1997) Measuring the appropriateness of hospital use. Can Med Assoc J 157: 901–902

ISTAT (2007) Condizioni di salute, fattori di rischio e ricorso ai servizi sanitari. Roma

Istituto Toscano Tumori (2005) Raccomandazioni cliniche per i principali tumori solidi
Jarman B (2006) Using health information technology to measure and improve healthcare quality and safety. 23rd Annual International Conference on the International Society for Quality in Health Care, Londra
Kaplan R B, Murdock L (1991) Core process redesign. McKinsey Q 2: 27–43
Lancaster K (1979) Variety, equity, efficiency. Columbia University Press, New York
Lee T H (2010) Turning doctors into leaders. Harvard Bus Rev (aprile): 50–58
Levitt T (1981) Marketing intangible products and product intangibles. Harvard Bus Rev 59: 94–102
Lovelock C, Wirtz J (2007) Marketing dei servizi. Risorse umane, tecnologie, strategie. Pearson, Prentice Hall, Milano
L R (8 marzo 2000, n 22) Riordino delle norme per l'organizzazione del servizio sanitario
L R (24 febbraio 2005, n 40) Disciplina del servizio sanitario regionale
Mengoni A, Murante A M, Nuti S, Tedeschi P (2010) Segmentazione e marketing per la sanità pubblica. Mercati e competitività 1: 119–138
Merli G, Biroli M (1996) Organizzazione e gestione per processi. Isedi, Torino
Ministero della Salute (2010) Progetto SiVeAS. http://www.salute.gov.it/
Miolo Vitali P, Nuti S (eds) (2003) Ospedale in rete e reti di ospedali: modelli ed esperienze a confronto. Franco Angeli, Milano
Miolo Vitali P, Nuti S (eds) (2004) Sperimentazione dell'Activity Based Management nella sanità pubblica: l'esperienza dell'Azienda USL 3 di Pistoia. Franco Angeli, Milano
Murante AM, Panero C, Nuti S (2010) L'esperienza dei cittadini del servizio di medicina generale: come la comunicazione influenza la relazione medico-paziente. Quattro regioni a confronto. VIII Congresso Nazionale CARD, Padova, 16–18 settembre
Nelson P (1970) Information and consumer behaviour. J Polit Econ 78: 311–329
Normann R (1988) La gestione strategica dei servizi. Etas Libri, Milano
Nuti S (a cura di) (2008) La valutazione della performance in sanità. Il Mulino, Bologna
Nuti S (ed) (2010) Il sistema di valutazione della performance dei sistemi sanitari regionali. Primi indicatori ministeriali. Anno 2008. Presentazione 21 aprile 2010. http://www.salute.gov.it/dettaglio/phPrimoPianoNew.jsp?id=273&area=ministero&colore=2
Nuti S, Barsanti S (2006) L'accesso al percorso materno infantile. Salute e Territorio 158: 303–305
Nuti S, Barsanti S (2010) Cronicità e spesa sanitaria. In: Frey M, Meneguzzo M, Fiorani G (eds) La sanità come volano dello sviluppo. ETS, Pisa
Nuti S, Bonini A, Murante AM, Vainieri M (2009) Performance assessment in the maternity pathway in Tuscany Region. Health Serv Manage Res 22: 115–121
Nuti S, Calabrese C, Panero C (eds) (2010) Confronto tra bisogni del paziente e offerta sanitaria per il miglioramento organizzativo del percorso oncologico. Economia Sanitaria, Milano
Nuti S, Murante A M (2008) L'esperienza e la soddisfazione dei pazienti oncologici per i servizi sanitari ricevuti in Toscana. In: A A V V. La valutazione della qualità nella rete oncologica toscana. Dalle raccomandazioni cliniche ITT agli indicatori di percorso assistenziale. Giunti O S, Firenze
Nuti S, Vainieri M (eds) (2009) Fiducia dei cittadini e valutazione della performance nella sanità italiana. ETS, Pisa
Panero C, Murante A M, Perucca G (2010) The patient needs and the answer of general practitioner: the Italian citizens experience. In: A A V V. Operations research for patient-centered health care delivery. Proceedings of the XXXVI International ORAHS Conference. Franco Angeli, Milano

Parasuraman A, Zeithaml V A, Berry L L (1985) A conceptual model of service quality and its implications for future research. J Marketing 49: 41–50

Pierantozzi D (1998) La gestione dei processi nell'ottica del valore: miglioramento graduale e rengineering: criteri,metodi ed esperienze. Egea, Milano

Porter M E (1985) Competitive advantage: creating and sustaining superior performance. The Free Press, New York

Reicheheld F F, Sasser W E (1990) Zero defections: quality comes to services. Harvard Bus Rev 68: 105–111

Rosenstock IM (2005) Why people use health services. Milbank Q 83: 1–32, ristampa di: Rosenstock I M (1966) The Milbank Mem Fund Q 44: 94–124

Shostack GL (1977) Breaking free from product marketing. J Marketing 41: 73–80

Stanton W J, Varaldo R (1986) Marketing. Il Mulino, Bologna

Stewart M (1989) Which facets of communication have strong effects on outcome – a meta-analysis. In: Stewart M, Roter D (eds) Communicating with medical patients. SAGE, Newbury Park

Valkonen T (1992) Socioeconomic differences in mortality 1981–1990. Central Statistical Office of Finland, Population, 8, Helsinki

ESPERIENZA INNOLAB
Ingegnerizzazione dei nuovi prodotti per reti di telecomunicazioni sicure e multimediali

Master MAINS, a.a. 2009/2010
Soggetti coinvolti nell'InnoLab:
Allievi – Caterina Cinquini, Giulio Giovannetti Samuela Locci
Aziende – Ansaldo Energia, Elsag-Datamat, Finmeccanica Group Services e SIA-SSB
Docenti – Alberto Di Minin e Andrea Piccaluga

1. Il problema ...

Al team è stato affidato il compito di sviluppare un processo di ingegnerizzazione di nuovi prodotti per reti di telecomunicazioni sicure e multimediali. Il processo avrebbe dovuto presentare elementi innovativi rispetto alle soluzioni proposte dallo standard R&D-Ingegneria-Produzione nonché avere una potenziale fattibilità in azienda. L'obiettivo primario era quello di supportare una generica impresa nell'ingresso in un mercato altamente competitivo come quello dei prodotti per reti di telecomunicazioni. L'obiettivo generale si è declinato poi in un obiettivo più operativo che fosse conseguibile nei ridotti tempi a disposizione. Ci si è quindi prefissi di disegnare un processo di ingegnerizzazione di nuovi prodotti di serie che garantisse alte prestazioni e che permettesse un alto livello di personalizzazione. Il progetto doveva infine integrare un'organizzazione che supportasse il processo, un sistema di monitoraggio che ne garantisse i risultati ed un sistema informativo che agevolasse, attraverso la standardizzazione delle comunicazioni, le attività tra gli attori e le funzioni del processo.

2. Modalità di sviluppo del lavoro

Il team ha quindi in prima battuta analizzato la letteratura di riferimento nell'ambito dei processi di sviluppo dei nuovi prodotti ed il mercato degli apparati di telecomunicazioni di largo consumo (ad esempio decoder per applicazioni televisive oppure switch, bridge e router per applicazioni di networking).

Le analisi svolte, rispetto alla presenza di importanti player sul mercato, hanno mostrato come esistessero due driver fondamentali, ovvero la sicurezza offerta dai prodotti e la loro capacità di supportare contenuti multimediali, che si configuravano come elementi chiave per poter esser competitivi all'interno del mercato di riferimento.

Queste caratteristiche si evolvono in modo estremamente rapido seguendo i sempre nuovi standard applicativi che si rendono di volta in volta disponibili sul mercato. Implementare quindi efficacemente queste caratteristiche complica notevolmente i prodotti e, soprattutto, impone che il processo di ingegnerizzazione sia tale da garantire un *time-to-market* molto contenuto.

In particolare, per arrivare ad identificare un posizionamento in linea con il know-how interno e con le possibili scelte strategiche aziendali volte anche a garantire l'efficienza produttiva, sono stati analizzati i trend complessivi in termini di volumi e fatturato del mercato di riferimento, la presenza di player *leader* di mercato e le loro quote detenute per area geografica nonché le strategie messe in atto da quei player che sul mercato giocano il ruolo di *follower*.

Aver definito, in questo modo, il posizionamento strategico dell'azienda rispetto alla realizzazione di prodotti per reti di telecomunicazioni sicure e multimediali è stato un aspetto fondamentale perché ha consentito al team di definire quali dovessero essere conseguentemente i punti di forza che il processo avrebbe dovuto avere per poter supportare la strategia aziendale. In particolare, dall'analisi svolta sul mercato dei prodotti per telecomunicazioni sono stati identificati due principali driver competitivi in relazione ai quali sono stati segmentati il contesto e i player di riferimento: livello di customizzazione e performance complessiva dei prodotti valutata, a sua volta, in termini di sicurezza, qualità e integrazione.

Il cammino da percorrere per intraprendere, completare e attivare un processo innovativo è spesso lungo e non di facile implementazione. Inoltre per ridefinire un processo aziendale, gli sforzi e gli investimenti richiesti sono spesso molto elevati ed i risultati non sempre sono tali da giustificarli. Quando un'impresa intraprende un progetto di innovazione di processo, è quindi vitale massimizzare la probabilità che l'intervento si concluda con i risultati attesi, nei tempi programmati e con i costi previsti.

3. Soluzione proposta

La soluzione a cui è giunto il team comprende un processo definito in tutte le sue attività e fasi nelle sequenze temporali che lo governano.

Le attività e le fasi così definite sono state allocate in termini di responsabilità sulle singole funzioni aziendali e sono stati individuati tutti i ruoli indispensabili all'esecuzione del processo. Per ciascuno di questi ruoli sono state definite le caratteristiche tecniche e gestionali che gli avrebbero garantito di eseguire al meglio i propri compiti. Ci si è poi spinti più in profondità definendo quali fossero le leve più appropriate da affidare agli attori del processo per massimizzare la loro probabilità di successo.

Una volta mappate le attività e definite le job description si è proceduto a disegnare un'organizzazione aziendale che ospitasse le figure professionali appena individuate e fornisse loro le leve desiderate.

A questo punto il processo aveva preso forma e si poteva passare al *fine tuning*. Durante questa fase il processo è stato simulato molte volte, in situazioni sempre più particolari, evidenziando di volta in volta possibili miglioramenti.

Una volta raggiunto il livello qualitativo desiderato si è proceduto alla definizione degli strumenti di supporto all'esecuzione del processo stesso: un sistema di monitoraggio ed un sistema informativo.

Per quanto concerne il sistema di monitoraggio è stato dapprima definito un insieme di indicatori di performance (*Key Performance Indicator* – KPI) che monitorasse le grandezze tipicamente critiche in un processo del genere. Questi KPI sono poi stati assegnati a ciascuno dei ruoli precedentemente identificati, con il duplice intento di usare quei KPI come criterio di valutazione delle loro stesse performance e in modo da fornire loro un utile strumento per l'identificazione rapida di eventuali anomalie.

Per quanto riguarda infine il sistema informativo il team si è limitato a definire quali fossero le caratteristiche funzionali che avrebbe dovuto avere per supportare adeguatamente tutti gli attori del processo e supplire alle carenze che si sarebbero presentate in un'esecuzione "manuale" del processo stesso.

I nuovi prodotti per le reti sicure di Telecomunicazioni e Networking ingegnerizzati secondo il modello della nuova architettura, regolati dall'introduzione della figura chiave del *process owner*, dalle puntuali norme organizzative nonché da un'attenta ricerca di parametri di performance con il supporto di un sistema informativo customizzato, hanno fornito la vera innovazione ai modelli standard.

Home Healthcare Services: un caso istruttivo per lo sviluppo di un approccio "Service-Dominant-Logic" nel marketing dei servizi ad alta tecnologia

G. Turchetti e E. Geisler

I servizi sanitari domiciliari si basano su tecnologie che trovano applicazione sia in ambito clinico che in quello amministrativo-gestionale, generalmente conosciute come "telemedicina". L'obiettivo del presente capitolo è di descrivere un caso nella implementazione di servizi sanitari domiciliari avviato da un rilevante ospedale statunitense per pazienti con malattie croniche, al fine di presentare una evidenza empirica delle difficoltà incontrate nell'esperimento. Vi sono due principali risultati derivanti dallo studio. Il primo è che le principali barriere alla implementazione dei servizi technology-based di assistenza domiciliare in remoto non sono di natura tecnologica, ma sono ancorate nella logica di marketing di tali servizi verso i pazienti. Il secondo è che se utilizzassimo l'approccio della service-dominant logic per l'erogazione di servizi sanitari domiciliari technology-based, potremmo accelerare il ritmo di implementazione di tali servizi e il valore del servizio offerto. La rilevanza dei risultati del caso presentato nel capitolo è di una lezione appresa dal settore dei servizi sanitari ma applicabile ad altri settori dell'economia dei servizi.

9.1
Contesto e obiettivi del capitolo

La gestione dell'assistenza sanitaria è una delle problematiche maggiori a cui i Paesi industrializzati devono rispondere oggi e a cui dovranno sempre più far fronte nei prossimi anni. In ambito sanitario, infatti, si assiste a due fenomeni diversi e apparentemente inconciliabili (Kotler et al. 2010).

Da un lato, vi è una forte spinta all'incremento dei costi, sia perché vi è una crescente domanda di servizi sanitari, a causa dell'invecchiamento della popolazione, dei progressi della medicina, di un nuovo concetto di salute – che include un insieme

Cinquini L., Di Minin A., Varaldo R.: Nuovi modelli di business e creazione di valore: la Scienza dei Servizi   DOI 10.1007/978-88-470-1845-7_9
© Springer-Verlag Italia 2011

di condizioni molto più ampio rispetto al passato –, sia perché persistono inefficienze organizzative e comportamentali che inducono a un eccessivo ricorso ai centri di emergenza e all'ospedalizzazione.

Dall'altro lato, tutti i governi, molto preoccupati della sostenibilità finanziaria del sistema sanitario, stanno introducendo misure di contenimento dei costi e stanno lavorando su come riformare l'intero sistema.

Sebbene sia difficile trovare correlazione tra qualità del servizio e spesa per la sua erogazione[1], al fine di risolvere questo difficile *trade-off* tra la maggiore domanda di servizi e i vincoli di bilancio, alcuni autori hanno suggerito di ricorrere sempre di più all'assistenza domiciliare, promuovendo un maggiore utilizzo della tecnologia (AMA 2001; Davies et al. 2009). L'assistenza domiciliare è da tempo riconosciuta come una soluzione meno costosa di prestazione di cure (Hayes 2008), anche perché riduce l'ospedalizzazione e l'uso dei centri di emergenza.

Alcune stime suggeriscono che i risparmi variano dal 50% al 70% rispetto ai costi sostenuti in regime di ricovero per alcune malattie croniche come il diabete, le insufficienze cardio-respiratorie e le artriti (Kvedar et al. 2006; Geisler, Wickramasinghe 2009; Turchetti, Geisler 2010), garantendo al contempo elevati livelli di qualità dei servizi forniti (monitoraggio continuo, trattamenti adeguati, aumento della *compliance* e supporto alla famiglia del paziente).

I servizi di assistenza sanitaria domiciliare sono un esempio di servizi basati su piattaforme[2], in quanto si basano su tecnologie cliniche e amministrative generalmente note come "telemedicina". La telemedicina rientra nel concetto di *eHealth*, così definita dall'OMS: "la fornitura di servizi sanitari, nel caso in cui la distanza è un fattore critico, da parte degli operatori del settore attraverso l'uso di tecnologie dell'informazione e della comunicazione per lo scambio di informazioni valide per la diagnosi, il trattamento e la prevenzione delle malattie e delle lesioni, la ricerca e la valutazione, la formazione continua degli operatori sanitari, nell'interesse esclusivo di migliorare la salute degli individui e delle loro comunità".

Nonostante i suoi vantaggi evidenti, l'assistenza domiciliare e la telemedicina non sono ancora molto diffuse. Per quali ragioni? Il capitolo affronta questo problema presentando e discutendo un *case study* di utilizzo di tecnologie wireless nella cura domiciliare in remoto di pazienti cronici. Nel presente lavoro vengono elencati gli ostacoli a una completa implementazione di queste tecnologie e viene discusso come a questi possa essere ricondotta la lentezza del processo della loro adozione. Al fine di accelerare il ritmo della diffusione dei servizi di assistenza sanitaria a domicilio, in questa sede si riprende quanto discusso da Spoher e Kwan nell'inquadramento teorico della *Service Sciences* (Cap. 1) e si propone di adottare un approccio di *service-dominant logic* nel marketing di questo servizio *technology-based*.

---

[1] Vedi Cap. 8.
[2] Vedi Cap. 7.

9.2
Disegno e metodologia dello studio

La metodologia utilizzata in questo lavoro si basa sulla presentazione di un caso reale di utilizzo di tecnologia wireless a distanza per l'assistenza domiciliare di pazienti cronici. In questo studio illustriamo e discutiamo il processo attraverso il quale il servizio domiciliare con tecnologia wireless è stato progettato per essere introdotto nelle abitazioni di un segmento di popolazione residente in un ambiente urbano di grandi dimensioni negli Stati Uniti (Geisler, Wickramasinghe 2009).

Lo studio ha previsto la partecipazione di un grande ospedale traumatologico metropolitano. La popolazione inserita nello studio è costituita da pazienti sottoserviti e sotto-assicurati o non assicurati affatto con almeno una patologia cronica.

Il problema che si è dovuto affrontare in fase di disegno dell'esperimento è stato il seguente: i pazienti sotto-assicurati o privi di copertura assicurativa con malattie croniche come il diabete, l'asma e le malattie polmonari e cardiache tendono a fare ricorso al pronto soccorso dell'ospedale e al centro traumatologico come loro centro di assistenza di primo livello. Dato che molti di questi pazienti non posseggono una polizza di assicurazione sanitaria e spesso sono immigrati privi di documenti, essi preferiscono rivolgersi ai servizi di emergenza degli ospedali dato che questi ultimi, per legge, devono erogare le prestazioni di pronto soccorso anche in assenza di assicurazione o cittadinanza. Un comportamento di questo tipo di un segmento relativamente grande della popolazione potrebbe costituire un importante onere finanziario per l'ospedale e sollecitarne in modo severo le risorse sanitarie e amministrative. Il programma federale e statale *Medicaid* (il programma che assicura i pazienti che non sono in grado di pagare o che non hanno assicurazione) copre solo una parte e non l'intera spesa connessa all'erogazione dei servizi di assistenza sanitaria.

L'analisi condotta dai ricercatori e dall'ospedale coinvolto nello studio ha concluso che l'uso di assistenza domiciliare per questa popolazione scarsamente servita e affetta da malattie croniche, in particolare il diabete, potrebbe contribuire ad alleviare l'onere finanziario imposto sulle risorse del pronto soccorso dell'ospedale. È stato istituito un programma, insieme ad una società estera, per la creazione di una rete di utenti wireless nelle abitazioni di questi pazienti, collegato a un punto centrale di servizio in ospedale. I pazienti affetti da diabete sono stati addestrati a utilizzare un telefono cellulare progettato appositamente per comporre un numero collegato con l'ospedale per la lettura quotidiana dei livelli di glucosio. Dall'ospedale un operatore professionale potrebbe così valutare se il paziente ha necessità di assistenza e potrebbe consigliargli per telefono se recarsi in ospedale o se ricevere la prestazione presso la propria residenza. Questo processo potrebbe consentire anche a chi presta assistenza a casa di fare a meno di annotare in un diario giornaliero le letture relative ai livelli di glucosio. L'inserimento giornaliero di questi livelli per mezzo del telefono cellulare potrebbe fornire all'ospedale i dati in tempo reale sulle condizioni del paziente nonché sui *trend* settimanali e mensili di tali valori. Tale monitoraggio, da un lato, potrebbe consentire di evitare al paziente di recarsi in urgenza presso l'ospedale, dall'altro ovvierebbe al frequente fenomeno del mancato inserimento quotidiano di tali dati da parte dei pazienti, particolarmente rilevante nei momenti in cui essi stanno meglio. Il database elettronico risultante permetterebbe, inoltre, agli operatori sanitari di avere un campione di pazienti che potrebbe essere utilizzato a fini di ricerca e di analisi statistiche.

La sperimentazione è partita all'inizio del 2008 con la prima fase in cui l'ospedale e la società privata hanno concordato sul tipo di hardware e software da utilizzare nello studio.

È stato selezionato un campione di dodici pazienti e la tappa successiva è stata la presentazione della procedura ai pazienti. Sono state condotte dettagliate interviste faccia a faccia con i pazienti, le loro famiglie e gli operatori ospedalieri (sia di area medica che amministrativa). Esperimenti simili sono stati condotti in altri contesti urbani negli Stati Uniti e in Canada, dove il campione è stato integrato con un gruppo più numeroso di pazienti con diabete (Wickramasinghe, Goldberg 2004).

Nel caso qui descritto, la fase in cui questi servizi di assistenza domiciliare basati su tecnologia wireless sono stati proposti ha costituito l'ostacolo principale all'implementazione dell'intera procedura. Per un marketing di successo di questa tecnologia wireless al campione di pazienti e ai loro familiari, infatti, si presentarono diverse tipologie di barriere.

9.2.1
Barriere per un marketing efficace

Sono state identificate quattro distinte categorie di barriere per un marketing efficace. Esse sono:

a) *Tecnologia.* Le barriere principali in questa categoria sono state il set-up e la formazione dei pazienti e del personale ospedaliero e i problemi di connettività. Sebbene molti pazienti e i loro familiari fossero abituati all'uso dei telefoni cellulari, essi sono stati riluttanti a imparare la procedura necessaria per inviare e ricevere dati dai telefoni modificati. Sono anche sorti problemi di connettività, in particolare all'interno dell'ospedale, in cui c'era la necessità di istituire un centro indipendente per la raccolta dei dati dai telefoni fissi, ma anche per collegare questo centro ad altre parti dell'ospedale (Turchetti, Geisler 2010).

b) *Comportamento umano.* Probabilmente la categoria di barriere più rilevante, essa comprende elementi come il timore del cambiamento, l'attenzione alla riservatezza dei dati e la diffidenza relativa al loro utilizzo. I pazienti sotto-assicurati e con minore familiarità nell'utilizzo di tecnologie hanno mostrato una paura innata verso l'innovazione e le nuove tecnologie. Essi temevano, inoltre, che i telefoni cellulari fossero un'altra forma di intrusione del Governo nelle loro vite e un altro mezzo per il Governo di mantenere il controllo costante dei loro movimenti. Anche se il personale sanitario ha accuratamente spiegato gli usi specifici dei telefoni per la raccolta unica di dati clinici, la paura di acconsentire a fare entrare la tecnologia nelle proprie case è stato il primo pensiero dei pazienti e delle loro famiglie. I pazienti temevano il possibile uso improprio, per scopi diversi da quelli sanitari, dei dati clinici che avrebbero fornito. I pazienti e le loro famiglie hanno spiegato che con un diario scritto portato al pronto soccorso dell'ospedale avevano il controllo su chi riceveva, leggeva e utilizzava le loro informazioni mediche. Con la dotazione elettronica di informazioni mediche, i pazienti e le loro famiglie ritenevano di perdere il controllo sulla destinazione dell'informazione e su chi avrebbe potuto usarla e per quale scopo. I pazienti con diabete occupati temevano che i loro datori di lavoro avrebbero potuto entrare in possesso di queste informazioni e avrebbero potuto decidere di porre fine al loro impiego (Berry 2006).

c) ***Organizzazione.*** Gli addetti alla erogazione del servizio hanno riscontrato problemi di resistenza al cambiamento e la necessità di una formazione e competenze specifiche per gestire il nuovo database elettronico dei pazienti con diabete. Poiché la maggior parte degli operatori in ospedale era già oberata da un sovraccarico di compiti e le risorse umane erano scarse, la formazione specifica e le responsabilità aggiuntive sono state accolte con scetticismo e mancanza di entusiasmo (Bevan, Robinson 2005).

d) ***Dimensione economica.*** Le barriere economiche hanno riguardato principalmente il costo della procedura e l'incapacità degli sperimentatori di mostrare chiaramente i vantaggi sia in termini di risparmi che di maggiori benefici per i pazienti, capaci di compensare più che proporzionalmente i costi incrementali associati alla formazione del personale, alla presentazione ai pazienti e alla implementazione e gestione del processo.

9.2.2
Il marketing ai pazienti e agli erogatori delle prestazioni sanitarie

Lo sforzo di marketing rivolto ai pazienti e agli erogatori di prestazioni sanitarie è stato indirizzato al superamento delle barriere ricordate nel paragrafo precedente. Gli sperimentatori hanno utilizzato tre tattiche principali. La prima è consistita nello spiegare dettagliatamente la procedura per ridurre al minimo l'onere della sua implementazione e della formazione. La seconda è stata quella di spiegare appieno i benefici potenziali per i pazienti, le loro famiglie e per l'ospedale. La terza è stata quella di spiegare completamente il destino delle informazioni, il mantenimento della loro riservatezza e la garanzia assoluta che le informazioni non sarebbero mai state condivise con alcun ente governativo e che tutte le informazioni utilizzate per la ricerca sarebbero state gestite solo in forma aggregata e anonima (Earp, Payton 2006).

Lo sforzo di marketing rivolto al paziente è sembrato un successo solo parziale. Pochi pazienti e le loro famiglie, infatti, hanno accettato le spiegazioni della natura del processo e le rassicurazioni sulla riservatezza dei dati. Anche quando gli erogatori delle prestazioni sanitarie hanno contribuito in questo sforzo di marketing (per aumentare il livello di fiducia dei pazienti), la maggior parte di essi ha resistito all'idea di dover introdurre la nuova tecnologia wireless nella propria casa e nella propria vita. Alcuni pazienti hanno espresso il forte timore che se avessero inviato elettronicamente le proprie informazioni, l'ospedale avrebbe gestito in remoto tutti i servizi e non avrebbe consentito ai pazienti di far ricorso alle prestazioni all'interno delle strutture di pronto soccorso. I pazienti, quindi, sembra che non abbiano compreso che i telefoni cellulari non andavano a rimpiazzare le prestazioni sanitarie ricevute in ospedale, ma che semplicemente avrebbero rappresentato un sostituto più efficiente dei diari giornalieri scritti a mano che essi tradizionalmente utilizzavano per registrare i loro livelli di glucosio.

Anche se la logica del servizio di assistenza domiciliare era chiara e dominante, questa non è risultata un'alternativa accettabile per i pazienti (Vargo, Lusch 2008b). Nonostante l'impegno profuso dagli sperimentatori e dallo staff sanitario per elencare i vantaggi e i benefici della nuova tecnologia, i pazienti e le loro famiglie non hanno accettato il servizio. Paura, ignoranza e altri fattori culturali – tutti abbastanza comprensibili – hanno agito di concerto per impedire un marketing efficace di queste tecnologie wireless e dei servizi che esse intendevano fornire. Lo sforzo di marketing qui descritto ha avuto una durata di circa sei mesi con un costo di circa 1.800 ore uomo. L'esperimento è ancora in corso. L'ospedale e gli sperimentatori hanno ancora la speranza di poter vincere la resistenza dei pazienti e delle loro famiglie.

Per la prosecuzione di questo esperimento sono certamente necessarie ulteriori risorse e, forse, un approccio diverso al marketing di questi servizi ai pazienti (Vargo, Lusch 2008a). L'elenco delle caratteristiche e dei benefici del servizio sembra insufficiente per convincere i pazienti e le loro famiglie (i clienti) che il servizio e la tecnologia sono un valido investimento e che la loro partecipazione sarebbe utile a loro stessi e alla gestione della loro patologia.

9.3
Risultati

I risultati di questo studio possono essere raggruppati in due grandi categorie. La prima è la conclusione che la superiorità tecnologica da sola non è sufficiente per convincere i clienti ad acquistare un prodotto o, in questo caso, un servizio. La seconda categoria è la conclusione che la *service-dominant logic*, nel caso in cui sia in grado di risolvere i problemi e gli ostacoli esposti dai clienti, può rappresentare uno strumento utile nel persuadere gli stessi a implementare la tecnologia.

9.3.1
"If you build it, they will not necessarily come"

L'idea che se una tecnologia è adeguata o superiore e i suoi attributi e la sua efficacia possono essere dimostrati, i clienti arriveranno/compreranno, non è necessariamente vera. In questo studio abbiamo riscontrato che gli ostacoli all'implementazione della tecnologia, quindi l'accettazione da parte dei clienti del servizio, non sono di natura tecnologica, ma sono ancorati ai problemi comportamentali dei pazienti/clienti. Anche una tecnologia superiore, già dimostratasi tale in altri casi, non può essere proposta a certi segmenti di popolazione target, a meno che lo sforzo di marketing risponda alle preoccupazioni, agli ostacoli, alle paure e alle incertezze di questa popolazione. La logica del servizio e la sua adeguatezza e i suoi benefici potenziali sono inaccettabili per alcuni clienti. Nella fornitura di assistenza sanitaria i pazienti sono visti come clienti di un servizio che, per definizione, è progettato per aiutarli e fornire loro soccorso e assistenza medica. Anche in questo caso, dove la cura è il servizio, ci sono barriere non tecnologiche abbastanza forti da ostacolare il marketing del servizio (Turchetti, Geisler 2010; Kotler et al. 2010).

La tecnologia da sola non è sufficiente a commercializzare il servizio. Come mostrato nel presente lavoro, anche nel settore della fornitura di assistenza sanitaria, il servizio *di per sé*, per quanto efficace e attraente, non è sufficiente a essere distribuito con successo a una popolazione target. Vi è la necessità di "dosi supplementari di logica", adeguate alle esigenze della popolazione target, che fornirà una descrizione del servizio capace di sfidare le barriere che guidano la sua logica e il suo comportamento d'acquisto.

9.3.2
Service-Dominant Logic

Concentrarsi sulla logica della fornitura di servizi di assistenza domiciliare è il modo migliore perché tali servizi possano essere commercializzati con successo a una popolazione di pazienti target. Anche se lo sforzo iniziale di commercializzazione di tali tecnologie è stato inefficace, la conclusione del presente studio è che vi è la necessità di ristrutturare l'attività di marketing e di adeguare la logica del servizio alle sfide poste dalle barriere alla implementazione e alla commercializzazione (Vargo, Lusch 2008b). Più precisamente, la conclusione è che c'è bisogno di progettare lo sforzo di marketing in una logica strutturata di tipo *service-dominant* che affronti ogni barriera indicata in questo studio. Non appare sufficiente fornire una logica generale dei potenziali vantaggi e delle caratteristiche interessanti della tecnologia e della procedura. La campagna di marketing deve faticosamente elencare ogni barriera e affrontare ciascuna di esse con un esame attento. La campagna di marketing deve anche valorizzare il ruolo che i cosiddetti fattori facilitanti hanno nel convincere i pazienti ad accettare i servizi basati sulla tecnologia, ma questi fattori hanno una capacità più ridotta nel convincere i clienti o placare le loro paure e incertezze.

Ci sono almeno due strategie di marketing per raggiungere questo scopo. La prima è quella di evidenziare in modo chiaro l'ostacolo e di dichiarare che il servizio farà o non farà in modo che questo si manifesti. Ad esempio, se la barriera è la paura di un uso improprio delle informazioni fornite dal paziente, lo sforzo di marketing sarà quello di dichiarare che le informazioni saranno utilizzate esclusivamente per scopi clinici. La seconda strategia è quella di fornire al paziente esempi o casi di applicazioni simili a categorie simili di pazienti. Nell'esempio di cui sopra è utile

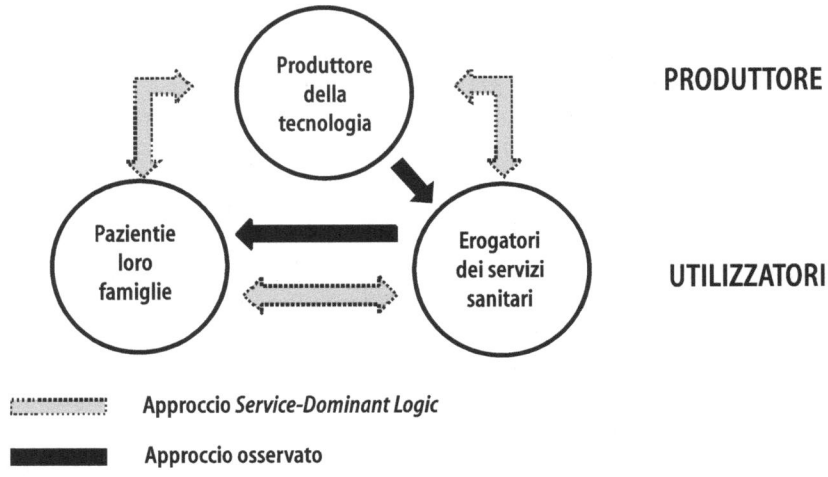

Figura 9.1 L'approccio osservato e l'approccio *Service-Dominant Logic*

fornire esempi dell'uso di dati medici ricevuti da altri pazienti che godono di minori prestazioni e l'uso appropriato ed etico che di essi se ne fa in questi casi.

Al fine di rendere efficaci gli sforzi di marketing sia i produttori delle tecnologie che i fornitori di servizi ospedalieri/sanitari, quindi, devono cambiare approccio, adottando una *service-dominant logic*. Nella sperimentazione realizzata, al contrario, da un lato, i produttori di tecnologia si sono interfacciati solo con i fornitori di servizi sanitari, evitando i contatti con i pazienti e le loro famiglie e, dall'altro lato, i fornitori di servizi sanitari – anche se sono, come il paziente, i clienti della tecnologia – hanno svolto il ruolo di venditori nei confronti del paziente, col fine di raggiungere i loro obiettivi (ridurre i costi, le ospedalizzazioni e l'utilizzo del Pronto Soccorso). In altre parole, nel caso di studio presentato, abbiamo osservato due approcci "negativi": a) il produttore della tecnologia non ha adottato un approccio di tipo *service-dominant logic*, b) uno dei clienti/utenti, l'ospedale, si è comportato come un produttore della tecnologia, non adottando esso stesso un approccio di *service-dominant logic*, quindi mancando di co-produrre valore sia con il reale produttore della tecnologia che con gli altri clienti (vedi Fig. 9.1).

La conclusione di questo studio è che, nonostante lo sforzo commerciale iniziale non sia servito, le iniziative di marketing messe in atto sono riuscite comunque a fare individuare le barriere che impediscono l'accettazione della tecnologia e del servizio da parte della popolazione di pazienti target (Geisler, Wickramasinghe 2009). Per gli sperimentatori e l'ospedale questo risultato è stato sufficiente per consentire una ristrutturazione del programma di marketing e, in questo senso, è stato un successo.

9.4
Implicazioni manageriali

Il presente studio ha numerose implicazioni manageriali per il settore dei servizi. Questo capitolo ha affrontato il tema della implementazione della assistenza domiciliare e della telemedicina. La commercializzazione dei servizi a distanza per l'assistenza domiciliare ha dimostrato di essere difficoltosa, dal momento che essa richiede uno schema di marketing modificato che risponda agli ostacoli alla sua realizzazione. Questi sono ostacoli comuni alla tradizionale implementazione e adozione di tecnologie, in particolare delle tecnologie dell'informazione e delle telecomunicazioni.

Di seguito individuiamo quattro categorie di implicazioni manageriali per il settore dei servizi, come i trasporti, la finanza, l'ospitalità e l'assistenza sanitaria. Anche se ogni settore industriale presenta esigenze specifiche e richiede un approccio in qualche modo differenziato per il marketing dei servizi basati sulla tecnologia, le implicazioni elencate si applicano in tutti i settori industriali. Una volta definito un percorso di innovazione del modello di business[3], è necessario tenere ben presente tali questioni strategiche che sono particolarmente rilevanti per il marketing di un servizio.

9.4.1
"One size doesn't fit all"

L'idea che il marketing della tecnologia sia una attività uniforme in tutti i settori di servizio è sbagliata. L'implicazione manageriale del caso di studio presentato ha evidenziato la necessità di un approccio di marketing su misura per ogni settore. Nel settore della sanità vi è la necessità di individuare non solo gli attributi e le capacità della tecnologia commercializzata, ma anche le particolari esigenze e i fattori inerenti i potenziali clienti/pazienti. Il marketing della tecnologia per il settore sanitario richiede di personalizzare l'approccio di marketing alle specifiche barriere e di rispondere a ciascuna di queste.

Nel settore finanziario, per esempio, l'implicazione manageriale è incorporata nel bisogno di proporre le tecnologie della informazione e delle telecomunicazioni in modo da affrontare i vincoli e le barriere specifiche del settore e dei clienti.

Troppo spesso i fornitori di tecnologia dell'informazione e delle telecomunicazioni utilizzano un piano di marketing standardizzato per tutte le industrie di servizi. "Ciò che funziona per il trasporto funzionerà anche per le banche e per gli ospedali". L'implementazione iniziale delle tecnologie dell'informazione nel settore bancario negli Stati Uniti ha fallito soprattutto perché i produttori cercarono di sviluppare un modello unificato di rete utilizzabile in tutte le banche. La complessità del sistema bancario e le caratteristiche uniche delle singole banche, i loro bisogni specifici e le particolari barriere che avevano, furono sottovalutate.

---
[3] Si veda il Cap. 3.

9.4.2
"Technology is not enough"

Le tecnologie dell'informazione e delle telecomunicazioni, comunque emozionanti ed efficaci, non si vendono da sole. L'implicazione manageriale proveniente da altri settori dei servizi è che la tecnologia da sola non è sufficiente a garantire il successo di mercato. Nel settore dei trasporti, per esempio, l'esistenza di una tecnologia dell'informazione efficace per la vendita di biglietti aerei non è stata sufficiente per tutte le compagnie aeree affinchè fosse implementata. Con l'evoluzione di internet, la tecnologia sviluppata inizialmente da American Airlines come un sistema efficace di biglietteria è stata utilizzata e si è diffusa con successo, soprattutto perché internet ha risolto molti dei problemi e ha dato risposta a molte delle barriere alla implementazione. A differenza dei prodotti tradizionali, quali gli elettrodomestici o le automobili, l'attuazione e l'adozione della tecnologia per il settore dei servizi richiede l'impiego aggiuntivo di un servizio, piuttosto che una logica *technology dominant*.

9.4.3
"If at first you don't succeed try, try, try again"

Un'altra implicazione manageriale è la nozione acquisita da questo case study che un primo tentativo di commercializzare la tecnologia per un settore di servizi può fallire, ma il fallimento è una benedizione mascherata. Il fallimento può aiutare ad identificare gli ostacoli inerenti al settore dei servizi e ai suoi clienti. Questo apparente fallimento permette ai distributori della tecnologia di ristrutturare il loro approccio di marketing e le strategie per affrontare queste barriere. Il fallimento iniziale delle applicazioni della tecnologia dell'informazione e delle telecomunicazioni nel settore finanziario ha portato alla revisione della strategia di marketing e delle iniziative commerciali dei produttori e dei distributori. Queste imprese hanno rivisto il proprio approccio e rivisto lo sforzo di marketing al fine di affrontare gli ostacoli che avevano scoperto durante il tentativo fallito.

9.4.4
"From propaganda to Conversation"

Nel caso di studio presentato, il servizio è stato commercializzato come un bene, mostrando e comunicando i vantaggi per il paziente e l'ospedale. Né il paziente e la sua famiglia né il personale ospedaliero (amministrativo e sanitario) sono stati adeguatamente ascoltati e coinvolti nel processo di creazione del valore. Pertanto, essi hanno continuato a vedere il servizio dal di fuori, mantenendo i loro dubbi e avversioni nei confronti dell'opportunità proposta. I vantaggi e la creazione di valore in relazione al servizio non sono risultati chiari agli utenti. È stato loro detto quello che dovevano fare (fornire informazioni e dati) e il risultato è stato che questi non hanno percepito i vantaggi e il valore per loro. Hanno creduto che il servizio di assistenza domiciliare fosse orientato al solo beneficio dell'ospedale (che avrebbe ottenuto un taglio all'ospedalizzazione e all'uso del Pronto Soccorso) e a ridurre le loro opportunità e il livello di servizio (hanno ritenuto che l'adozione di servizi di assistenza domiciliare avrebbe limitato la possibilità per loro di ricevere servizi *face to face* e di accedere alle strutture sanitarie).

Pertanto, come accade nei settori di altri servizi quali quelli finanziari e per le professioni (avvocati, ingegneri, architetti, ecc.), è necessario portare il cliente (nel nostro caso di studio, il paziente, la sua famiglia e i fornitori di servizi sanitari) e tutti gli altri stakeholders nel processo di creazione di valore, parlando con loro – non semplicemente informandoli – fin dall'inizio del processo. Il rapporto deve basarsi su una conversazione e una co-creazione di valore (Lush, Vargo 2008; Payne et al. 2008).

9.5
Originalità e valore dello studio

Questo case study fornisce alcune evidenze riguardo alla tesi che i principali ostacoli alla commercializzazione e all'adozione della telemedicina in situazioni di assistenza domiciliare sono organizzativi, comportamentali ed economici, non tecnologici. Questa evidenza è in linea con i risultati tradizionali del marketing della tecnologia in altri settori, come nella ricerca e sviluppo industriale e nel marketing di nuovi prodotti technology based da parte di imprese industriali.

I risultati del case study descritto in questo articolo offrono una spiegazione delle cause dell'iniziale fallimento dello sforzo di marketing incontrato nella implementazione di servizi di assistenza sanitaria a distanza con tecnologia wireless per la cura di alcuni segmenti di pazienti affetti da malattie croniche. La fornitura di assistenza domiciliare è un esempio di servizio di *mini-world*, incapsulato all'interno del settore critico dei servizi di prestazione di cure sanitarie. Il valore del caso di studio descritto in questo articolo è in primo luogo riferibile ai risultati che spiegano il fenomeno paradossale del rifiuto di una migliore assistenza sanitaria a causa dei problemi connessi con l'adozione di nuove tecnologie. Pazienti scarsamente assistiti con malattie croniche debilitanti resistono alla realizzazione di servizi migliori e non riescono ad accettare la logica dei potenziali benefici derivanti da questi superiori servizi di assistenza. Invece di abbracciare questi miglioramenti che potrebbero permettere loro di rimanere nella loro abitazione e di essere monitorati dall'ospedale attraverso l'uso di telefoni cellulari, i pazienti e le loro famiglie resistono al cambiamento e rifiutano le nuove tecnologie.

L'implicazione per altre industrie nel settore dei servizi è che se i clienti del settore sanitario rifiutano i servizi a causa della loro resistenza al cambiamento tecnologico, è ragionevole pensare che in altre industrie di servizi come i trasporti, l'ospitalità, i servizi finanziari, l'istruzione e le professioni (avvocati, ingegneri, architetti, ecc.), il marketing di servizi technology based, che sono meno critici che nel settore dell'assistenza sanitaria, trovi nella resistenza al cambiamento tecnologico un fattore persino più elevato per una commercializzazione di successo di tali servizi. Il valore dei risultati del caso di studio riportato nel presente articolo è quindi una lezione appresa dal settore dei servizi sanitari ed applicabile ad altri settori dell'economia dei servizi. La prestazione di servizi da sola (anche a costo zero per il cliente, come è il caso della popolazione di pazienti scarsamente assistiti descritta in questa vicenda) e l'esistenza di una logica fondata sulla commercializzazione di tali servizi non sono sufficienti a distribuirli con successo ai potenziali clienti.

Bibliografia

American Medical Association (2001) American Medical Association Guide to Home Care. Wiley, New York

Berry L (2006) Creating new markets through service innovation. MIT Sloan Management Review 47: 56–62

Bevan G, Robinson R (2005) The interplay between economic and political logics: path dependency in health care in England. Journal of Health, Politics Policy & Law 30: 53–78

Davies S, Froggatt K, Meyer J (eds) (2009) Understanding Home Care: A Research and Development Perspective. Jessica Kingsley Publishers, Londra

Earp J, Payton F (2006) Information privacy in the service sector: An exploratory study of health care and banking professionals. Journal of Organizational Computing & Electronic Commerce 16: 105–122

Geisler E, Wickramasinghe N (2009) The role and use of wireless technology in the management and monitoring of chronic diseases. IBM Center for the Business of Government, Washington

Hayes H (2008) Home Health Monitoring Saves the Government Big Bucks. http://www.govhealthit.com/print/4_21/features/350570-1.html

Kotler P, Shalowitz J, Stevens R J, Turchetti G (2010) Marketing per la Sanità. Logiche e Strumenti. McGraw Hill, Milano

Kvedar J, Wootton R, Dimnick S (eds) (2006) Home Telehealth: Connecting Care Within the Community. Royal Society of Medicine Press, Londra

Lush R F, Vargo, S L (2008) The Service-Dominant mindset. In: Hefley B, Murphy W (eds) (2008) Service Science, Management and Engineering. Springer, Heidelberg

Payne A F, Storbacka K, Frow P (2008) Managing the co-creation of value. Journal of the Academy of Marketing Science 36: 83–96

Turchetti G, Geisler E (2010) Economic and organizational factors in the future of telemedicine and home care. In: Coronato A, Di Pietro G (eds) (2010) Pervasive and Smart Technologies for Healthcare. IGI Global, Hershey

Vargo S, Lusch R (2008a) Why Service? Journal of the Academy of Marketing Science 36: 25–38

Vargo S, Lusch R (2008b) Service-Dominant Logic: continuing the evolution. Journal of the Academy of Marketing Science 36: 1–10

Wickramasinghe N, Goldberg S (2004) How M=EC2 in Health Care. International Journal of Mobile Communications 2: 140–156

ESPERIENZA INNOLAB
Dal contactless alle carte multiservizi

Master MAINS, a.a. 2009/2010
Soggetti coinvolti nell'InnoLab:
Allievi – Massimo Di Stefano, Alessia Innocenti e Marco Rosabella
Aziende – Poste Italiane, Telecom Italia e SIA-SSB
Docenti – Roberto Barontini e Giuseppe Turchetti

1. Il problema ...

All'interno di uno scenario che vede il consumatore di oggi come utilizzatore di servizi di vario genere, il lavoro in oggetto si pone la finalità di sviluppare una piattaforma multiservizio aperta che racchiuda diversi servizi di largo interesse.

Il mondo dei servizi prevede, infatti, un'offerta piuttosto frammentaria che si traduce in una serie numerosa di supporti ed infrastrutture standard: questa pluralità di interfacce rende poco fruibili i servizi desiderati e non sempre si rivela al passo con l'evoluzione tecnologica. All'interno della tendenza alla digitalizzazione dei servizi, va collocato questo lavoro che si propone di sfruttare una tecnologia in ascesa come quella contactless.

La problematica affrontata inizialmente è stata quella di individuare le leve per creare nel consumatore l'esigenza di aderire alla piattaforma multiservizio proposta: questo risulta strettamente collegato con la scelta dei servizi da includere e con la tecnologia individuata per la fruizione.

2. Modalità di sviluppo del lavoro

Il progetto si è sviluppato in diverse fasi con finalità differenti.

Lo studio è iniziato con uno scouting sugli standard esistenti e sull'utilizzo del contactless in vari ambiti, identificando di volta in volta i fattori critici caratterizzanti e quelli che eventualmente ne stanno ritardando la diffusione.

Il team ha pertanto selezionato una serie di servizi ponendosi l'obiettivo finale di individuare la modalità migliore per l'erogazione di tale servizio rendendolo facilmente fruibile.

Una prima fase del lavoro ha previsto la ricerca e lo studio di soluzioni innovative già presenti nel mercato, sia in termini tecnologici che in termini di servizi/multiservizi erogati da applicare al progetto pilota.

Dal punto di vista dei servizi sono stati analizzati quelli al momento più diffusi che utilizzano tecnologie contactless ed in particolare i servizi nel settore trasporti, ristorazione di massa e pagamenti presenti in differenti Paesi, identificando le criticità che ne causano il ritardo nella diffusione.

Tale screening ha quindi permesso di scegliere solo quei servizi per cui esisteva un'effettiva fattibilità tecnica ed economica. Sono stati quindi identificati tre servizi critici quali Buoni Pasto, Ticket per i musei e Fidelity Card per la Grande Distribuzione Organizzata (GDO).

3. Soluzione proposta

L'analisi eseguita durante il lavoro ha portato alla scelta del servizio "buoni pasto", in uso nelle aziende italiane, come *killer application* dell'intero progetto. La scelta è ricaduta su questo servizio dopo un'attenta analisi di mercato che ha mostrato come quello selezionato sia un mercato consolidato, in forte sviluppo, con un fatturato cresciuto del 7,6% negli ultimi 5 anni e concentrato su pochi attori (i primi 3 ricoprono circa il 60% del mercato).

La tecnologia scelta è stata quella contactless per gli svariati vantaggi offerti tra cui la praticità e velocità nei pagamenti; in modo più specifico, però, la scelta è ricaduta su questa tecnologia applicata al mondo della telefonia cellulare, ovvero la NFC (Near Field Communication).

L'NFC è una tecnologia di comunicazione bidirezionale a corto raggio che permette a due dispositivi in stretto contatto di scambiarsi dati nel raggio di 2–5 cm. Negli anni passati sono stati progettati cellulari con tecnologia NFC integrata, tuttavia la loro diffusione risulta ancora lenta. È possibile aggiungere però la funzionalità contactless ai cellulari attualmente utilizzati da qualunque utente tramite dei plug-in come ad esempio il cosiddetto "Sticker NFC". Tale *sticker* è un semplice adesivo da applicare dietro ogni cellulare e i due dispositivi riescono così a comunicare tra loro tramite la tecnologia *Bluetooth*. Nella *flash memory* del dispositivo viene installata l'applicazione relativa al servizio di cui si vuole usufruire mentre l'antenna integrata ne permette la comunicazione con i lettori NFC durante ogni transazione.

La strategia pensata prevede di rivolgersi ad un segmento di mercato iniziale costituito dai dipendenti di quelle aziende che decidano di entrare a far parte del circuito di fornitura "buono pasto". Attualmente l'emettitore dei buoni pasto stipula con un'azienda un contratto di fornitura che prevede la personalizzazione e la consegna dei buoni pasto cartacei. L'azienda si occupa poi della distribuzione mensile dei buoni pasto ai propri dipendenti che ne fanno uso presso gli esercenti convenzionati. A loro volta gli esercenti raccolgono i buoni pasto e, al termine di ogni mese, li inviano agli emettitori per ottenere il rimborso nei modi e tempi previsti.

Con l'introduzione dello sticker come mezzo attraverso cui usufruire del servizio, l'intero sistema si modificherebbe nel seguente modo: rimane la stipula di un contratto di fornitura tra azienda ed emettitore dei buoni pasto; tuttavia questi ultimi vengono caricati direttamente sugli sticker dei dipendenti dell'azienda, eliminando così tutti i costi del cartaceo e della logistica. La validazione dei buoni pasto presso gli esercenti avviene elettronicamente, così come l'invio dei buoni raccolti dall'esercente ed il conseguente rimborso.

All'interno di tale circuito, i vantaggi rispetto al sistema di fornitura attuale sono molteplici e riguardano tutti gli attori in gioco. Il fornitore del servizio si occuperà dell'acquisto degli sticker e della personalizzazione garantendo il funzionamento della nuova infrastruttura a fronte di un margine ipotizzato del 2% sugli utili; l'emettitore di buoni pasto, che ha in essere il circuito di esercenti convenzionati, avrà minori costi di gestione a fronte di una riduzione degli utili del 2%; l'azienda avrà un minore costo di gestione e si assicura il pagamento dei soli buoni pasto consumati; l'esercente avrà una riduzione dei tempi di rimborso, in quanto diverranno interamente automatizzati, e un decongestionamento delle file dovuto alla velocità nelle transazioni; il dipendente, infine, potrà usufruire in modo più semplice dei buoni pasto attraverso un oggetto di uso quotidiano come il cellulare ma specialmente entrerà in possesso di un mezzo che gli permetterà di aderire ad una piattaforma multiservizi che è il vero valore aggiunto dell'intero progetto.

In tale ottica, il lavoro ha portato all'individuazione di altri due servizi da aggiungere a quello dei "buoni pasto" nel progetto pilota di piattaforma multiservizi: il servizio delle "fidelity", largamente diffuso in vari ambiti del consumo tra cui la GDO, e il servizio di "ticketing" nei musei. La scelta è ricaduta su questi due servizi in quanto il primo è lo strumento di fidelizzazione più utilizzato e rappresenta anche un modo per raccogliere informazioni sui comportamenti d'acquisto dei consumatori. Inoltre è in forte crescita e largamente diffuso tra i consumatori e questo renderebbe la piattaforma appetibile al mondo della GDO. La scelta dei musei invece va inquadrata all'interno del più ampio servizio *ticketing* via web ancora scarsamente utilizzato ma che, se incentivato, offrirebbe vantaggi sia per il consumatore che per gli enti che operano nel settore della cultura e dell'entertainment.

Infine, il team ha valutato delle strategie al fine di aumentare l'affidabilità offerta dalla piattaforma in termini di sicurezza. Si è scelto come soluzione migliore quella che preveda un database centralizzato su cui fare il backup dei dati abilitanti il multiservizio di ogni sticker cosicché quest'ultimo stesso rappresenti un semplice puntatore di accesso a tale database.

A supporto delle scelte, è stato svolto uno studio di fattibilità in termini economici e le valutazioni hanno confermato la bontà e la sostenibilità dell'intero progetto. In particolare, ipotizzando una crescita costante nella vendita degli sticker fino quota 1mln al quinto anno, si ottengono già degli utili a partire dal terzo anno. Inoltre, sarebbe anche sufficiente una vendita totale di sticker di poco inferiore alle 400.000 unità per recuperare l'investimento effettuato.

Un impulso determinante per il successo di tale strumento innovativo per la fruizione di più servizi potrà venire dalla diffusione dei cellulari con tecnologia NFC che permetterebbe di sostituire l'attuale interfaccia rappresentata dallo sticker. Il raggiungimento infine di una massa critica rilevante potrà far sì che tale piattaforma si affermi come standard di riferimento e si espanda tra i consumatori al crescere dei servizi che man mano verranno inseriti.

Gestione e governance dei nuovi modelli di servizi nel settore ambientale ed energetico

M. Frey e F. Rizzi

I servizi energetici e ambientali sono interessati da un dinamismo particolarmente significativo, correlato alle innovazioni green oriented. Se la green economy non può essere ancora considerata un nuovo paradigma tecno-economico, costituisce un complemento in grado di arricchire e stimolare le traiettorie innovative delle ICT, sia tramite il contributo offerto da fonti energetiche alternative a quelle fossili, sia per la forte spinta alla sostenibilità e all'efficienza in settori non solo industriali (si pensi al proposito alle significative innovazioni energetico-ambientali riconducibili all'edilizia).

In tali processi è fondamentale un approccio orientato all'integrazione dei cicli sia a livello di policy (regolazione e controllo a livello nazionale ma anche territoriale), sia per quanto concerne l'erogazione dei servizi (ciclo integrato dei rifiuti, dell'acqua, del gas, ecc.), sia a livello di management aziendale di risorse il cui valore incide sempre di più sulle performance complessive.

In tale ambito si stanno rafforzando modelli di business fondati sull'innovazione dei processi e dei servizi in un'ottica di filiera, in cui sempre più centrale è il ruolo esercitato dagli utilizzatori (nel risparmio energetico o idrico, nella raccolta differenziata, ecc.).

Al tempo stesso nelle imprese si stanno consolidando approcci basati sul Life Cycle Assessment, su sistemi di gestione integrati (in cui agli standard consolidati sull'ambiente si sono aggiunti quelli specifici sull'energia), sull'eco ed energy efficiency.

10.1
Servizi ambientali ed energetici, green economy e innovazione di sistema

Nel 1994, l'ICLEI (International Council for Local Environmental Initiatives) fornì una delle prime definizioni di sviluppo sostenibile, dopo quella classica della Bruntland (WCED 1987), dipingendolo come: "lo sviluppo che offre servizi ambientali, sociali ed economici di base a tutti i membri di una comunità, senza minacciare l'operabilità dei sistemi naturali, edificato e sociale da cui dipende la fornitura di tali servizi" (ICLEI 1994). Per quanto nel tempo superata da definizioni più estese[1], questa formulazione ha avuto il merito di riconoscere ai servizi ambientali una funzione di fondamentale importanza per il mantenimento dell'equilibrio ambientale, economico e sociale di una comunità. Essendo queste tre dimensioni dello sviluppo sostenibile strettamente correlate, il dibattito da qui avviato ha contribuito a diffondere la consapevolezza di come ogni intervento di programmazione sui servizi dovesse tenere conto delle reciproche interrelazioni, superando quindi implicitamente quella visione tecnocratica che ne circoscriveva la sfera di valutazione ai soli parametri puntuali di performance industriale.

Alla luce di ciò e dei conseguenti sforzi tesi a delineare i corretti confini della regolazione dei servizi ambientali (Brusco et al. 1995), si è venuta consolidando una perimetrazione – fondata sul concetto di ciclo di vita del servizio – secondo la quale sono riconducibili a servizi collettivi primari di natura ambientale:

a) la gestione del ciclo idrico integrato, nelle sue fasi di captazione, potabilizzazione, distribuzione e depurazione;
b) la gestione del ciclo integrato dei rifiuti, inteso dalle fasi di conferimento, raccolta, trasporto, trattamento e smaltimento, riuso;
d) la gestione della filiera energetica, a sua volta strutturata nelle fasi di produzione (o generazione), trasmissione, distribuzione e trasformazione.

Questi ambiti, seppur divisi dalle peculiarità delle proprie sfide tecnologiche e gestionali, sono oggi uniti dalle medesime esigenze di riorganizzazione e adeguamento ai mutamenti della società.

Fra le chiavi di lettura di questa evoluzione, i nuovi modelli di consumo e di accesso al servizio, collocandosi fra i principali stimoli capaci di generare una crescente domanda di innovazione tecnica e gestionale, conducono sempre più frequentemente a indicare la cosiddetta *green economy* quale opportunità unificante per la ridefinizione dei modelli di business e per l'integrazione dei servizi lungo e tra le filiere.

Con il concetto di green economy si è teso sinora a sottolineare innanzitutto il riorientamento del settore energetico rispetto alla sfida del riscaldamento globale (*low carbon economy*), ma la prospettiva si allarga pervasivamente alla transizione dell'economia verso uno sviluppo sostenibile. In questo ambito assumono infatti pari rilevanza rispetto al ciclo dell'energia altri cicli, come quello dell'acqua, dei rifiuti, della filiera agroindustriale, destinati a costituire ulteriori ambiti rilevanti di investimento e innovazione. Competitivi diventano in questa prospettiva quei prodotti e servizi che garantiscono un basso impatto ambientale lungo tutte le fasi del ciclo di vita.

In questo ambito si assiste ad un'altra integrazione all'interno delle filiere in cui al rapporto biunivoco tra produttore e cliente si sostituisce una relazione aperta in cui i diversi protagonisti di tutto il sistema vengono coinvolti. Questa evoluzione porta al concetto di responsabilità condivisa: progettisti, produttori, distributori, utenti finali, ma anche le istituzioni e i cittadini non sono parti distinte di un percorso lineare, ma soggetti attivi interdipendenti in un sistema dinamico e complesso di relazioni.

---

[1] Ad esempio, nel 2001 l'UNESCO ha ampliato il concetto di sviluppo sostenibile indicando che "la diversità culturale è necessaria per l'umanità quanto la biodiversità per la natura".

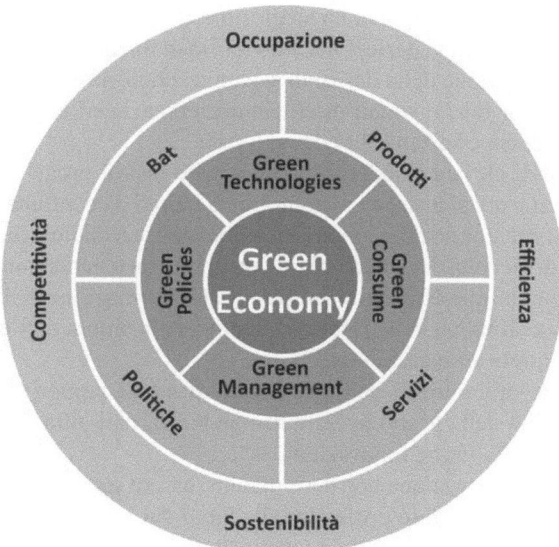

Figura 10.1 La natura sistemica della Green Economy (tratto da Symbola 2010)

L'accezione che qui si intende adottare di green economy non è quindi solamente imperniata sulle opportunità di business offerte da nuove soluzioni tecnologiche e tecniche in risposta alle scarsità emergenti (di energia, di acqua, di emissioni di gas serra, di cibo), in una prospettiva che potremmo sinteticamente definire *green business*, ma anche nelle possibilità legate ad un sistema economico evoluto in cui l'offerta delle imprese si accompagna ad una domanda consapevole dei consumatori, a comportamenti responsabili dei cittadini ed a politiche da parte delle istituzioni che sappiano guardare al lungo periodo.

Questo approccio olistico e sistemico (Fig. 10.1), si declina sia a livello globale che nella competitività dei territori, dove la qualità dei servizi è maggiormente in grado di condizionare le prestazioni sia in termini di qualità della vita, che di attrattività delle attività economiche e del capitale umano.

E proprio qui, nella diffusione capillare nel territorio, si identifica la complessa natura pubblico-privata del servizio, determinante imprescindibile del suo assetto organizzativo.

Tradizionalmente, nel settore produttivo, il concetto di servizio è associato ad una attività volta alla creazione di valore complementare e, ancor più, alla fidelizzazione di precisi segmenti della clientela. Ogni intervento di innovazione tecnologica e gestionale ha quindi qui come obiettivo primario la diversificazione rispetto alla concorrenza e l'intercettazione di nuove fasce di mercato.

Nell'industria dei servizi ambientali ed energetici, il rapporto con il cliente, passando necessariamente attraverso un importante processo di creazione di infrastrutture fisiche di interesse collettivo, diviene invece elemento non solo strutturalmente duraturo, ma anche caratteristico di un territorio e, quindi, terreno di valutazione del suo governo. Con ciò non si perfeziona solo un ribaltamento della prospettiva d'interesse dall'intercettazione della domanda a garanzia dell'offerta, ma si introducono al fianco dei principi fondamentali di efficienza, efficacia ed economicità quelli di universalità di accesso e sostenibilità del servizio.

Alle esigenze di elevata standardizzazione nelle fasi di progettazione, realizzazione e gestione che qui si possono riscontrare, fa quindi da contrattare l'importanza della contestualizzazione socio-economica, ambientale e tecnologica. Così, ad esempio, le modalità di raccolta dei rifiuti urbani non potrà non tener dinamicamente conto del tessuto socio-culturale ed economico servito, la distribuzione dell'acqua potabile dello stato quali-qualitativo delle fonti intercettate, la fornitura dell'energia dei nodi di generazione e prelievo messi in rete.

Nella capacità di controllo dell'evoluzione di simili rapporti si gioca da una parte la sostenibilità della gestione delle risorse locali, dall'altra l'eliminazione dei cosiddetti *lock-in*[2] alle future innovazioni.

Fra i processi di innovazione non deve peraltro essere sottovalutato quello riguardante l'evoluzione delle figure professionali. Tanto dal lato delle strutture deputate alla regolazione, quanto da quello dei soggetti chiamati ad operare nei diversi tasselli della filiera, è infatti rilevabile un crescente fabbisogno formativo. Nuove competenze professionali di natura interdisciplinare devono essere create, ad esempio, per operare un'efficace comunicazione nelle fasi di sviluppo impiantistico, per coordinare complesse gestioni finanziarie in caso di ricorso alla finanza di progetto, per muoversi sui mercati volontari di scambio delle emissioni, per documentare la sostenibilità della propria offerta, ecc.

Si intravede peraltro qui, nella progressiva proiezione della *customer satisfaction* sulla gestione degli aspetti formali del servizio, un superamento dei processi di "commodization"[3] dell'acqua, dell'energia e dell'igiene ambientale[4]. Se infatti, prima, la dimensione fisica del proprio prodotto era percepita come intangibile e, quindi, meno apprezzabile rispetto alla possibilità di averne o meno una regolare disponibilità; oggi una nuova visibilità all'oggetto del servizio è data dal riconosciuto impatto che simili servizi hanno sul sistema sociale (dati gli usi multipli come nel caso dell'acqua, o più in generale la correlazione con la qualità della vita), economico (considerato il crescente costo di servizi un tempo quasi gratuiti), ambientale (con le conseguenti implicazioni in termini di accettabilità sociale). È qui, ad esempio, che trova giustificazione l'evoluzione del concetto di gestione dei rifiuti da "nettezza urbana", ovvero servizio di manutenzione del bene pubblico, a "servizio pubblico locale", ovvero servizio che ha per oggetto la "produzione di beni ed attività rivolte a

---

[2] Si veda sul tema l'analisi di Liebowitz e Margolis (1995).
[3] Concetto derivato da "commodity", termine inglese che indica un bene per cui c'è domanda ma che è fungibile ed offerto senza differenze qualitative sul mercato, ovvero il prodotto è lo stesso indipendentemente da chi lo produce.
[4] Picazo-Tadeo et al. (2008), analizzando le water utility spagnole, rilevano come la misurazione della qualità dell'acqua influenza a catena le performance dei diversi tasselli della filiera del servizio idrico.

realizzare fini sociali e a promuovere lo sviluppo economico e civile delle comunità locali"[5].

Il fatto che il target di riferimento dell'offerta del gestore si posizioni sull'asse territorio-consumatore apre peraltro interessanti scenari di potenziale diversificazione e, quindi, nuove possibilità di porre in concorrenza differenti alternative di offerta.

L'attualità di questo tema è dimostrata dal fatto che proprio sulla differenziazione dei potenziali gestori si sono concentrate nel recente passato le politiche di liberalizzazione delle pubbliche utilità. In molti casi queste hanno portato a un comune processo di privatizzazione, ma a differenti risultati in termini di interpretazione e di penetrazione della concorrenza. Si tratta infatti di processi nei quali vengono coinvolti ingenti capitali e reti di competenze, capaci di generare colli di bottiglia sia del lato dell'offerta (es. disponibilità dei nuovi entranti a rilevare le passate gestioni) che della domanda (es. disponibilità dei consumatori a sostenere i costi per il miglioramento di servizi garantiti)[6].

Per comprendere come questi aspetti siano in grado di incidere sulle traiettorie di innovazione del sistema, deve essere richiamato il legame fondamentale tra principi della riforma e assetto economico-finanziario delle gestioni attivabili. Ad ispirare il processo di privatizzazione è stato infatti il principio di *Full Recovery Cost*, ovvero di separazione e autonomia economico-finanziaria delle gestioni da quelle misure di intervento sulla fiscalità generale frequentemente resesi necessarie per conciliare i costi industriali con le promesse tariffarie rivolte ai cittadini da parte delle amministrazioni locali. Secondo i dettami europei sui servizi di interesse generale, è così stata promossa una liberalizzazione "controllata": vale a dire un'apertura graduale del mercato, accompagnata da misure di tutela dell'interesse generale volte a garantire, in linea con il concetto di servizio universale, l'accesso di ciascuno, indipendentemente dalla situazione economica, sociale o geografica, ad un servizio di qualità specificata e ad un prezzo abbordabile.

In questo contesto si è andata animando una vasta discussione su quali siano le possibili declinazioni operative del concetto di servizio di interesse generale, nonché degli obblighi di servizio pubblico che ne derivano. Sono andate così moltiplicandosi le interpretazioni sui ruoli che gli attori pubblici e privati dovrebbero assumere, tenendo conto delle circostanze specifiche di ogni settore, nel garantire sotto il profilo tecnico e gestionale l'universalità e parità di accesso, la continuità, la sicurezza, l'adattabilità, la qualità, l'efficienza, l'accessibilità dei prezzi, la trasparenza, la protezione dei gruppi sociali più svantaggiati, la protezione degli utenti, dei consumatori e dell'ambiente e la partecipazione dei cittadini.

---

[5] Definizione di Servizio Pubblico Locale introdotta dal D. Lgs 267/2000 "Testo Unico delle leggi sull'ordinamento degli enti Locali".
[6] Warner e Bel (2008), confrontando la gestione di alcuni servizi pubblici in USA e Spagna, concludono che il libero mercato non può essere assunto a priori quale soluzione più efficiente per l'erogazione dei servizi locali, rilevando talvolta nel ruolo di indirizzo pubblico un utile fattore di regolarizzazione della domanda.

Tutto ciò ha favorito, secondo un diffuso approccio conservativo, la difesa delle posizioni in grado di garantire sin da subito il raggiungimento degli obiettivi minimi in termini di apporto di servizi.

Se la teoria sottolinea quindi come le dinamiche innovative vengano di norma enfatizzate nei sistemi caratterizzati da una "related variety" di competenze e di soggetti operanti nella ricerca dei migliori compromessi tecnico-gestionali (Bishop 2008), la rilevanza degli investimenti in questi settori e le conseguenti masse critiche da garantire per l'erogazione del servizio hanno imposto vincoli e barriere significative all'ingresso di nuovi attori ed alla penetrazione di idee innovative. L'aggregazione di classi di domanda differenti in un unico volume standardizzato, attraverso processi di omogeneizzazione delle loro caratteristiche distintive, ha così in molti casi prevalso e contribuito a marginalizzare gli sforzi di innovazione sulle nicchie di utenza, concentrando le risorse sul garantire un minimo livello funzionale di infrastrutturizzazione del territorio.

Sull'asse territorio-cliente-gestore si gioca non solo la partita delle risorse umane, economiche e tecniche sopra richiamate, ma anche di quella del coordinamento di queste con le risorse ambientali localmente disponibili. Così, la dimensione socio-culturale diviene spesso, ad esempio attraverso le dinamiche di creazione del consenso dei cittadini, una possibile variabile esplicativa del successo o meno dell'innovazione tecnologica promossa dal gestore in termini di effettive ricadute ambientali sul territorio.

Un tipico esempio di ciò è dato dall'introduzione di capillari sistemi di misurazione dei livelli di servizio. Giudicati spesso come fondamentali per la migliore programmazione e l'efficientamento dell'erogazione del servizio, questi sistemi trovano differente diffusione a seconda dell'impatto atteso sui comportamenti del consumatore: ad esempio, gli strumenti di telerilevamento che possono portare benefici nella equilibratura dei canali di distribuzione della risorsa idrica ed elettrica e nella diminuzione della esposizione finanziaria dei gestori[7], trova nel caso della raccolta dei rifiuti un forte freno nella percezione del rischio di indurre comportamenti scorretti e irregolari[8].

L'introduzione di innovazioni tecniche e gestionali in ogni tassello della filiera si configura così come il frutto di scelte complesse, soggette a successive riconsiderazioni alla luce di quella natura evolutiva che caratterizza i sistemi di gestione di quelle che, di fatto, sono *learning organization* (Miles 2006).

Alla luce di quanto sopra esposto, anche i cosiddetti investimenti "green", ovvero quelli in grado di coniugare obiettivi ambientali ed economici per mezzo di un più efficiente utilizzo delle risorse, trovano spazio più frequentemente attraverso meccanismi di imitazione che non di avanzamento competitivo. Data la natura dei

---

[7] Ad esempio, attraverso una più frequente e corretta fatturazione dei volumi consumati.

[8] Ad esempio, una misurazione della effettiva produzione di rifiuti per ogni singola utenza è temuta da chi, riferendosi alle esperienze maturate nella gestione dei rifiuti speciali, reputa che questa possa costituire un incentivo a ricorrere a forme illegali di smaltimento. Se quindi, da un lato, la logica di tariffazione basata sul *pay as you throw* favorirebbe la concorrenza tra alternative di smaltimento stimolando l'introduzione di alternative di valorizzazione delle materie di scarto a minor costo per il produttore, dall'altro introdurrebbe anche l'alternativa del ricorso a canali di smaltimento illegale.

problemi e delle priorità da affrontare in questa prima fase di ridisegno del sistema (es. grandezza delle unità minime di gestione e dei capitali in gioco), l'introduzione di innovazioni incrementali prevale dunque largamente su quelle radicali.

Con particolare riferimento ai servizi idrici e di igiene urbana, le sfide prioritarie riguardano oggi più l'accesso a tecnologie esistenti che la loro innovazione. Ad esempio, nel settore acqua, l'evoluzione che ha portato nel tempo all'affermarsi di numerosi monopoli naturali a scala locale (conformati ai sub-bacini idrografici), concentrati sulle sole voci di costo più critiche (tendenzialmente l'ampliamento delle reti e la loro manutenzione per contenerne le dispersioni), ha visto il predominio di interventi a basso contenuto tecnologico. In questi segmenti della filiera, la tradizionale presenza di tecnologie mature non ha peraltro imposto particolari fabbisogni in termini di trasferimento tecnologico. Nonostante ciò, per quanto l'investimento in nuove tecnologie non sia stato incluso fra i fattori critici per l'evoluzione del sistema, è certamente venuta meno l'accortezza nell'investire in maniera ottimale, lungo l'intera filiera, gli introiti derivanti dai servizi di distribuzione e depurazione. Non a caso, per diminuire i costi di esercizio più significativi (fra i quali quelli energetici legati alla movimentazione delle masse d'acqua e quelli ambientali legati allo smaltimento dei fanghi di depurazione), si sta moltiplicando la domanda di tecnologie che, già da tempo disponibili per la loro applicazione, potrebbero trovar oggi riconosciuta la propria redditività (es. sezioni a basso consumo per il telecontrollo delle reti).

Proprio in tal senso, l'attenzione venutasi creando sul tema della green economy potrebbe fornire un determinante impulso ad una rivoluzione culturale che, riassegnando una giusta importanza ai processi marginali, ausiliari e alla creazione della conoscenza, potrebbe portare, attraverso una puntuale e sistemica introduzione di innovazioni incrementali, al raggiungimento di risultati ambientali ed economici consistenti. Un simile processo, stimolato da una nuova generazione di politiche ambientali ed amplificato dalla crescente attenzione all'ottimizzazione dei costi imposta dal perfezionamento dei processi di privatizzazione, trova qui il framework concettuale nel quale ricercare l'ottimizzazione delle risorse nell'ottica dell'intero ciclo di vita dei prodotti/servizi.

10.2
Il modello dei cicli integrati a livello macro, meso e micro

Per le caratteristiche dei servizi ambientali sopra descritte, sono rilevabili tre livelli di integrazione delle proprie determinanti:

a) un primo, di natura tecnica, relativo alla erogazione dei servizi in una ottica di ciclo di vita intra- e inter-filiere;
b) un secondo, di natura gestionale, riconducibile alla dimensione nella quale si colgono le maggiori sinergie intra- e inter-aziendali sotto il profilo economico (vd. compensazioni nella catena dei costi) e si esprimono con maggiore efficienza gli sforzi di programmazione;

c) un terzo, legato alle policy, determinato dalla necessità di coordinare le azioni di regolazione a livello centrale e locale, garantendo così uno sviluppo equilibrato delle filiere, la sussidiarietà tra territori e il governo degli effetti cross-media su scala locale e globale.

Nell'analizzare questi modelli è dunque determinante coglierne la complessità non solo attraverso differenti prospettive settoriali, ma anche attraverso differenti scale di osservazione:

d) quella macro, nella quale è descritto come le determinanti sopra citate trovino o meno un proprio equilibrio di sistema (es. quanto gli investimenti sul recupero della materia siano resi coerenti con le politiche energetiche e di prodotto);
e) quella meso, nella quale assumono rilevanza le relazioni tra gli attori chiamati all'attuazione del sistema e i rapporti tra ambiti territoriali e policy maker locali (qui compresa, ad esempio, la risoluzione della sindrome NIMBY[9] delle infrastrutture pubbliche);
f) quella micro, nella quale risaltano le capacità di esecuzione dei singoli attori (aziende, amministrazioni competenti, centri di ricerca, comunità sociali, ecc.) chiamati a operare lo sviluppo sostenibile locale.

In questa triplice prospettiva si riconoscono peraltro i differenti layer delle policy che presentano le caratteristiche del disegno comunitario:

a) quello nazionale, focalizzato sulle bilance commerciali, di materia e sulla regolazione;
b) quello regionale, basato sulla pianificazione e sull'autonomia infrastrutturale;
c) quello locale, imperniato sulla compatibilità dei servizi con i delicati equilibri locali tra attese ed esigenze, tra risorse e vincoli.

Si sviluppa lungo questi livelli il quadro di riferimento per interpretare correttamente il passaggio dalla logica dell'obbligazione al servizio, proprio in passato della pubblica amministrazione, alla logica di mercato, proprio delle imprese gestrici.

La catena coordinata di obiettivi che dal livello macro si concretizzano in decisioni su scala micro si apre tipicamente alla legittimazione di due possibili schemi attivabili a livello locale: un sistema duale, nel quale il ruolo guida è attribuito alla parte deputata a supervisionare la parte operativa, e un modello integrato, nel quale vi è la co-responsabilizzazione delle diverse parti nella progettazione e gestione dell'intera filiera.

Il prevalere di un modello sull'altro è determinato dalle condizioni poste localmente e, ancor più, dalla possibilità di ricondurre queste ad una comune gestione all'interno di ambiti territoriali omogenei. Il concetto di integrazione nelle sue diverse declinazioni, posto il perdurare della supremazia delle economie di scala su quelle di scopo, si sta infatti affermando come chiave strategica per il perseguimento dell'efficienza gestionale.

Nel settore della raccolta e del trattamento dei rifiuti, ad esempio, sono evidenti i benefici generati dall'integrazione dei servizi lungo la filiera, vista la possibilità di

---

[9] Acronimo derivato dall'espressione inglese "Not In My Back Yard".

offrire garanzie sui volumi e sulla qualità della domanda di servizio e, di ritorno, di attrarre l'interesse pubblico e privato verso la creazione di certezze sulla programmazione impiantistica. Nei contesti a minor coesione sociale, politica o imprenditoriale, dove una simile integrazione non si è resa possibile, si sono andate cronicizzando situazioni di incertezza che hanno talvolta portato alla progressiva atomizzazione delle gestioni lungo la filiera (es. per le fasi di raccolta e trasporto) e alla conseguente perdita di capacità di attrazione degli investimenti.

In questo senso, la credibilità del quadro di riferimento strategico centrale, della programmazione impiantistica a livello regionale e delle imprese in grado di competere per il mercato locale tendono a condizionarsi reciprocamente secondo spirali unidirezionali.

È, di contro, intuitivo comprendere che, al perseguimento di economie di scala, possano corrispondere trade-off rispetto alla capacità di diversificazione delle filiere tecnologiche. Nel caso dei rifiuti, la transizione verso l'ipotesi "zero-discarica", che dovrebbe portare alla moltiplicazione degli spazi per piccoli operatori di nicchia (vd. filiere di recupero delle diverse forme di materiali), troverebbe in tal senso nella presenza di operatori impiantistici forti un elemento di filtro all'ingresso che riduce la varietà degli scenari ipotizzabili.

A seconda degli obiettivi perseguiti, le scelte del legislatore devono quindi essere ponderate su un ampio ventaglio di comportamenti possibili da parte di tutti gli attori lungo la filiera. Nell'esempio sopra citato, potrebbe così darsi che un obiettivo di recupero della materia, quando non intrinsecamente basato su economie positive, potrebbe trovare la propria soluzione non attraverso il proliferare di attività concorrenti a livello locale (nel caso di *free-riding*), né attraverso la promozione di un processo di creazione di infrastrutture dominante a livello regionale (nel caso economie di filiera imperniate sulla valorizzazione energetica), bensì tramite la creazione a livello centrale di consorzi sostenuti da una domanda garantita dal legislatore[10].

In termini più generali, il bilanciamento delle componenti amministrative centrali e periferiche può prevenire l'atomizzazione delle gestioni a livello locale e, con ciò, la tendenza da parte dei Comuni ad assumere un ruolo, da una parte, di scudo verso gli effetti sui costi all'utente delle gestioni monopolistiche e, dall'altro, di freno agli investimenti attraverso la cristallizzazione del bacino di conferimento d'utenza.

L'importanza di un simile bilanciamento fra livelli di programmazione locali e centrali è da considerarsi nota sin dai tempi dei primi disegni di introduzione delle autorità di ambito territoriale omogeneo (AATO)[11], autorità teoricamente chiamate a mediare la ricerca di economie di scala sovra-comunali con le strategie di focalizzazione rese possibili dall'operare in contesti a limitata eterogeneità.

A tal proposito, per quanto riguarda il servizio idrico e l'igiene urbana, sono stati previsti provvedimenti di autorizzazione[12] basati su logiche di negoziazione delle

---

[10] È questo, ad esempio, il caso del recupero della carta, settore nel quale, fissati obiettivi minimi di riciclo, si è andata promuovendo la libera attività di operatori sostenuti dai ricavati di un contributo ambientale esposto in fattura su tutti gli imballaggi immessi al consumo.
[11] Avvenuti con la Legge Galli, nel 1994, per il servizio idrico, e con il Decreto Ronchi, nel 1997, per i servizi di igiene ambientale.
[12] Prodotti dai Comuni, Province o AATO competenti.

tariffe poggiate sull'analisi del piano economico-finanziario del gestore. Come punto di debolezza, ciò ha comportato che a seguito della privatizzazione delle gestioni sono andati rafforzandosi i rischi di possibili asimmetrie informative che potrebbero favorire comunque le posizioni di rendita monopolistica.

Il corretto dimensionamento del sistema è dunque difficile da stabilire sulla carta e ancor più da realizzare in un'unica soluzione in pratica.

E ancora, guardando allo sviluppo storico dei servizi ambientali, ulteriori criticità emergono dal fatto che è difficile trovare una piena indipendenza tra le attuali AATO e i soggetti gestori. Per gli stessi motivi, non è poi raro rilevare difficoltà nei processi negoziali tra soggetti pubblici e privati dovute ai risvolti patrimoniali connessi al trasferimento delle proprietà degli impianti[13], o difficoltà nel reperimento di soci privati esterni in grado, oltre che di rilevare gli impianti, di apportare le capacità tecniche adeguate[14].

Scartata a livello nazionale l'ipotesi di procedere adottando il modello anglosassone[15], nel quale vengono messe a gara le singole fasi della filiera, e avendo privilegiato invece il mantenimento dell'unitarietà della gestione e, con questo, la teorica maggiore controllabilità della formazione del servizio e della tariffa al cittadino, i rischi di una eccessiva rigidità della filiera non potranno che essere gestiti in prospettiva evolutiva attraverso successivi passaggi di negoziazione della gestione.

Sotto il profilo teorico, tanto nell'immediato, ai fini di una corretta gestione degli affidamenti, quanto in prospettiva, ai fini di un efficace supporto all'azione di indirizzo e programmazione, una connessione tra i diversi livelli di governance del sistema potrebbe essere allora utilmente garantita da un'autorità nazionale investita delle responsabilità di supervisione e confronto delle singole esperienze poste in essere. Nella pratica, in tal senso, alcuni passi sono stati fatti con la costituzione di una Autorità Garante per la Concorrenza sul Mercato, struttura centrale che giudica gli affidamenti *in-house*, e con la costituzione del Comitato di Vigilanza per le Risorse Idriche. Molti passi restano però ancora da fare, come illustra la segnalazione da parte di quest'ultimo di numerose criticità nella gestione dei primi affidamenti da parte delle AATO, criticità non risolte a causa dell'assenza di competenze operative da parte del Comitato[16].

Nonostante la natura territoriale dei servizi ambientali, è dunque nuovamente a livello centrale che vengono collocate le responsabilità del controllo, della formazione della conoscenza e dell'applicazione di meccanismi di benchmark in grado di garantire un'adeguata tutela delle comunità locali.

In quest'ottica, data la scarsità di dati verificati a disposizione, la corretta identificazione delle metriche di misurazione delle performance è oggi al centro di numerosi

---

[13] Si pensi, ad esempio, ai vincoli sui patti di stabilità dei Comuni coinvolti.

[14] L'allineamento dei tempi nei percorsi di privatizzazione su tutto il territorio nazionale ha portato i principali investitori entranti a selezionare le opportunità più interessanti, lasciando quindi un vasto numero di territori a rischio di mancata copertura delle competenze necessarie.

[15] Bennet e Iossa (2006), analizzando possibili schemi di gestione delle proprietà per le infrastrutture di servizio pubblico, rilevano la dipendenza della soluzione dalla specificità degli asset e da rischi di fluttuazione della domanda.

[16] In particolare, è stata segnalata la necessità di interventi nel superamento della scarsa conoscenza dello stato impiantistico della rete, primo fattore in grado di sfavorire la concorrenza per il mercato.

dibattiti metodologici. Queste metriche dovrebbero auspicabilmente basarsi su parametri di qualità diretti (es. bilanci input-output, risultati di gestione, tempo gestione reclami, ecc.). Di fatto, in assenza di un intervento diretto del legislatore, vengono però più frequentemente surrogate dalla sola messa a disposizione di parametri indiretti (es. limiti imposti dalla regolazione, capitali investiti, certificazioni e procedure di gestione, ecc.). Anche per questo, a fronte della esigenza di darsi riferimenti metodologici comuni, il sistema della normazione privatistica si è attivato e, come nel caso dell'acqua attraverso l'International Organization for Standardization e l'International Water Association, è giunto all'introduzione di una prima importante serie di standard internazionali di qualità.

Le esigenze di integrazione delle unità funzionali e la coesistenza di obiettivi valutativi su scala locale, regionale e globale suggeriscono nello sviluppo degli approcci di Life Cycle Assessment e Life Cycle Costing le frontiere per la analisi di questi modelli di servizio.

10.3
Cicli integrati nei servizi ambientali (rifiuti, acqua) e life cycle management

Come accennato sopra, il modello dei cicli integrati nei servizi ambientali trova diverse declinazioni applicative in funzione del contesto territoriale nel quale si opera. Le differenze, che possono essere ricondotte fondamentalmente all'estensione della gestione, alla rete di soggetti che vi operano e alle loro modalità di interazione nelle fasi di programmazione impiantistica, trovano una loro giustificazione nella tendenza da parte di contesti socio-economici e culturali differenti ad adattarsi, ciascuno sviluppando le proprie interpretazioni, ad un quadro normativo condiviso ma in continua evoluzione.

Si possono così riconoscere una molteplicità di gestioni le cui performance sono spesso determinate dalla completezza con la quale è maturato il passaggio dal regime di servizio pubblico al regime di mercato, ovvero: quanto si è estesa la responsabilità del servizio sino al consumatore, quanto questa è rimasta ancorata al settore pubblico, quanto ciò ha comportato una ridistribuzione oggettiva dei costi di sistema, quanto dall'obbligazione all'erogazione del servizio si è passati all'adempimento di un suo sistema negoziato di regole, quanto il settore pubblico ha assunto un ruolo indipendente nell'autorizzazione, controllo e repressione dei comportamenti scorretti.

L'essenza dell'integrazione del ciclo nei servizi ambientali si manifesta peraltro nelle modalità con le quali le decisioni riguardanti un qualsiasi anello della filiera si ripercuotono sull'intero sistema e, quindi, sull'intero ciclo di vita del servizio[17]. È questo il caso, ad esempio, delle conseguenze che talune interpretazioni dell'unitarietà della gestione dei servizi di raccolta e smaltimento dei rifiuti urbani hanno comportato sulla effettiva capacità di ridurre il ricorso alle discariche: confrontando

---
[17] Si veda, sul tema, l'analisi di Eriksson (Eriksson et al. 2005).

i piani di gestione dei rifiuti urbani con quelli dei rifiuti speciali non di rado si osserva come l'occlusione degli spazi di comunicazione tra i due mondi abbia di fatto precluso la possibilità di moltiplicare il numero di operatori delle attività di separazione e riciclo.

I limiti alla pianificazione del ciclo di vita del servizio provengono talvolta anche dalla previsione normativa che ne vuole la gestione risolta a livello locale. Ai vantaggi di una migliore segregazione delle responsabilità e di una più diretta verificabilità della gestione, può fare da contraltare una maggiore rigidità nella catena dei costi del servizio. Ad esempio, i limiti normativi alla movimentazione dei rifiuti, giustificati a livello di sistema dalla necessità di evitare fenomeni di *dumping*[18], devono esser attentamente valutati guardando, da un lato, alle economie di densità tipicamente presenti per la fase di raccolta e, dall'altro, alle economie di scala per la fase di smaltimento. Una non corretta definizione dell'ambito territoriale di riferimento (es. dovuta alla segregazione delle aree meno favorevoli), tenuto conto del minor appeal che le fasi di raccolta possono avere sui potenziali investitori rispetto alle fasi di smaltimento, impatterebbe significativamente sulla gestione dell'intera filiera del servizio.

In alcuni casi, poi, anche una situazione di monopolio di fatto nelle fasi di smaltimento, riducendo l'interesse degli investitori nelle restanti fasi della filiera, potrebbe, nel breve periodo, rendere troppo poco flessibile la catena dei costi industriali e, nel lungo periodo, introdurre significative barriere nel costo-opportunità dell'evoluzione del paradigma tecnologico adottato.

Distorsioni si avrebbero anche se, qualora diseconomie di sistema e difficoltà nel compensare i costi all'interno delle varie fasi della filiera spingessero verso la soluzione della nascita di multiutility capaci di operare in tutte le fasi dalla raccolta allo smaltimento, l'attenzione sulle performance venisse eccessivamente spostata dai singoli tasselli della filiera al suo disegno complessivo.

La pianificazione dei cicli integrati di servizi ambientali, dovendo mirare in prima istanza a garantire il raggiungimento di un livello accettabile di servizio per l'universalità della popolazione, può introdurre barriere per l'organizzazione delle forme di raccolta e limiti alla libera concorrenza tra le forme di smaltimento ben più determinanti della disponibilità teorica di processi alternativi che oggi sono resi disponibili da una capillare attenzione alle forme di recupero delle diverse merceologie differenziate[19].

In un mercato dei servizi ambientali sino ad oggi tendenzialmente caratterizzato da gestioni in-house o dagli *incumbent*, ovvero dalle imprese ex-monopoliste all'interno di mercati recentemente liberalizzati, i gestori hanno teso a trarre il proprio beneficio da una posizione di ampio vantaggio iniziale (Biondi, Frey 1998). Non si deve però scordare che le stesse condizioni tecniche ed economico-finanziarie che

---

[18] Originariamente coniato per indicare una procedura di trasferimento di un servizio su di un mercato esterno ad un prezzo inferiore a quello di vendita sul mercato di origine, oggi il concetto si è esteso in campo ambientale al trasferimento di processi di trattamento su mercati a minor resistenza sociale (per minor sensibilità o per maggior capacità organizzativa) nei confronti dell'infrastrutturizzazione connessa.

[19] Lombrano (2009), con riferimento al "caso Italia", rileva come l'auspicata transizione verso filiere ad alta intensità di recupero possa trovare nella ridotta dimensione delle aree di raccolta un fattore limitante.

ostacolano il subentro dei loro concorrenti costituiscono però un vincolo all'ingresso di potenziali partner in caso di necessità. In uno scenario nel quale le aziende hanno adeguato in maniera limitata il proprio business model per posizionarsi su segmenti della catena del valore a maggiore valore aggiunto, tanto nel settore dei rifiuti che delle risorse idriche si pone quindi un problema di scarsità di circolazione delle competenze. Questa scarsità di risorse intellettuali è oggi amplificata, contro la stessa logica della riforma, dalla concorrenza indotta dalla contemporaneità dell'attivazione delle procedure di privatizzazione sul territorio nazionale. Non risolvendosi la situazione in tempi rapidi, l'apertura di nuovi scenari correttivi potrebbe richiedere diversi anni.

È sotto la spinta di questa certezza che, fissando obiettivi di evoluzione nel lungo periodo, molti attori del sistema individuano nella costituzione di solide società miste pubblico-private, in grado di mediare i trade-off sin qui analizzati, il miglior compromesso per avviare con rapidità la riforma del sistema.

Secondo molti di questi operatori, le *best practices* che vengono prese a riferimento per impostare le proprie strategie industriali offrono peraltro evidenze univoche delle priorità da affrontare per migliorare il contesto nel quale operano: sono questi i casi, ad esempio, della lombarda A2A o della francese Veolia, multiutility di rilevanza internazionale che ha fra le chiavi del proprio successo la capacità di regolare il servizio secondo criteri di razionalità tecnico-economica, controllandolo e imponendo regole dettate dall'esperienza e dalla conoscenza maturate, nonché la capacità di attrarre e valorizzare le migliori professionalità presenti sul mercato. Non sorprende dunque che proprio l'efficienza nella regolazione e l'investimento sulla conoscenza siano tra le istanze più frequentemente poste dagli operatori all'attenzione dei decisori politici regionali e nazionali per innescare un duraturo processo di innovazione di sistema.

Guardando al ciclo di vita dell'acqua e della materia come agli oggetti fondamentali delle filiere dei servizi ambientali, non può infine essere trascurato il ruolo che l'utilizzatore finale esercita sulla effettività dei potenziali processi di innovazione.

Sempre più, infatti, gli end-user percepiscono questi beni (l'acqua e i prodotti di consumo) come commodity, e sono quindi attenti più a limitarne i prezzi o i disservizi piuttosto che a valorizzarne le caratteristiche distintive. Ciò comporta, da un lato, una perdita nella percezione della differenziazione del servizio e, dall'altro, del proprio ruolo nella determinazione delle performance complessive del sistema. È dunque per correggere questa distorsione che il legislatore comunitario ha recentemente promosso misure tese ad affermare il principio di responsabilità estesa del consumatore, misure nelle cui forme di applicazione rientrano anche gli interventi di sensibilizzazione e di correzione del mercato attraverso l'esposizione di contributi ambientali sui prezzi delle merci acquistate.

Guardando al futuro dei cicli integrati dei servizi ambientali, per perseguire l'efficienza e l'efficacia nella gestione del ciclo di vita delle risorse non si potrà prescindere dal superare il concetto di consumatore "finale", ponendo questo a pieno diritto attivamente al centro di una filiera di servizi i cui confini dovranno essere dettati dalle conoscenze, dalle competenze e dalle risorse per la gestione di bilanci economici ed ambientali in continua evoluzione.

10.4
Ciclo integrato e management dell'energia

Fra i servizi pubblici a rete qui analizzati, quello della distribuzione dell'energia (sotto forma di elettricità, gas o calore) è certamente il più dinamico e vivace sotto il profilo dell'attrazione dei capitali di investimento.

In questo settore, infatti, essendosi il processo di privatizzazione innescato sulla tradizionale presenza delle grandi aziende oligopolistiche statali, si è risentito meno dell'incertezza del quadro regolatorio[20] e della tendenza da parte delle amministrazioni locali di imporre tariffe sociali a tutela diffusa dei propri cittadini.

È quindi venuto formandosi un settore popolato da aziende economicamente solide e tecnologicamente avanzate, talvolta in grado di competere anche a livello internazionale, indebolite dai processi di privatizzazione nei legami strutturali di carattere occupazionale con i territori impiantisticamente presidiati e, per questo, ostacolate nella realizzazione dei propri investimenti da crescenti fenomeni di scarsa accettabilità sociale.

A differenza dei servizi ambientali, la filiera dell'energia appare poi quella sostenuta in maniera minore dalla presenza di risorse endogene; privo di significative riserve di risorse fossili, e scartata l'opzione nucleare per mezzo del referendum del 1987, il sistema energetico nazionale presenta infatti nella dipendenza dalle importazioni dall'estero[21] e nel significativo utilizzo di gas naturale[22] due significanti anomalie rispetto allo scenario comunitario.

Non è un caso dunque che, nonostante la maturità imprenditoriale del settore, a differenza di quelli sopra analizzati, siano proprio i servizi energetici alle utenze domestiche ed industriali a risultare più onerosi della media comunitaria[23].

La difficoltà di attrazione delle migliori competenze è però qui sostituita, a livello aziendale, dalla elevata appetibilità dell'impiego da parte di giovani laureati e, a livello di sistema Paese, dal grande interesse per l'investimento manifestato dalle aziende straniere, attratte soprattutto dai rilevanti incentivi destinati ai produttori di energia da fonti rinnovabili. In questa inversione di rapporti, è dunque proprio il rischio di divenire meta di colonialismo imprenditoriale a stimolare le imprese nazionali a confrontarsi sul panorama competitivo internazionale.

L'evoluzione delle imprese energetiche, con il progressivo consolidarsi di consistenti investimenti, ha qui indicato quale vincente il modello delle multiutility. Lo sviluppo di nuove conoscenze e la relativa capacità di generare valore a basso costo attraverso una migliore utilizzazione delle risorse disponibili e un più efficiente

---

[20] Il legislatore ha potuto disporre di un quadro informativo e delle conoscenze capillare e dettagliato circa il funzionamento dell'intero sistema.

[21] Il valore importazioni nette/consumo primario nel 2009 è stato pari all'87,7% in Italia, contro una media EU-27 del 56,5% (Fonte: Enerdata).

[22] Il valore della energia primaria generata da gas naturale nel 2009 è stato in Italia pari al 38,1% contro una media EU-27 del 25,0% (Fonte: Enerdata).

[23] Nel secondo semestre 2007 per i clienti domestici italiani aventi un consumo annuo compreso tra 2500 e 3500 kWh si è registrato un costo medio di 22,95 euro/kWh contro la media europea di 14,20 euro/kWh; il prezzo finale al lordo delle tasse per i consumatori industriali italiani è invece stato di 9,42 euro/kWh contro un prezzo medio europeo di 8,86 euro/kWh (Fonte: AEEG).

utilizzo delle "competenze distintive" dell'impresa, hanno portato all'accrescimento delle potenzialità di diversificazione sul mercato. Si sono così innescate economie di scopo tra i servizi primari e quelli accessori, quali la progettazione, il finanziamento, la realizzazione e la manutenzione degli impianti distribuiti, la fornitura di energia ad origine garantita, la compravendita di titoli di emissione di CO_2, la gestione di reti di teleriscaldamento o l'erogazione di servizi di energy management.

Similmente, molti sforzi sono stati spesi nella ricerca di innovazione dei business model per la componente di servizio. Come risultato, ne sono nate iniziative che hanno spaziato dalle partnership con altri operatori (vd. settore delle telecomunicazioni, autostrade, assicurazioni, ecc.) al posizionamento in borsa diversificato per rami di azienda.

Ed è proprio in questa poliedricità della propria offerta di servizio che il settore energetico sta trovando oggi un nuovo interesse verso il consolidamento dei legami con il territorio. In passato, l'unitarietà del servizio ha fatto sì che questi legami non si siano venuti ad affermare quale determinante strategica della pianificazione. Con ciò, si era infatti evitata quella eterogeneità morfologica dell'offerta sfavorevole per il rafforzamento della competitività nelle attività core e, di conseguenza, per la premialità degli investimenti dominanti. Oggi, la valorizzazione delle risorse locali è invece utilmente messa al centro di offerte complementari, considerate non più elemento di distrazione ma parte integrante della propria offerta.

Una simile dinamica risulta peraltro particolarmente interessante per il futuro sviluppo delle energie rinnovabili. Questo segmento del mercato, che per dimensione e dinamismo non ha ancora registrato quei volumi di investimento in grado di cristallizzare la prevalenza di una tecnologia sulle altre, trova nella sua distribuzione capillare sul territorio e nella capacità di accogliere a seconda del contesto di impiego delle tecnologie innovative gli elementi a garanzia della diversificazione delle possibili traiettorie evolutive dei propri servizi.

Anche l'apertura del mercato alla concorrenza ha fatto sì che la componente di servizio abbia conseguito, da un lato, la sua dimensione di strumento di posizionamento e fidelizzazione del cliente e, dall'altro, quella di stimolo per l'efficientamento dell'intera filiera. E proprio in un'ottica di gestione del ciclo di vita dell'energia trovano fondamento, fra gli altri, gli investimenti in connettività capillare e controllo attivo dei dispositivi in rete, tasselli fondamentali per giungere alla realizzazione di *smart grid* in grado di permettere la gestione integrata del servizio on-demand.

Oltre che a rispondere alle nuove esigenze di una crescente produzione distribuita dettata dal diffondersi degli impianti privati a fonti rinnovabili, una simile evoluzione permetterebbe di fare interagire produttori e consumatori, di determinare in anticipo le richieste di consumo e di adattare con flessibilità la produzione e il consumo di energia elettrica. Si aprirebbero così nuove prospettive per il management del ciclo integrato che, al fianco di una maggiore efficienza del sistema energetico[24], permetterebbe ai consumatori di usufruire di nuovi servizi quali nuove forme di

---

[24] La migliore gestione della domanda e dell'offerta porterebbe ad una riduzione delle perdite di energia dovuta a frodi e a guasti tecnici, alla possibilità di programmare il consumo in diverse fasce orarie e, in ultima analisi, alla riduzione delle emissioni di CO_2.

tariffazione, di gestione degli scambi in rete a maggiore valore aggiunto, di diffusione di veicoli elettrici ed a idrogeno, ecc.[25]

Tali contaminazioni intersettoriali potrebbero divenire in futuro un ulteriore importante fattore abilitante per la nascita di spazi di business a favore di system integrator (es. gli sviluppatori delle interfacce rete-utente) i quali, a ruota, potrebbero fungere da catalizzatori dei processi di diversificazione dei technology provider nelle filiere incrociate da quella energetica (es. i fornitori di motori elettrici per autotrazione).

L'esplosione potenziale delle attività delle multiutility ai settori del trasporto[26] e delle telecomunicazioni[27] fa oggi prevedere che a breve si renderanno necessari nuovi interventi di regolazione internazionali e la nascita di organismi di vigilanza nazionali in grado di scandire, a pochi anni dalla privatizzazione capillare dei servizi energetici, una armonica evoluzione di un nuovo paradigma di filiera.

10.5
Implicazioni di policy e conclusioni

Il settore dei servizi ambientali ed energetici sta oggi vivendo un periodo di profonda trasformazione.

Seppur con rilevanti specificità per ciascun ambito, l'integrazione verticale e l'espansione dell'utenza stanno rappresentando per la maggior parte dei gestori le principali sfide introdotte con la liberalizzazione dei mercati.

Tanto con riferimento ai servizi ambientali quanto a quelli energetici, il legislatore, assunto un ruolo di garante per l'erogazione dei servizi minimi alla cittadinanza (talvolta anche attraverso il mantenimento di una componente pubblica della gestione), ha la possibilità di influire direttamente e indirettamente sulla diversificazione e concorrenza tra player, specie per quelli orientati ad integrare servizi complementari lungo la filiera potenzialmente in grado di incidere sul ciclo di vita delle risorse trattate (acqua, materie al consumo o energia).

Recentemente, il legislatore ha poi posto un crescente interesse su una particolare classe di player delle filiere dei servizi ambientali ed energetici: i consumatori.

Questi soggetti vengono sempre più ritenuti – evidenze alla mano – in grado di svolgere un ruolo attivo nella determinazione del grado di successo o insuccesso dei modelli gestionali proposti. Proprio la possibilità di incidere sul ciclo di vita dei servizi attraverso l'azione sull'utenza accomuna dunque le differenti esperienze di sensibilizzazione dei consumatori al concetto di responsabilità estesa.

In termini generali, le differenze in termini di determinanti del mercato e maturità delle esperienze condotte non rendono possibile trasferire da un ambito all'altro gli approcci di policy appresi. Conseguentemente, non è possibile individuare sulla carta

---

[25] A dimostrazione dell'attrattività dei business model che questa integrazione con le tecnologie dell'informazione genera vi è il recente interesse di colossi delle ICT, quali Google e Apple, per il settore energetico.
[26] Si veda ad esempio il progetto Auto Elettrica di Enel Distribuzione.
[27] Si vedano ad esempio i cosiddetti "Smart Home Energy Management".

soluzioni comuni per affrontare in maniera ottimale le certe, e ormai prossime, sfide evolutive dei cicli integrati ambientali e dell'energia[28].

Nonostante ciò, le evidenze analizzate suggeriscono l'opportunità di poter generalizzare la presenza di quattro requisiti critici di competenza tipica del policy maker:

a) il controllo delle funzioni di programmazione;
b) l'efficacia della regolazione;
c) l'equità nell'introduzione di forme di sostegno;
d) la tutela della libera concorrenza.

È su questi punti, infatti, che si gioca la possibilità di attrarre o respingere i necessari volumi di investimento.

Fra i fallimenti più frequenti delle funzioni di programmazione, si ritrovano comunemente, ad esempio, le incertezze e le diseconomie di integrazione patite dagli operatori entranti che si trovino ad affrontare il mercato in assenza di accordi certi con i diversi gestori dei servizi posti in filiera. Ancor più significative sono poi le incertezze connesse agli iter di realizzazione delle iniziative di sviluppo impiantistico. In tutti questi settori, infatti, lo stress sulle performance è quantomeno eguagliato dalle problematiche riconducibili alla creazione del consenso sociale sulle singole iniziative e alla risoluzione del connesso dibattito su quali siano le modalità più sostenibili per accedere all'utilizzo delle risorse a livello locale. Il legislatore è così chiamato ad un ruolo di mediatore tra opposte esigenze.

Con riferimento all'assetto regolatorio del sistema, è frequente osservare come questo concorra a determinare l'entità degli spazi per gli investitori privati attraverso, ad esempio, il ricorso alla privativa o alla competizione sul mercato. Su questi aspetti la presenza di authority nazionali indipendenti è ritenuta potenzialmente in grado di attenuare le criticità, presenti in ogni contesto analizzato, legate alla capacità di garantire l'equità di accesso al mercato attraverso la sola applicazione, per quanto sofisticata, di strumenti formali di selezione pubblica.

Riconosciuto alla green economy il merito di aver moltiplicato la progettualità sull'efficientamento sistemico nell'impiego delle risorse ambientali, vera e propria chiave per l'ottimizzazione dei costi lungo il ciclo di vita dei servizi ambientali ed energetici, potranno in futuro acquistare maggiore importanza le iniziative di partnership pubblico-privata[29], specie nel caso delle cosiddette "opere calde", e la nascita di imprese nuove entranti, specie nel caso dell'attivazione di mercati sostenuti da contributi ambientali.

In ogni caso, l'investimento sulla conoscenza e sull'apprendimento continuo delle regole del sistema risulta determinante per impattare sui futuri scenari evolutivi. Se infatti, ad esempio, la competizione nel mercato dei servizi ambientali ed energetici sembra oggi aperta alle sole capacità residuali (es. le attività di nicchia innestate

---

[28] Bel e Warner (2008), analizzando le performance registrate in un panel di casi di privatizzazione nei settori acqua e rifiuti, non individuano la generalizzabilità di scelte ottimali.
[29] Prasad (2006), analizzando il settore della distribuzione e depurazione dell'acqua, individua nella facilità di generare fallimenti nei processi di privatizzazione la spinta alla proposta di partnership pubblico-private.

nelle filiere tradizionali), la progressiva terziarizzazione di queste filiere potrà contribuire spontaneamente a ridisegnare i rapporti tra attività distintive e complementari. Comprendere il funzionamento della filiera e le dinamiche della sua value chain significherà dunque favorire il passaggio alle regole di mercato per l'introduzione delle innovazioni nel ciclo integrato del servizio.

Seguendo un principio ampiamente adottato nelle politiche ambientali secondo il quale un sistema, per garantire la sostenibilità del proprio disegno, deve risultare conforme a principi globali e poter ridistribuire i valori generati agli attori che lo hanno attuato, le soluzioni organizzative dovranno potersi affermare spontaneamente sulla base delle esigenze dei singoli contesti. In linea con ciò, il legislatore non dovrà tanto perseguire la definizione di modelli unitari quanto l'individuazione di strumenti per la verifica della loro efficacia nel rispetto degli obiettivi generali.

Bibliografia

Bel G, Warner M (2008) Does privatization of solid waste and water services reduce costs? A review of empirical studies. Resources, Conservation and Recycling 52: 1337–1348

Bennet J, Iossa E (2006) Building and managing facilities for public services. Journal of Public Economics 90: 2143–2160

Biondi V, Frey M (1998) Le società di ingegneria nel settore ambientale. In: Genco P, Maraschini F (eds) L'Ingegneria impiantistica. Il Mulino, Bologna

Bishop P (2008) Spatial spillovers and the growth of knowledge intensive services. Journal of Economic and Social Geography 99: 281–292

Brusco S, Pertossi P, Cottica A (1995) Mercato, cattura del regolatore e cattura del controllo. Economia e Politica Industriale 88

Eriksson O, Carlsson M, Frostll B, Bjorklund A, Assefa G, Sundqvist J, Granath J, Baky A, Thyselius L (2005) Municipal solid waste management from a systems perspective. Journal of Cleaner Production 13: 241–252

ICLEI A A V V (1994) Charter of European cities and towns towards sustainability. The Aalborg charter. ICLEI European Secretariat, Friburgo

Lombrano A (2009) Cost efficiency in the management of solid urban waste. Resources, Conservation and Recycling 53: 601–611

Liebowitz S J, Margolis S E (1995) Path dependence, lock-in and history. Journal of Law, Economics, and Organization 11: 205–226

Miles I (2006) Innovation in services. In: Fagerberg G, Mowery D C, Nelson RR (eds) The Oxford handbook of innovation. Oxford University Press, Oxford

Picazo-Tadeo A, Saez-Fernandez F, Gonzalez-Gomez F (2008) Does service quality matter in measuring the performance of water utilities? Utilities Policy 16: 30–38

Prasad N (2006) Privatisation Results: Private Sector Participation in Water Services After 15 Years. Development Policy Review 24: 669–692

Symbola A A V V (2010) Green Italy. Un'idea di futuro per affrontare la crisi. Quaderni di Symbola

UNESCO A A V V (2001) Dichiarazione universale dell'UNESCO sulla diversità culturale. Sommet mondial sur le développement durable, Johannesburg

Warner M, Bel G (2008) Competition or monopoly? Comparing provatization of local public services in the US and Spain. Public Administration 86: 723–735

WCED A A V V (1987) Our Common Future. Oxford University Press, Oxford

ESPERIENZA INNOLAB
Smart cities: le città del futuro

Master MAINS, a.a. 2009/2010
Soggetti coinvolti nell'InnoLab:
Allievi – Maddalena Caracciolo, Francesco Costanzo, Andrea Paraboschi e Matteo Pastore
Aziende – Ericsson Telecomunicazioni, IBM Italia, Intesa San Paolo e Vodafone Italia
Docenti – Lino Cinquini e Riccardo Giannetti

1. Il problema ...

La questione di fondo che fa da cornice a questo laboratorio è la crescente complessità gestionale della realtà urbana. Scavando tra le cause di questa complessità è possibile individuare almeno due fattori fondamentali: da un lato l'aumento della dimensione e dell'affollamento delle città, e dall'altro la mancanza di strumenti a supporto della decisione del city manager.

Le ultime proiezioni ONU e INED stimano che la popolazione mondiale passerà dagli attuali 6,8 Mld (2010) a 9,15 Mld entro il 2050 e che la quota percentuale dei residenti in centri urbani passerà dal 50% al 75%. È chiaro dunque che il focus delle amministrazioni comunali si stia spostando verso la ricerca di soluzioni smart, ad alto contenuto tecnologico ed innovativo, che contribuiscano ad adeguare l'offerta dei servizi alla sempre più crescente ed esigente domanda da parte di cittadini ed imprese e a garantire allo stesso tempo alti livelli di occupazione, produttività e coesione sociale.

Questa complessità crescente rende sempre più complicato il mestiere del city manager che, a fronte di un budget fissato per l'innovazione e il rinnovamento dei servizi erogati alla collettività, si trova a dover decidere (privo di un cruscotto decisionale adeguato) quali interventi prioritizzare rispetto ad altri; il processo decisionale è ulteriormente complicato sia dall'eterogeneità per caratteristiche e tipologia delle diverse soluzioni implementabili, sia dal fatto che non tutti i servizi possano essere considerati smart prescindendo dal contesto di riferimento.

Il lavoro svolto dal team si inquadra anche in un contesto ben più ampio che rimanda alle direttive comunitarie emanate di recente; la Commissione Europea, tramite la direttiva Europa 20–20, presenta obiettivi di medio periodo sul fronte economico, sociale ed ambientale, per garantire una crescita che sia al contempo intelligente, inclusiva e sostenibile.

L'esigenza e la necessità di rispondere all'appello comunitario, tanti possibili servizi smart implementabili, un budget limitato e un tessuto urbano che necessita di interventi in tempi brevi: questi gli elementi chiave da cui si è partiti per elaborare un modello che potesse supportare il city manager nel processo decisionale e nella prioritizzazione degli interventi, massimizzando il rapporto costi-benefici.

2. Modalità di sviluppo del lavoro

Il modello analitico realizzato dal team poggia le sue fondamenta su numerose normative espresse dai maggiori enti governativi internazionali in materia di sostenibilità. Il primo passo compiuto è stato quello di classificare la sostenibilità in tre macro-categorie: *sostenibilità ambientale, sostenibilità sociale* e *sostenibilità economica*.

Queste tre classi, fortemente legate tra di loro, rappresentano i tre principali aspetti della crescita e soddisfazione cittadina. Ogni servizio offerto alla cittadinanza da parte della città oggetto di analisi viene quindi valutato in base a questi tre pilastri di riferimento.

Per far questo, il modello, tramite una serie di iterazioni che prendono in considerazione un numero molto ampio di variabili legate al contesto cittadino in analisi, assegna un giudizio quantitativo (espresso in termini percentuali) ad ogni categoria di sostenibilità per ciascun servizio.

Attraverso una successiva iterazione, che considera anche il piano di sviluppo dell'amministrazione comunale, si ottiene un punteggio unico per servizio. Tale giudizio essendo univoco e sintetico, può essere utilizzato per comparare il livello di sostenibilità di servizi differenti; mediante la comparazione si riesce a stilare una sorta di classifica, che permette al city manager di capire dove sia più prioritario intervenire.

Il modello ipotizzato è stato applicato con successo al Comune di Pisa. Attraverso il continuo dialogo con funzionari comunali, si è riusciti a testare il modello su un campione di 6 servizi composto sia da soluzioni completamente innovative, sia da servizi che apportano innovazioni incrementali che servizi attualmente offerti dalla città.

Il gruppo di lavoro ha operato in modalità top-down scomponendo il problema iniziale nei seguenti sottoproblemi: definizione di un portafoglio servizi smart implementabili, comprensione e analisi dei benefici derivante dall'implementazione di ogni singolo servizio, progettazione di un modello di sintesi per il calcolo del beneficio globale potenzialmente ottenibile e il confronto tra differenti servizi, e validazione del modello.

Nella prima fase il team si è focalizzato sulle attività di scouting dei progetti smart realizzati in contesti urbani nazionali ed internazionali. Un ulteriore sforzo è stato profuso nella ricerca di servizi non ancora esistenti, ma realizzabili in un futuro prossimo, a partire dal contesto tecnologico odierno.

L'analisi è stata condotta considerando 15 realtà italiane più 20 straniere, per un totale di più di 40 progetti esaminati, e ha portato alla definizione di un portafoglio di 52 possibili servizi smart da implementare.

Continuando il processo di analisi del contesto del progetto, occorre comprendere quali siano i benefici apportati dai servizi e soprattutto quali siano i problemi e le esigenze dell'utente finale: le pubbliche amministrazioni. Mentre la prima parte del processo è una prosecuzione dell'attività di scouting, la seconda è stata affrontata mediante numerosi incontri tenutisi con i funzionari dell'amministrazione comunale di Pisa. Output del processo è stata la mappatura dei benefici attesi e la definizione del relativo indicatore di performance.

Ottenuta una panoramica esaustiva delle esigenze delle amministrazioni pubbliche e delle possibili soluzioni ad oggi disponibili, si è proceduto con la progettazione di un modello di sintesi di supporto alle decisioni. Anche in questa fase l'approccio seguito è di scomposizione del problema iniziale. Il gruppo di lavoro ha così definito e sviluppato le seguenti attività: identificazione delle relazioni causa-effetto tra i benefici attesi e relativi indicatori, identificazione di un set di indicatori primari per la valutazione di sintesi dei benefici attesi per ciascuna categoria di servizio, e identificazione di una metodologia *bottom-up* per l'espressione di un giudizio qualitativo globale del servizio.

Concluse le attività di progettazione, il gruppo di lavoro ha applicato il modello di valutazione ad un sottoinsieme di servizi di particolare interesse per l'amministrazione comunale di Pisa al fine di testarne la validità.

3. Soluzione proposta

Il mondo dei servizi offerti dalle amministrazioni locali prevede un'offerta piuttosto frammentaria che si traduce in una serie numerosa di supporti ed infrastrutture standard: questa pluralità di interfacce rende poco fruibili i servizi desiderati e non sempre si rivela al passo con l'evoluzione tecnologica. All'interno della tendenza alla digitalizzazione dei servizi, va collocato questo lavoro che si propone di sfruttare una tecnologia in ascesa come quella contactless.

La problematica affrontata inizialmente è stata quella di individuare le leve per creare nel consumatore l'esigenza di aderire alla piattaforma multiservizio proposta: questo risulta strettamente collegato con la scelta dei servizi da includere e con la tecnologia individuata per la fruizione.

Indice analitico

accesso
  condiviso 29
  privilegiato 27
Activity Based Costing 107, 141
allineamento dei modelli di business 85
analytics 146
antropologia 27
apprendimento 25
aziende
  integratrici 112
  operative 112
  risorsa chiave 112

back stage 23
backward process 62
Balanced Scorecard 141, 149
business
  developer 74
  development 4
  model canvas 78
Business Transformation Plan 104

cicli di vita 27
co-creazione
  del valore 8, 225
commercio elettronico 171
commodity trap 73
Component Business Model 100, 103
comportamenti group-oriented 123
consultative selling 55
costing for pricing 144
critical uncertainties 80

dematerializzazione 157
deperibilità 137
design 15
determinare le capabilities 84
diritti di accesso 12
driving forces 80

e-government 179
early warning signals 81
Ecosistemi di Business 97
eHealth 216
end-users 118
eterogeneità 136
evidence based medicine 203
expert thinking 18

fatturazione elettronica 170
fiducia basata sulla conoscenza 123
first tier suppliers 58
front stage 23

governance 12, 24

identificazione di sviluppi futuri 85
IHIP 136
infomobilità 91, 112
informatica 28
informazione condivisa 29
ingegneri di sistema 35
innovazione
  di tipo long tail 122
  end-user 123
  sostenibile 26
  user-led 122

inseparabilità 136
intangibilità 136

key focal issue 80
Knowledge Intensive Business Services (KIBS) 120

Malattia di Baumol 20
managed
    service 62
    service provider 63
management 15, 32
    accounting 140, 148
marketing
    dei servizi 52
    del servizio 21, 221
meta-rete 111
misure 13
Mobile-Payment 49
modello di business 77
modularità 140

New Generation Network (NGN) 131

Open Business 110
Open Innovation 75, 117
operations 22

percorsi del valore 96
performance measurement 147
personalizzazione del servizio 202
piattaforma 73
policy maker 4
problem 79
processi interaziendali 170
prodotto
    allargato (augmented product) 54
    atteso 57
    fisico generico 57
    potenziale 57
    potenziato 57
Product-Dominant Logic 9
produttività 22
progettazione esperienziale 26
proposta di valore 12

recrafting 57
reti di telecomunicazioni 211
    tecnologiche 174
    tecnologiche e relazionali 166
risorse 10
    knowledge-based 10
risultati 13
roadmap di trasformazione 105

S.O.A. (Service Oriented Architecture) 176
scenario
    framework 81
    planning 79
scienza dell'artificiale 15
scienziati di sistema 34
Service Dominant Logic 9, 64, 138, 221
Service System Design Lab 33
servizi
    B2C 16
    di rete 169
    face to face 225
    sanitari 193
servizio B2B 17
settore dei servizi 165
shareholder value 148
shifting costs 166
sistema
    dei servizi 139
    olonico-virtuale 110
sistemi
    di incentivazione 148
    di misurazione delle performance 146
    di servizi 11, 12, 14
stakeholders 13
standardizzazione dei processi 202
strategic options 81
surpetition 96
sweep accounts 120

technology paradox 75
telemedicina 216
Total Cost of Ownership (TCO) 142

value proposition 88
variabilità delle prestazioni 200

web 3.0 187

Sxi – Springer per l'Innovazione

Sxi – Springer for Innovation

L. Cinquini, A. Di Minin, R. Varaldo (Eds.)
Nuovi modelli di business e creazione di valore: la Scienza dei Servizi
2011, XVI+254 pp, ISBN 978-88-470-1844-0

H. Chesbrough
Open Services Innovation – Competere in una nuova era
2011, XIV + 216 pp, ISBN 978-88-470-1979-9

G. Conti, A. Piccaluga, M. Granieri
La gestione del trasferimento tecnologico. Strategie, modelli e strumenti
2011, ISBN 978-88-470-1901-0 – in preparazione

M. Granieri, A. Renda
Law and Policy of Innovation in Europe. Towards Europe 2020
2011, ISBN 978-88-470-1916-4 – in preparazione

A. Piccaluga, M. Bianchi
Gli Uffici di Trasferimento Tecnologico si raccontano
2011, ISBN 978-88-470-1976-8 – in preparazione

La versione online dei libri pubblicati nella serie è disponibile
su SpringerLink. Per ulteriori informazioni, visitare il sito:
http://www.springer.com/series/10062

Editor in Springer:
F. Bonadei
francesca.bonadei@springer.com

MIX
Papier aus verantwortungsvollen Quellen
Paper from responsible sources
FSC® C105338

If you have any concerns about our products,
you can contact us on
ProductSafety@springernature.com

In case Publisher is established outside the EU,
the EU authorized representative is:
**Springer Nature Customer Service Center GmbH
Europaplatz 3, 69115 Heidelberg, Germany**

Printed by Libri Plureos GmbH
in Hamburg, Germany